"十四五"精品课程规划教材·土建类
互联网+工学结合创新型系列教材

斯维尔软件应用教程

主　编　张丽珺　靖秀辉　徐　智
副主编　吴东阳　刘　琴　李　林
　　　　杨宇蕙　李欣刚　佟　辉

哈尔滨工程大学出版社
Harbin Engineering University Press

图书在版编目（CIP）数据

斯维尔软件应用教程 / 张丽珺，靖秀辉，徐智主编
. -- 哈尔滨 : 哈尔滨工程大学出版社，2023.4
ISBN 978-7-5661-3882-8

Ⅰ. ①斯… Ⅱ. ①张… ②靖… ③徐… Ⅲ. ①建筑造
价管理－应用软件－教材 Ⅳ. ①TU723.3-39

中国国家版本馆CIP数据核字(2023)第058833号

斯维尔软件应用教程
SIWEIER RUANJIAN YINGYONG JIAOCHENG

责任编辑 夏飞洋
封面设计 梁 洁

出版发行 哈尔滨工程大学出版社
地　　址 哈尔滨市南岗区南通大街145号
邮政编码 150001
发行电话 0451-82519328
传　　真 0451-82519699
经　　销 新华书店
印　　刷 廊坊市伍福印刷有限公司
开　　本 889 mm×1 194 mm　1/16
印　　张 12
字　　数 299千字
版　　次 2023年4月第1版
印　　次 2023年4月第1次印刷
定　　价 59.80元
http：//www.hrbeupress.com
E-mail：heupress@hrbeu.edu.cn

QIANYAN

前言

党的二十大报告指出，加快发展数字经济，促进数字经济和实体经济深度融合。数字化转型已经成为中国建筑业增长的新动能，全面推进企业数字化转型是建筑业高质量发展的内在要求。从实践的角度讲，生产数字化是建筑企业数字化转型的重要内容，而生产数字化的第一个场景就是利用建筑信息建模（BIM）技术实现工程项目的虚拟建造。BIM 技术的快速发展，促进了建筑业全产业链的变革。国家相关主管部门陆续发布指导性文件和政策，大力推进 BIM 技术在规划、设计、施工和运维等领域的集成应用，促进工程建设项目全生命周期的信息化管理。在此背景下，如何利用 BIM 等技术，应对挑战，把握机会，实现个人能力提升已经显得尤为重要。工程造价作为建筑工程中重要的一个环节，承接着 BIM 设计模型和向施工管理输出模型的关键作用。高职院校作为技术技能人才培养基地，应紧跟行业发展，结合 BIM 知识培养高素质工程造价管理人才。

本书主要讲解斯维尔 BIM 三维算量 2022 版软件的操作，其中运用到 16G101 系列和 11G101 系列图集、《建设工程工程量清单计价规范》（GB 50500—2013）等标准或规范。以“零基础、快上手”为理念，打造一本软件的操作型手册。本书主要内容包括绪论，工程管理，基础工程量计算，结构工程量计算，围护工程量计算，其他钢筋混凝土构件工程量计算，建筑物附属工程的工程量计算，装饰工程的工程量计算，检查、分析与统计及工程算量报表，识别操作等。本书主要针对高等院校工程造价专业编写，可作为工程造价和建筑装饰工程技术等专业学生学习预算软件应用的教学用书，也可作为建筑工程技术、建筑工程监理、建筑经济管理等专业学生的选用教材，还可作为“1 + X”建筑信息模型职业技能考试相关培训教材和相关专业从业人员的参考用书。

本书由重庆电讯职业学院张丽珺、聊城职业技术学院靖秀辉、哈尔滨远东理工学院徐智担任主编；中晔工程建设集团有限公司吴东阳、重庆电讯职业学院刘琴、西昌学院李林、哈尔滨铁道职业技术学院杨宇蕙、河北工程技术学院李欣刚、哈尔滨铁道职业技术学院佟辉担任副主编。全书由张丽珺统稿。

由于时间仓促，编者水平有限，书中不免有疏漏和不足的地方，敬请读者提出宝贵意见。

编　者

2022 年 10 月

目录

绪论

项目一 工程管理……9
任务一 工程介绍……9
任务二 新建工程……10
任务三 工程设置……12

项目二 基础工程量计算……23
任务一 轴网设置……23
任务二 独立基础……27
任务三 条形基础……44

项目三 结构工程量计算……49
任务一 地下室柱……49
任务二 地下室梁……59
任务三 地下室板……64
任务四 地下室混凝土墙……69
任务五 首层结构工程……72
任务六 二、三层结构工程……80
任务七 顶层结构工程……81

项目四 围护工程量计算……87
任务一 砌体……87
任务二 门窗工程……90

项目五 其他钢筋混凝土构件工程量计算.....99

任务一 构造柱 99
任务二 过梁....100
任务三 楼梯....102

项目六 建筑物附属工程的工程量计算.......111

任务一 台阶....111
任务二 雨篷栏板....112
任务三 散水....113
任务四 女儿墙压顶....114
任务五 挑檐天沟....116
任务六 建筑面积....117
任务七 脚手架....118

项目七 装饰工程的工程量计算....121

任务一 内装饰工程....121
任务二 外墙装饰工程....127
任务三 零星装饰工程....129
任务四 屋面装饰工程....130

项目八 检查、分析与统计及工程算量报表133

任务一 工程量统计....133
任务二 钢筋量统计....146

项目九 识别操作....155

任务一 图纸操作....155
任务二 识别轴网....161
任务三 识别独立基础....165
任务四 识别柱子....167
任务五 识别楼层梁....169
任务六 识别地基梁....170
任务七 识别门窗表....172
任务八 识别墙与门窗....174
任务九 识别柱筋....176
任务十 识别梁筋....182
任务十一 识别板筋....184

绪论

XULUN

一、软件的介绍

斯维尔三维算量是一套图形化建筑项目工程量计算软件，它利用计算机的“可视化技术”，采用“虚拟施工”的方式对工程项目进行虚拟三维建模，从而生成计算工程量的预算图。经过对图形中各构件进行清单、定额挂接，根据清单、定额所规定的工程量计算规则，结合钢筋标准及规范规定，计算机自动进行相关构件的空间分析扣减，从而得到工程项目的各类工程量。斯维尔三维算量主要特点如下。

①三维可视。三维模型超级仿真，拥有多视图观察、三维状态下动态修改与核对等功能，填补国内算量软件空白。

②集成一体。共享建筑模型数据，一图五用，快速准确地计算清单、定额、构件实物量、钢筋和进度工程量。

③操作易用。系统功能高度集成，操作统一，流水式工作流程。

④系统智能。国内首创识别设计院 CAD 电子文档，快速转化模型算量。

⑤人性友好。全面采用 Windows 风格，使用方便，页面简洁，操作统一，易上手。

⑥计算准确。根据各地计算规则，分析构件三维搭接关系，自动准确扣减。

⑦输出规范。报表设计灵活，提供各地常用报表格式，按需导出计价格式或导出 Excel 文件。

（一）软件工程原理

1. 预算图

预算图是指用计算机在进行建筑工程量计算时，利用三维算量软件建立的三维工程模型图。这个工程模型图与设计部门提供的施工图相似，但它包括了工程量计算所需要的所有信息。它不仅包括建筑施工图上的内容，如所有的墙体、门窗，所用材料甚至施工做法，还包括结构施工图上的内容，如柱、梁、板、基础的精确尺寸以及钢筋等所有信息。

三维算量利用“可视化技术”，采用“虚拟施工”的方式，建立精确的工程模型，即“预算图”，进行工程量的计算。根据工程人员的习惯，我们将建筑工程的工程量信息抽象为柱、梁、板、墙、门窗、轮廓、钢筋等构件。通过对柱、梁、墙、门窗等“骨架”构件的准确定位，工程中所有的构件都具有精确的形体和尺寸。

生成各类构件的方式同样遵循工程的特点和习惯，例如楼板是由墙体或梁、柱围成的封闭区域形成的，当墙体或梁精确定位以后，楼板的位置和形状也就确定了。同样，楼地面、天棚、屋面、墙面装饰也是通过墙体、门窗、柱围成的封闭区域生成的轮廓构件，从而得出楼地面、天棚、墙面和屋面装饰工程量。对于“轮廓、区域型”构件，软件可以自动找到这些构件的边界，从而自动形成这些构件。

在创建的预算图中，我们以每个构件作为组织对象，分别赋予其相关的属性，为后面的模型分析计算、统计和报表提供充足的信息来源。

2. 构件属性

构件属性是指构件在预算图中被赋予的所有与工程量计算相关的信息。构件属性主要分为物理属性、几何属性、施工属性、计算属性、其他属性、钢筋属性六类。

（1）物理属性

物理属性主要是指构件的标识信息，如构件编号、类型、特征等。

（2）几何属性

几何属性主要指与构件本身几何尺寸有关的数据信息，如长度、高度、厚度等。

（3）施工属性

施工属性是指构件在施工过程中产生的数据信息，如混凝土的搅拌制作、浇捣，所用材料等。

（4）计算属性

计算属性是指构件在预算图中，经过程序的处理产生的数据结果，如构件的左右侧面积、钢筋锚固长度、加密区长度等。

（5）其他属性

其他属性是指所有不属于上面四类属性之列的其他属性，可以用来扩展输出换算条件，如用户自定义的属性、轴网信息、构件上的备注等。

（6）钢筋属性

钢筋属性是指在进行钢筋布置和计算时所用的信息，如抗震等级、保护层厚度等。

以上构件的六类属性都是在生成构件时应赋予的，其中有些是系统自动生成的，有些需要用户手工指定。预算图中生成的构件可以通过“构件查询”工具进行构件的属性值查询和修改。

在同一工程、同一楼层的预算图中，名称相同的构件应该具有相同的属性值。不同楼层里可以有相同的构件编号，编号属性可以不同，如柱随层高而变截面；但门窗、洞口编号除外，其编号所有楼层通用，不按楼层区别编号。

3. 工程量计算规则和计算方式

三维算量软件中内置了全国各地的工程量计算规则。按照全国各地区规定的工程量计算模式定义，如果软件内已定义的计算规则不适用，用户只需要对计算规则重定义，就可以令软件适用新的工程量运算模式了。

在软件中，我们将一栋建筑细分为无数个不同类型的构件，并赋予每个构件所有算量方面的属性，将每个构件在工程量计算中所需的信息都通过相关属性记录下来，然后通过一个灵活的工程量输出设置机制，将工程量按照用户所需模式输出，完成工程量的计算。

对于每个构件在工程量计算中所需的信息，软件会根据构件的相关属性和特点通过多种方式自动生成，不需要用户手工操作。例如在计算梁、柱相接的模板面积时，软件会自动分析出梁、柱相接触部位的面积值，并自动保存到相关的数据表中。当用户需要得到该柱的模板面积值时，程序只需将该柱的侧面积值按照工程量计算规则加减梁、柱相接触部位的面积值，从而得出柱子的模板工程量。

软件提供了灵活的清单和定额挂接以及工程量输出机制，保障了工程量统计的方便、快捷。关于清单和定额的挂接、工程输出的内容，以及构件相关属性的具体工程量公式和扣减关系计算式，请参照后续相关章节的内容。

4. 预算图建模内容

预算图建模包括四个方面。

（1）绘制预算图中各类构件

首先是确定柱、墙、梁、基础等结构骨架形构件在预算图中的位置，然后根据这些骨架构件所处位置和封闭区域，确定门窗、洞口、梁、板、房间等其他区域构件和寄生类构件，如遮阳板、装饰性腰线等。

（2）定义每种构件的清单和定额属性

在预算图中绘制各类构件，其实就是将所属构件的工程量属性值录入预算图。而给每个构件指定施工做法（即清单和定额）就是定义一种工程量的输出规则。将构件按要求给定归并条件，通过计算分析之后，有序地将构件工程量进行统计汇总，最终得到所需的工程量清单。

上述两方面的工作可独立进行，也可交叉进行。用户可以完全不考虑构件的做法信息，先绘制出构件预算图，再定义构件的做法；在定义构件属性值的同时，定义构件的做法，构件布置到位，做法信息也到位。

（3）给钢筋混凝土构件布置钢筋

钢筋在软件中的计算原理是，通过在构件中关联钢筋描述和钢筋名称，然后结合钢筋描述中的钢筋直径、等级和分布情况，再利用钢筋名称中指定的长度和数量计算式变量，直接关联到构件的尺寸信息、抗震等级、保护层、材料等属性信息来智能地计算构件钢筋工程量。构件尺寸和属性一旦发生改变，钢筋工程量就会随之变动。在预算图中钢筋表现为两种形式：图形钢筋和描述钢筋。例如，板和筏板钢筋是图形钢筋，以图形分布的形式在预算图中表现；梁、柱、墙等构件的钢筋属于描述钢筋，预算图以设计图中钢筋描述的表现形式反映在构件中。

（4）给预算图构件关联进度信息

将进度计划提供的任务 ID 号关联到预算图中每个构件，操作方法类似关联做法的形式；软件根据构件关联的任务 ID 号来分析整个模型中指定构件在某个时间段应该输出的工作量，也可以模拟某个时间段中工程施工的完成情况。

5. 预算图建模原则

（1）利用电子文档识别功能建模，布置构件前先定义构件

充分利用电子图文档智能识别功能，快速完成建模工作。如果没有电子图文档，则要按施工图模拟布置构件。在布置构件时，需要先定义构件的一些相关属性值，如构件的编号、所用材料、构件的截面尺寸等，然后到界面上布置相应的构件，具体做法请参照后续相关章节的内容。

（2）用图形法计算工程量的构件，必须绘制到预算图上

在计算工程量时，预算图中找不到的构件是不会计算工程量的，尽管可能已经定义了它的有关属性值。

（3）工程量分析统计前，应进行合法性检查

为保证构件模型的正确性、合理性，软件提供了强大的检查功能，可以检查模型中可能存在的错误，如应连接的构件没有连接上，应断开的构件没有断开，重复布置的构件等，以减小人为因素造成的工程量精度误差。

软件界面介绍
视频讲解

（二）主界面介绍

斯维尔 BIM 三维算量 2022 for CAD 软件是在 CAD 平台上深度开发的，所以保留了一些 CAD 软件界面的特点，CAD 的快捷键操作也同样适用，其主界面如图 0-1 所示。

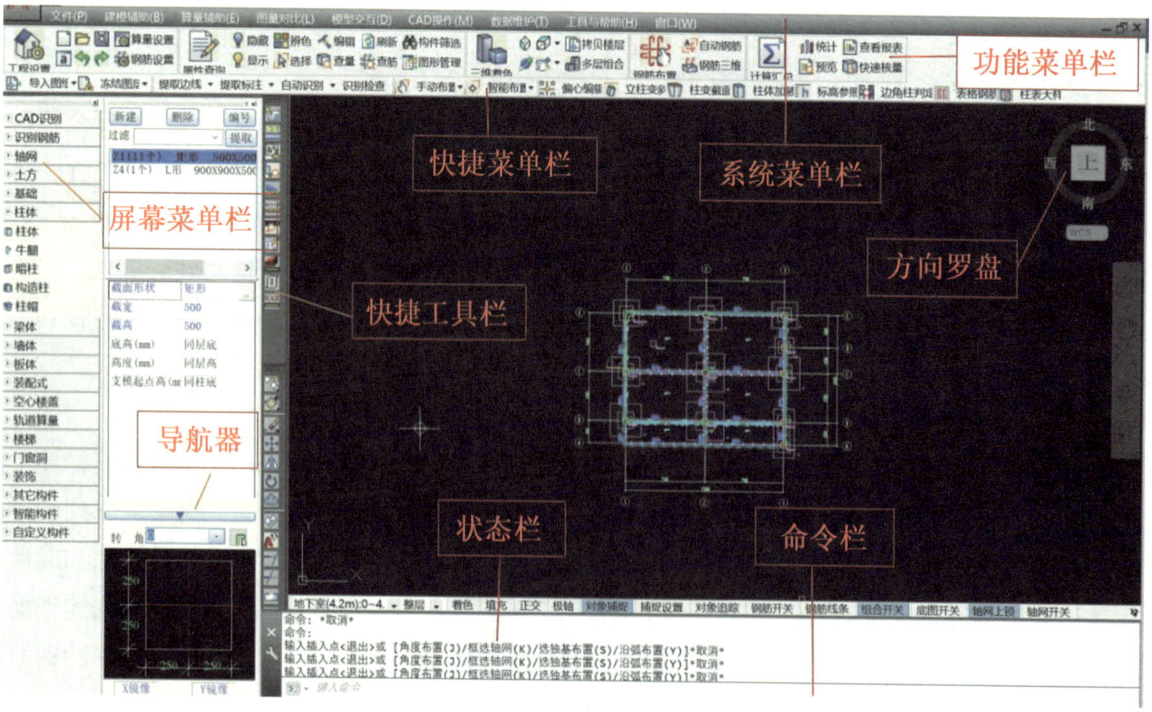

图 0-1　软件主界面

1. 系统菜单栏

“系统菜单”位于标题栏的下边，其位置是固定的。菜单名称按功能类别命名。单击系统菜单上的某项，如“图量对比”菜单名，该菜单会展开它的下级子菜单，如图 0-2 所示。

2. 屏幕菜单栏

“屏幕菜单”的功能介于系统菜单和快捷工具键之间，单击屏幕菜单上的任意一菜单名，如单击“柱体”，该菜单将在“柱体”下方展开，显示“柱体”子项目，如图 0-3 所示。如果展开项命令太多，不能显示完整，可以将鼠标箭头停放在菜单项上，单击鼠标右键，也可以出现该菜单的子项目，如图 0-4 所示。

3. 导航器

在菜单内选中一个构件的布置执行功能，界面上会弹出一个集成对话框，俗称“导航器”。在导航器中可以看到同类构件的常规属性，在此可以对构件进行编号定义以及构件在布置时一些内容的指定和修改，如图 0-5 所示。

导航器默认是紧靠在屏幕菜单的边缘，用户可以将其拖曳到屏幕中的任意位置，一旦拖出原位置，导航器的边框将变为蓝色。不使用时，可单击右上角的关闭按钮。

导航器的内容在建筑构件布置内若有不同，将在后面章节内叙述。

> **温馨提示**
>
> “构件布置定位栏”和“定位简图”两个栏目会随着构件类型有所变化，在软件中有的构件可能没有这两个栏目。

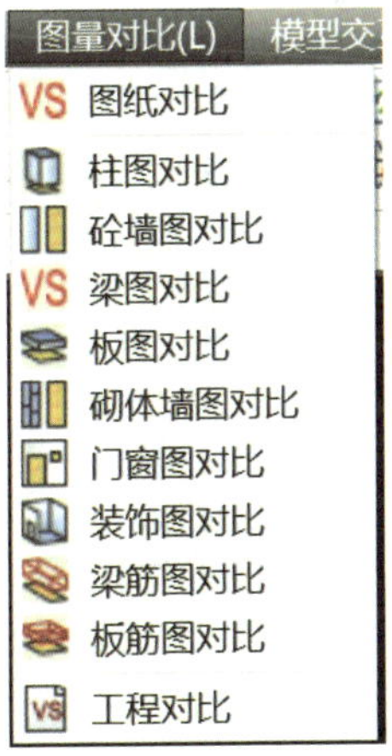

图 0-2 “图量对比”系统菜单

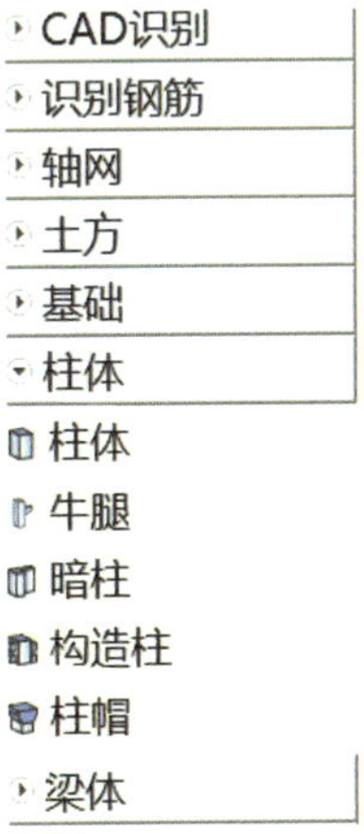

图 0-3 “柱体”子项目

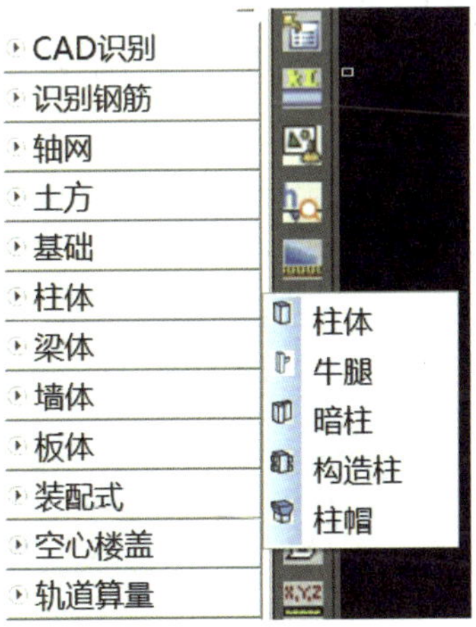

图 0-4 屏幕菜单鼠标右键显示效果

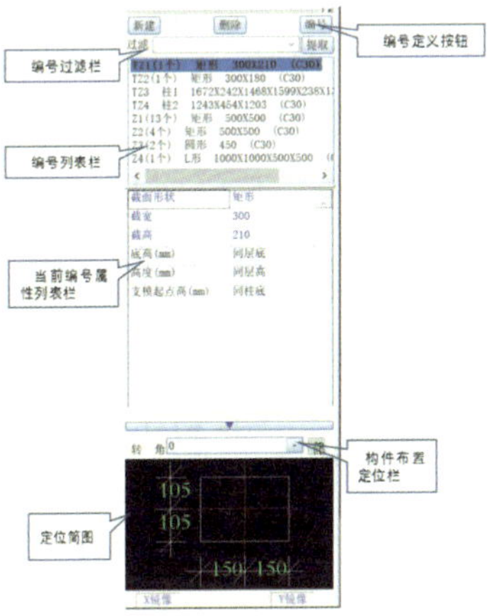

图 0-5 导航器

4. 功能菜单栏

屏幕菜单栏和功能菜单栏是有相互对应关系的。在屏幕菜单栏中，单击不同的构件类型，上部的功能菜单栏出现的功能按钮就会有所不同。例如单击屏幕菜单栏中“土方”下的“基坑土方”，启动该构件的编辑功能，则功能菜单栏显示的是布置方式以及与基坑相关的修改功能，如图 0-6 所示。单击“基础”下的“独基承台”，则功能菜单栏换成了与独基相关的修改功能，如图 0-7 所示。

图 0-6 “基坑土方”功能菜单栏

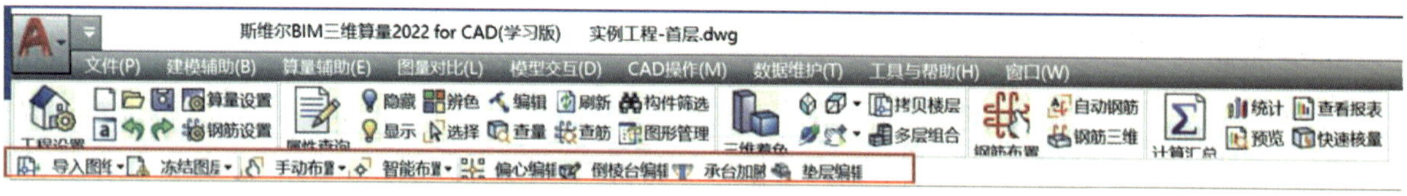

图 0-7 “独基承台”功能菜单栏

5. 命令栏

在执行一个构件编辑过程时，如布置、修改等，命令栏内会出现一些相关操作的提示和按钮，如图 0-8 所示。根据文字提示将有效提升操作的效率，因此在操作过程中应多关注命令栏中的提示内容。

图 0-8 命令栏提示

命令栏按钮适于习惯键盘操作的用户，可针对按钮上标注的字母，用键盘上的对应键来进行操作。有时也用于改变不能停顿的操作过程，如先画一段直梁再接着画一段弯梁，这时使用命令栏按钮将会非常方便。

二、软件的操作流程

运用斯维尔 BIM 三维算量软件计算一栋房屋的工程量大致分为以下几个步骤。

（1）给工程新建一个工程文件名称。

（2）设置工程的计算模式和依据，建立楼层信息。

（3）定义该工程的构件、钢筋工程量计算规则以及其他选项。

（4）定义各构件的相关属性值，选择是否同时给构件指定做法。

（5）有电子图文档的用户，可导入电子图文档进行构件识别；没有电子图文档的，则通过系统提供的构件布置功能，手工布置构件，包括构件定位轴网、柱、梁、墙、板和房间侧壁等“骨架”和“区域”构件。

（6）为构件指定相应的施工做法，如果在第 4 步定义了构件做法，则此步跳过。

（7）对钢筋混凝土构件布置钢筋，此步可在定义构件时同步进行。对于简单工程建议这样做，复杂工程应该视钢筋的调整难度而选择布置钢筋的先后。

（8）分析统计构件和钢筋工程量，校核、调整工程量结果。

（9）报表输出、打印。

不论是手工计算还是用软件计算工程量，都需要遵循一定的算量流程。任何建筑物都由楼层单元构成，算量时也是按照不同的楼层分别计算，本书中的工程分为地下室或首层、标准层、顶层等。其次是构件，每一楼层都由各种类型的构件组成，建筑物的构件类型基本上分为基础构件、主体构件、装饰构件和其他构件几大块，如表 0-1 所示。它们之间的工程量相互依赖，又相互制约。

表 0-1　工程的主要构件表

类 型	构 件 名 称	
基础构件	桩基础（承台）、独立基础、条形基础（基础墙）、满堂基础等	
主体构件	柱、梁、墙、板、门窗、过梁、圈梁、构造柱等	
装饰构件	室内装饰	地面、踢脚、墙裙、墙面、天棚等
	室外装饰	外墙裙、外墙面等
其他构件	室内构件	楼梯、栏杆扶手、水池等
	室外构件	台阶、散水、阳台和花台等

软件的操作流程如图 0-9 所示。

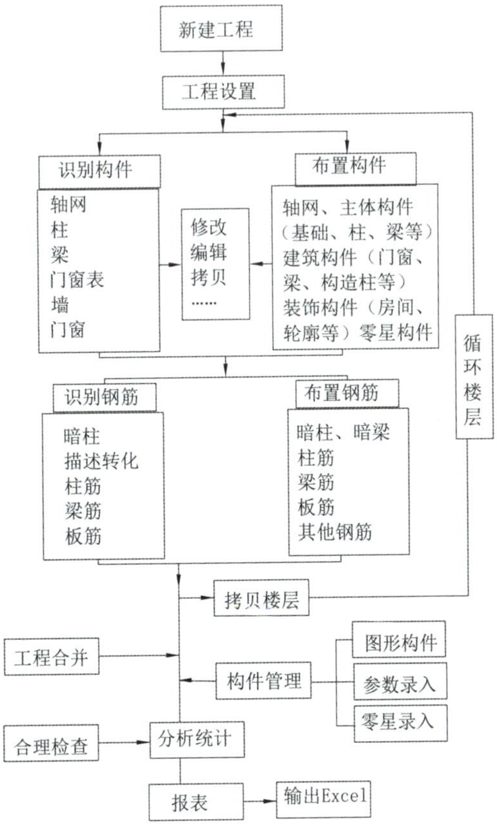

图 0-9　操作流程图

项目一　工程管理

XIANGMUYI GONGCHENG GUANLI

斯维尔 BIM 三维算量软件是在建模的基础上进行算量，首先需要新建一个工程，并对工程的计量模式、楼层设置、结构说明、建筑说明、工程特征和钢筋标准进行设置，这样既可以宏观地了解这项工程，又使得整个工程的计算有据可依。通过这个项目的学习，可以培养学生宏观意识、规范意识和责任意识，提高学生从大局把握事物发展趋势的能力，在一定的社会背景和系统中，从整体把控问题、看待问题，不偏颇，养成精益求精的工作态度。

任务一　工程介绍

本书所用的教学实例是软件自带的实例工程，所用图纸存储在软件安装硬盘的 THSware→3DA2022→Samples→DesignDwg→“培训例图”中。实例工程是一栋茶楼工程，建筑面积有 1 434 m^2，为框架结构。茶楼共五层，地下一层，层高为 4.2 m，地上四层，一层层高为 4.2 m，二、三层层高均为 3.3 m，出屋顶层高为 3 m，且屋顶为坡屋顶形式。利用软件建立的茶楼算量模型如图 1-1 所示。

图 1-1　茶楼算量模型

该茶楼有建筑施工图与结构施工图两份图纸，其中建筑施工图 11 张，结构施工图 15 张，本书提供的是电子版施工图。软件提供的模型创建方式有两种：一种是用手工建模的方式逐个逐步建立每个构件；另一种是用软件提供的智能识别的方式进行构件的识别，该方式对施工图的要求是规范和清晰，不能识别的构件用手动的方式进行补充。

实例工程由六个层面组成，分别是基础层、地下室、首层、二层、三层以及出屋顶层。各个楼层包含的构件见表 1-1。

表 1-1 各楼层构件列表

部位	基础	主体构件	装饰	其他
基础层	独立基础、基础梁			
地下室	独立基础、基础梁	柱、梁、混凝土挡土墙、砌体墙、板、门窗、过梁	勒脚、外墙面、踢脚、内墙裙、内墙面、地面、天棚	散水、脚手架
首层		柱、梁、砌体墙、板、门窗、过梁	外墙裙、外墙面、踢脚、内墙裙、内墙面、独立柱装饰、地面、天棚	散水、楼梯、雨篷、台阶、脚手架
二层		柱、梁、砌体墙、板、门窗、过梁	外墙裙、外墙面、踢脚、内墙裙、内墙面、地面、天棚	楼梯、脚手架
三层		柱、梁、砌体墙、板、门窗、过梁	外墙裙、外墙面、踢脚、内墙裙、内墙面、地面、天棚	楼梯、脚手架
出屋顶层		柱、梁、砌体墙、女儿墙、板、门窗、过梁、屋顶	外墙裙、外墙面、踢脚、内墙裙、内墙面、地面、天棚、坡屋顶、屋面	老虎窗、挑檐天沟、脚手架

实例工程是一个吊脚楼，所以除了在基础层有基础，其他楼层也会有部分基础，且基础的标高有很大差异。在建模的时候，推荐遵循先定义编号后布置构件的原则，先确定基础、柱、墙、梁等结构工程的位置，然后根据这些结构工程所处的位置和封闭区域，布置板、房间装饰等区域型构件和其他零星构件。

任务二 新建工程

运行斯维尔 BIM 三维算量 2022 for CAD 软件，显示网络登录页面，如图 1-2 所示。输入用户名和密码后，弹出“打开工程”对话框，如图 1-3 所示。在“打开工程”对话框下边“最近工程”区域，显示的是最近保存的工程文件历史记录，单击选中一个文件，双击即可打开这个文件的工程模型。

如果计算机上装有多个版本的 Auto CAD，斯维尔软件启动的时候会出现 Auto CAD 平台选择的对话框。这里推荐使用 2018 版。

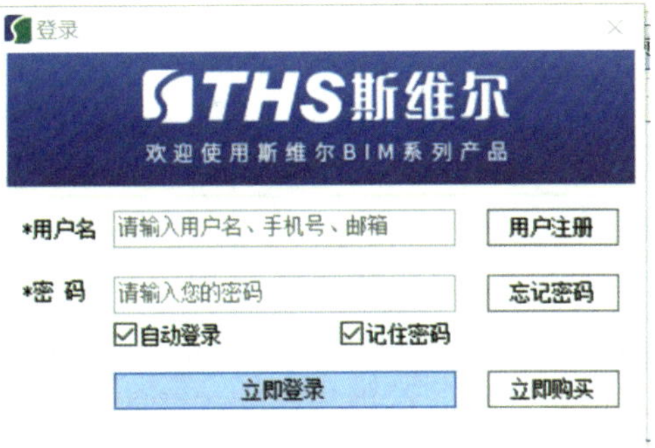

图 1-2　斯维尔登录界面

图 1-3　“打开工程”对话框

单击“新建工程”按钮，软件弹出“新建工程”对话框，如图 1-4 所示。可将创建的工程文件存储在指定的路径下。在“新建工程名”的右侧手动输入一个任意的文件名称（这里输入“茶楼”）。在“工程模板”中默认全国通用模板即可。“工程保存路径”可以通过手动输入或者单击“浏览”按钮选择存储的位置，然后单击“确定”按钮。

如果不慎将“打开工程”对话框关闭，可在系统菜单栏中单击“文件”，如图 1-5 所示，选择“新建工程”，启动相应对话框，也可单击快捷菜单栏中“新建” □ 按钮，软件会重新弹出相应对话框。

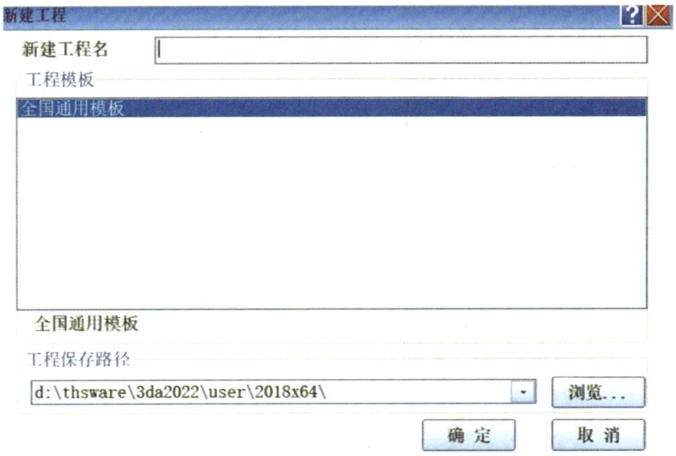

图 1-4　“新建工程”对话框

图 1-5　“文件”下拉菜单

任务三 工程设置

完成基本的名称和存储路径设置后，软件弹出“工程设置”对话框，如图 1-6 所示，也可以在操作过程中随时通过快捷菜单栏中的“工程设置”，进入该对话框。在进行建模或算量之前，都必须先依据施工图纸设置好各种工程参数。在“工程设置”对话框中包括“计量模式”“楼层设置”“结构说明”“建筑说明”“工程特征”和“钢筋标准”六项内容。可以单击对话框左侧标的标签，切换设置内容，也可以单击“上一步”或“下一步”按钮，进行不同任务之间的切换。

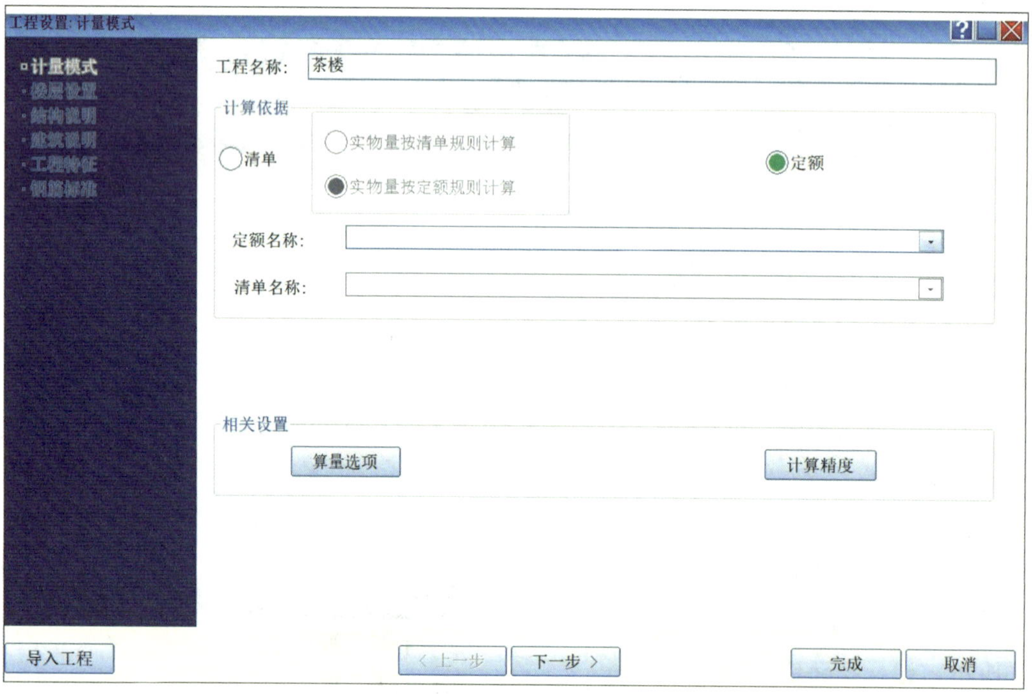

图 1-6 “工程设置”对话框

一、计量模式

计量模式中“计算依据”是根据工程所在地的情况，进行地区化的设置。“定额”模式是指构件按定额子目录与定额计算规则计算工程量。选择“定额”模式时只需要在“定额名称”下拉菜单框中选择根据工程所在地的相应定额。“清单”模式是指构件按清单项目与清单计价规则计算工程量。选择“清单”模式时，还需要根据工程量的计算规则，在“实物量按清单规则计算”和“实物量按定额规则计算”两个选项中选择。

本工程选择“清单”模式中“实物量按定额规则计算”作为计价模式。“定额名称”选择“重庆建筑工程（2008）”，“清单名称”选择“国标清单（2008）”。

如果需要调整工程量输出方式、计算规则、构件颜色、属性显示等选项，则单击“算量选项”按钮。如果需要调整工程量的计算精度，则单击“计算精度”按钮，进入精度设置窗口，调整各类工程量的计算精度。一般情况下这两种设置都无须调整。设置好的“计量模式”界面如图 1-7 所示。

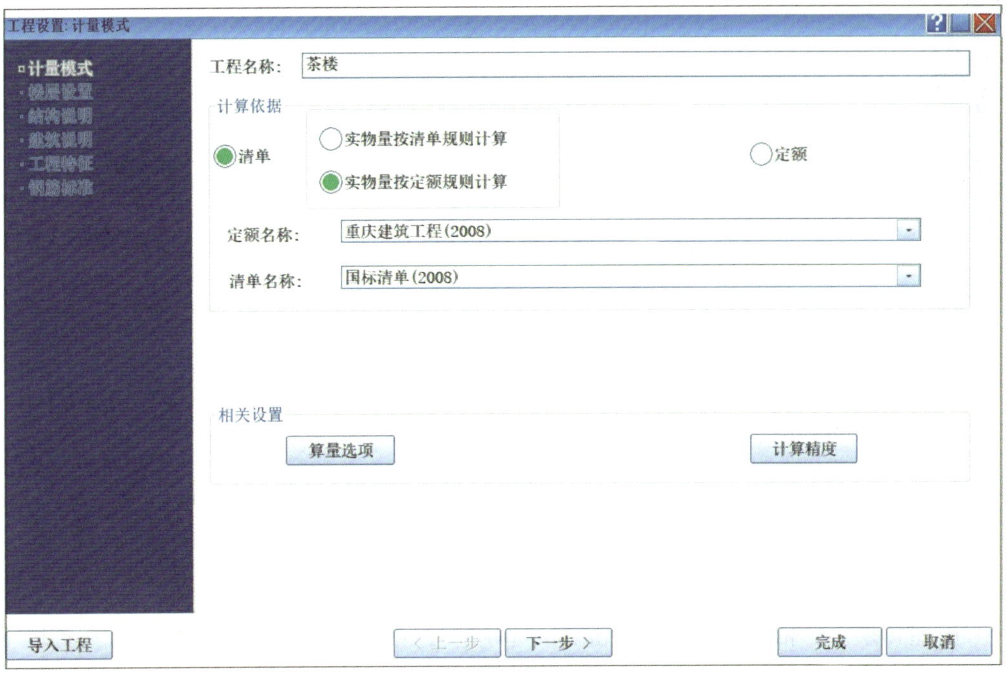

图 1-7　设置好的“计量模式”界面

注意

如果在计算依据中没有选择清单名称或定额名称，单击“完成”按钮时软件会显示提示框，如图 1-8 所示，提醒应正确设置计算依据，否则软件无法正确输出工程量。

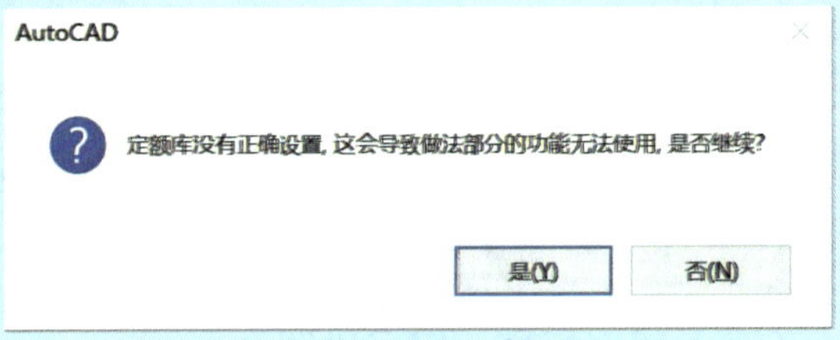

图 1-8　定额或清单未设置时的提示框

二、楼层设置

单击“下一步”按钮进入“楼层设置”界面。该界面系统默认有“基础层”和“首层”两个楼层栏，如图 1-9 所示。选中“首层”，单击“添加”按钮，可在首层上方依次新增楼层。选中“基础层”，单击“添加”按钮，可在基础层下方依次新增“基础 2 层”“基础 3 层”等。只需要对楼层名称进行修改，就可以处理带有地下楼层的工程。

“添加”按钮只可顺次添加楼层，若想在某楼层下方插入一个新的楼层，可以先选中该楼层，然后单击“插入”按钮，再修改新插入的楼层名称即可。“删除”按钮在激活后用于删除当前选中的楼层。但是“首层”作为默认楼层是无法进行删除的，也不能对其进行楼层名称的修改，在删除时会出现提示框，如图 1-10 所示。“识别”按钮用于识别电子图档内的楼层表。

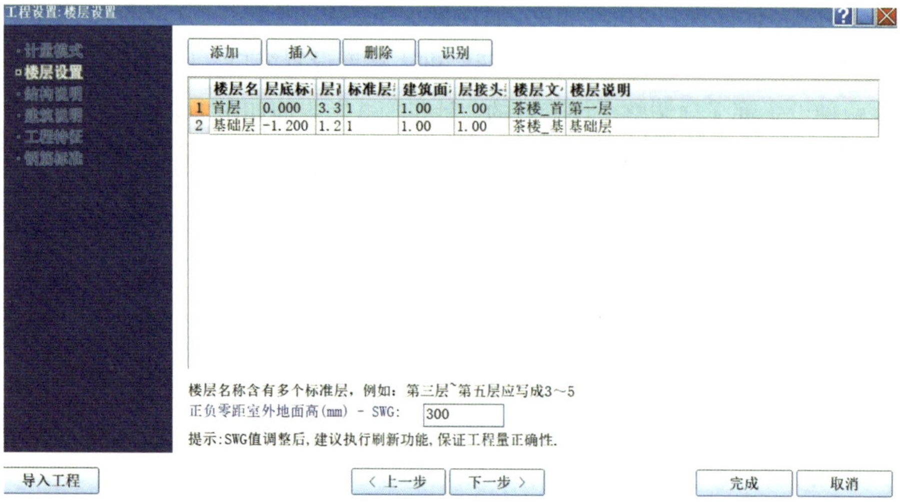

图 1-9 “楼层设置”对话框

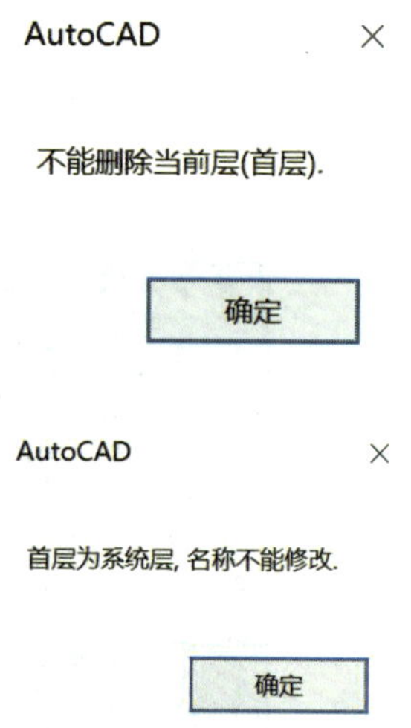

图 1-10 对“首层”进行操作时的提示框

（一）添加楼层

选中“首层”，单击“添加”按钮三次，在首层上方添加三个楼层，并将“第四层”的楼层名称修改为“出屋顶层”，依次修改层高。选中“首层”，单击“插入”按钮一次，在首层下方插入一个新的楼层，将其楼层名称改为“地下室”。

> 温馨提示
>
> 如果选中楼层列表中“基础层”及以下位置，单击“添加”按钮，进行楼层新增，并将楼层名称修改为“地下室”。按照这样的操作也可以处理带地下楼层的工程。

（二）层底标高、层高设置

除了首层的层底标高可以直接修改外，对其余楼层的标高进行修改时，会弹出提示框，如图 1-11 所示。依据 2-2 剖面图，图纸中地下室的地面为 ±0.000，层高为 4.2 m，则首层标高为 4.200 m；首层、二层、三层、出屋顶层层高分别为 4.2 m、3.3 m、3.3 m、3 m。在地下室的底部有基础层，根据基础平面布置图显示，最低的基础标高为 - 2.5 m，在此取基础层高为 2.5 m。其余楼层标高根据层高自动计算，层高设置自行修改。

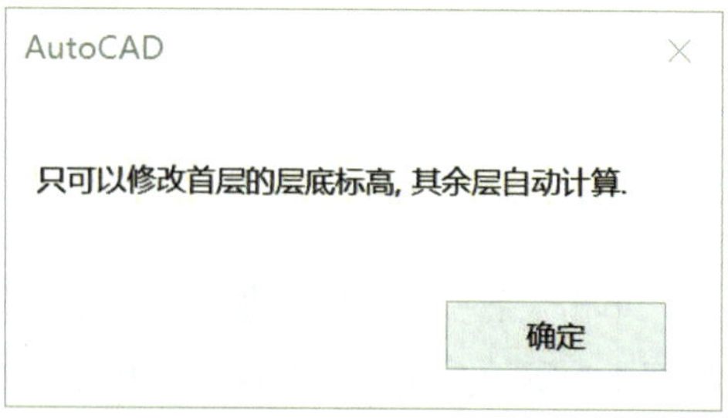

图 1-11 除首层外修改标高弹窗

> 温馨提示
>
> 建议层高按照结构标高设置，便于在进行表格钢筋识别时，表格中的楼层标高与设置的楼层标高相匹配，构件可以自动布置符合层高条件的钢筋。

（三）标准层数、层接头数量设置

“标准层数”用于当多个楼层的一切内容均相同时，进行相同楼层数量的设置，在统计工程量时，软件会用标准层数乘以单个标准层的工程量得出标准层数的总工程量。实例工程各楼层的标准层数都为“1”。

“层接头数量”用于对墙柱等竖向构件钢筋的绑扎接头计算。这里将楼层的“层接头数量”设为“1”，即按每层计算 1 个接头。实例基础层没有竖向构件，故设为“0”。

温馨提示

“标准层数”不能设置为“0”，最小设置为“1”，否则该工程量统计结果为“0”。机械连接的钢筋接头系统默认按每楼层一个计算。“层接头数量”如果为“0”，则这层不计算竖向钢筋搭接接头数量，机械连接接头正常计算。

（四）正负零距室外地面高

设置正负零距室外地面的高差值用于挖基础土方的深度控制，不填写时挖土方为基础深度。根据工程实际情况，室外地坪标高为 - 0.300 m，则该值为 300，保持默认值即可，后面进行基础布置时也可以单独设置。

按照上面操作设置完成后的界面如图 1-12 所示。

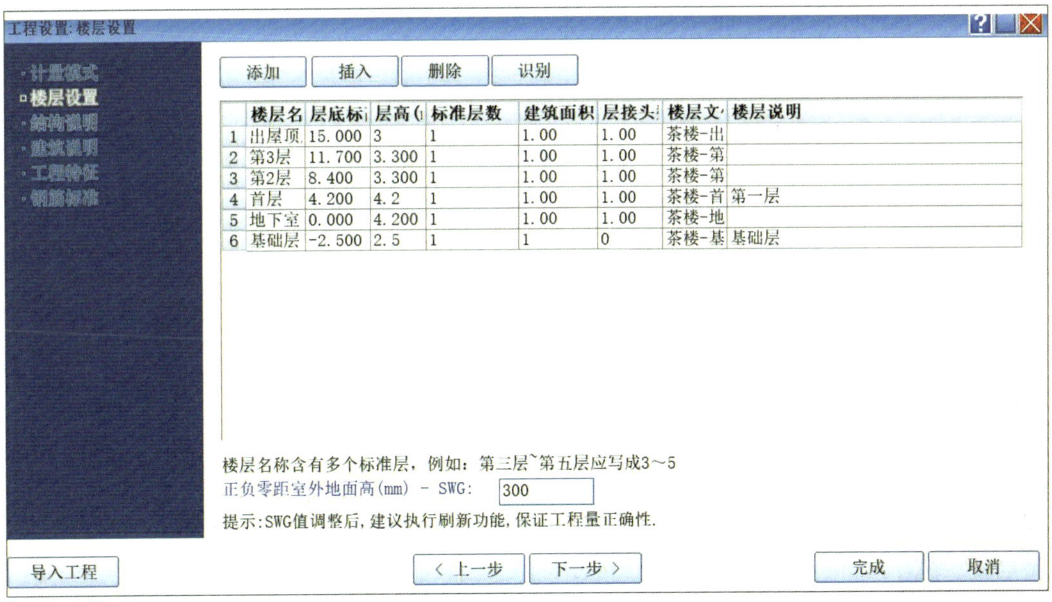

图 1-12　“楼层设置”完成界面

三、结构说明

“结构说明”界面包含“砼材料设置”“抗震等级设置”“保护层设置”以及“结构类型设置”四个子页面，分别针对整个工程结构类构件的混凝土强度等级、抗震等级、钢筋保护层及结构类型代号进行设置。在该页面可以根据结构设计说明对建筑的结构信息进行统一设置，也可以在后续进行构件布置时一个一个进行设置。结构类型代号只适用于一些极为特殊的场合，一般无须额外设置。

（一）砼材料设置

“砼材料设置”界面可以对“楼层”“构件名称”“强度等级”进行设置。单击单元格的下拉菜单，会弹出相应的选择对话框或下拉菜单，如图 1-13 至图 1-15 所示。可以看出“楼层设置”显示的是根据实例工程设置后的所有楼层，“构件选择”是软件默认的构件。“强度等级”可以根据图纸结构设计说明中的设计要求“独立基础及 JL 采用 C20 混凝土”“混凝土梁柱板及楼梯采用 C30”，进行逐一设置。在“强度等级”的下拉菜单中没有相应的混凝土等级选项时，可以通过手动输入的方式进行设置。构件需要加注抗渗等级时，可在强度等级后以空格的方式隔开，如 C30 P8。其余图纸涉及的“砼材料设置”可以通过“工程设置”按照设计要求进行增加。

“删除”按钮用于删掉多余的行。“砼材料设置”完成的界面如图 1-16 所示。

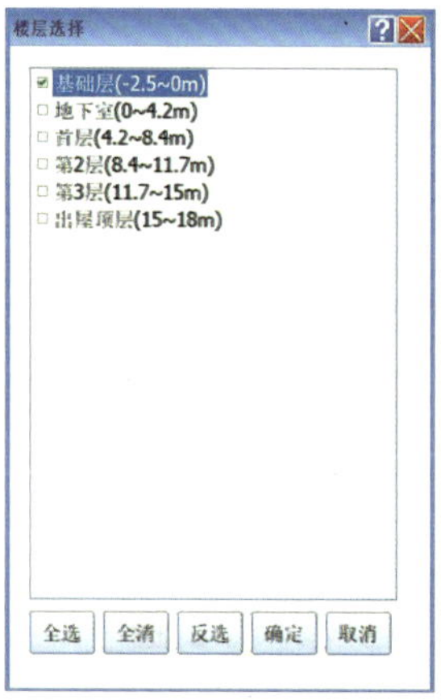

图 1-13 “楼层选择”对话框

图 1-14 “构件选择”对话框

图 1-15 “强度等级”下拉菜单

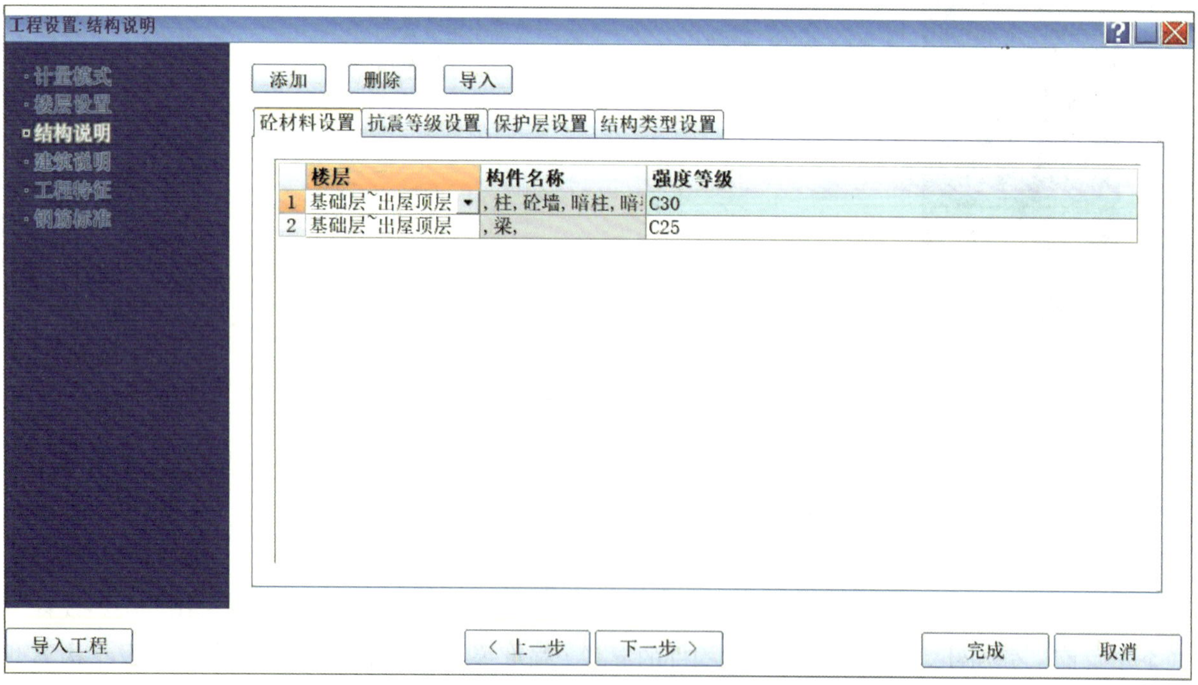

图 1-16 “砼材料设置”完成界面

（二）抗震等级设置

单击“抗震等级设置”切换界面，设置方法与“砼材料设置”基本一样。其“结构类型”只有在选定某个构件的时候才有用，“抗震等级”能在可选范围内进行修改。

在这里“结构类型”根据平法图集进行分类，可不进行修改。“抗震等级”只需要根据结构设计说明对框架柱、框架梁等有抗震要求的构件进行修改设置，在结构设计说明中的一般说明中，提到该建筑“抗震设防烈度为 7 度，建筑场地类别为Ⅱ类，抗震等级为 4 级”，对于未规定抗震等级设计要求的，设为“0”即可。设置完成的界面如图 1-17 所示。

	楼层	结构类型	抗震等级
1	基础层~出屋顶层	，框架柱，框支柱，	4
2	基础层~出屋顶层	，普通柱，	0
3	基础层~出屋顶层	，框架梁，框支梁，屋面	4
4	基础层~出屋顶层	，普通梁，悬挑梁，	0
5	基础层~出屋顶层	，砼墙，连梁，框连梁，	4
6	基础层~出屋顶层	，暗柱，暗梁，	4
7	基础层~出屋顶层	，无梁板，有梁板，屋面	0
8	基础层~出屋顶层	，梯段，构造柱，圈梁，	0
9	基础层~出屋顶层	，独基，筏板承台，设[illegible]	0
10	基础层~出屋顶层	，主肋梁，	4
11	基础层~出屋顶层	，楼层板带，	0

图 1-17 “抗震等级设置”完成界面

温馨提示

“结构说明”中的“抗震等级设置”可以单击单元格的下拉菜单进行选择，也可选中单元格进行手动输入。对于未设置的结构类型应该予以保存，不可进行删除。

（三）保护层设置

单击“保护层设置”切换界面，用户可以在保护层“设置值”栏进行修改，在这里修改的保护层值，将沿用到钢筋计算设置中的保护层设置上，影响构件保护层厚度属性的默认取值。该界面只需要对“设置值”进行手动输入修改，其余保持默认即可。

“设置值”根据结构设计说明中“二、基础与地下部分，钢筋混凝土保护层厚度：基础为 35 mm，JL 为 25 mm”以及“四、钢筋混凝土工程第 4 点，钢筋混凝土保护层厚度：板，15 mm；梁、柱，25 mm，剪力墙，25 mm”进行设置，经过修改的设置值单元格会用不同的颜色显示。设置完成的界面如图 1-18 所示。单击“下一步”按钮进入“建筑说明”界面。

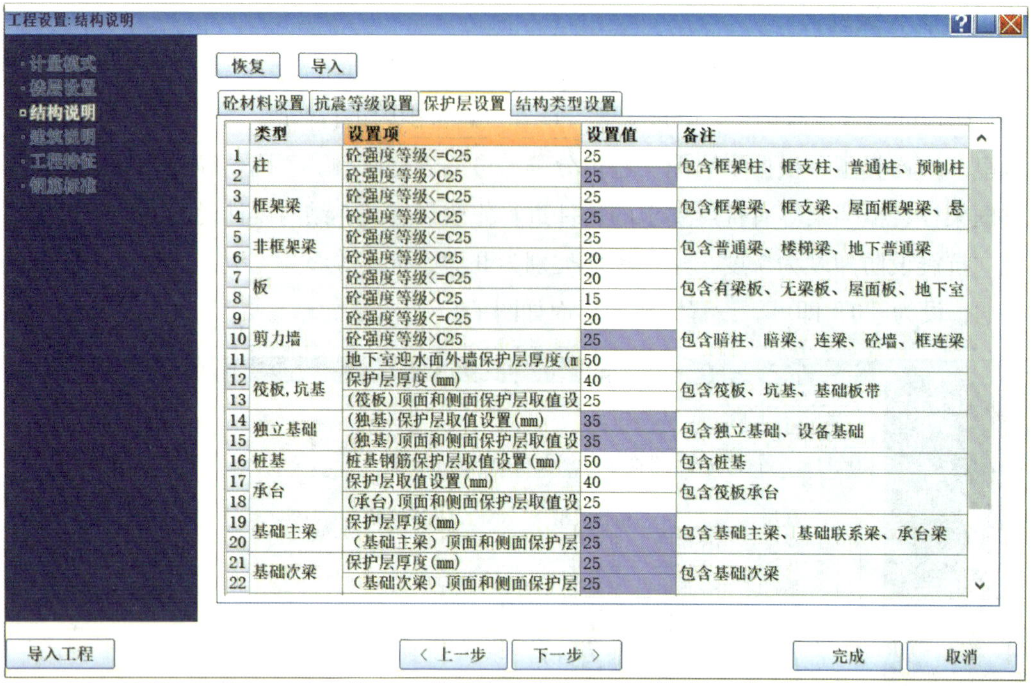

	类型	设置项	设置值	备注
1	柱	砼强度等级<=C25	25	包含框架柱、框支柱、普通柱、预制柱
2		砼强度等级>C25	25	
3	框架梁	砼强度等级<=C25	25	包含框架梁、框支梁、屋面框架梁、悬
4		砼强度等级>C25	25	
5	非框架梁	砼强度等级<=C25	25	包含普通梁、楼梯梁、地下普通梁
6		砼强度等级>C25	20	
7	板	砼强度等级<=C25	20	包含有梁板、无梁板、屋面板、地下室
8		砼强度等级>C25	15	
9	剪力墙	砼强度等级<=C25	20	包含暗柱、暗梁、连梁、砼墙、框连梁
10		砼强度等级>C25	25	
11		地下室迎水面外墙保护层厚度(m	50	
12	筏板,坑基	保护层厚度(mm)	40	包含筏板、坑基、基础板带
13		(筏板)顶面和侧面保护层取值设	25	
14	独立基础	(独基)保护层取值设置(mm)	35	包含独立基础、设备基础
15		(独基)顶面和侧面保护层取值设	35	
16	桩基	桩基钢筋保护层取值设置(mm)	50	包含桩基
17	承台	保护层取值设置(mm)	40	包含筏板承台
18		(承台)顶面和侧面保护层取值设	25	
19	基础主梁	保护层厚度(mm)	25	包含基础主梁、基础联系梁、承台梁
20		(基础主梁)顶面和侧面保护层	25	
21	基础次梁	保护层厚度(mm)	25	包含基础次梁
22		(基础次梁)顶面和侧面保护层	25	

图 1-18 “保护层设置”完成界面

四、建筑说明

“建筑说明”界面包含“砌体材料设置”和“侧壁基层设置”两个子页面。

（一）砌体材料设置

“砌体材料设置”操作方法和结构说明中“砼材料设置”基本一致。“砂浆材料”可以单击下拉选项框，在展开的选项中找到配合比、粒径等详细技术指标合适的项目，也可以通过手动输入的方法完成该界面的设置。

根据实例工程结构设计说明中“一层地下室填充墙采用黏土空心砖，M5 水泥砂浆砌筑”以及建筑说明中“本工程外填充墙采用 300 mm 厚石渣空心砖墙，内墙采用 180 mm 厚石渣空心砖墙，M5 混合砂浆砌筑，120 mm 和 60 mm 厚的内隔墙采用红砖，M10 水泥砂浆砌筑”进行该界面的设置。首先根据砌体墙类型，单击“添加”按钮增加楼层信息，“砂浆材料”和“砌体材料”通过手动输入的方式进行修改。完成的界面如图 1-19 所示。

（二）侧壁基层设置

“侧壁基层设置”含有墙体保温非砼基层及墙面、踢脚、墙裙、其他面的非砼墙材料的设置，如图 1-20 所示。

进行侧壁基层设置的目的是，在不分解墙体保温或墙面等构件的情况下，能够按照定额或清单对做法基层划分的要求归并出量。比如除砼墙之外，工程中非砼墙采用标准红砖、烧结空心砖、混凝土加气块和玻璃纤维增强混凝土（GRC）轻质墙板等四种材料，当地定额按基层材料将墙面划分为砖墙面、砼墙面、砌块墙面和轻质墙面，则可把标准红砖、烧结空心砖归在砖墙面做法，设为非砼墙一，混凝土加气块属于砌块墙面做法，设为非砼墙二，GRC 墙板既不是砖也不是砌块，实际又会用到，软件会将其归在非砼墙三里出量。如果当地定额墙面做法不按基层分列子目计算，则不必做此设置，软件会把非砼墙面做法都按非砼墙一出量。针对墙体保温的设置，只是为区分基层找平处理，保温层上的饰面做法与此无关。本实例工程不存在这样的设计要求，无须进行这个设置。单击“下一步”按钮进入“工程特征”界面。

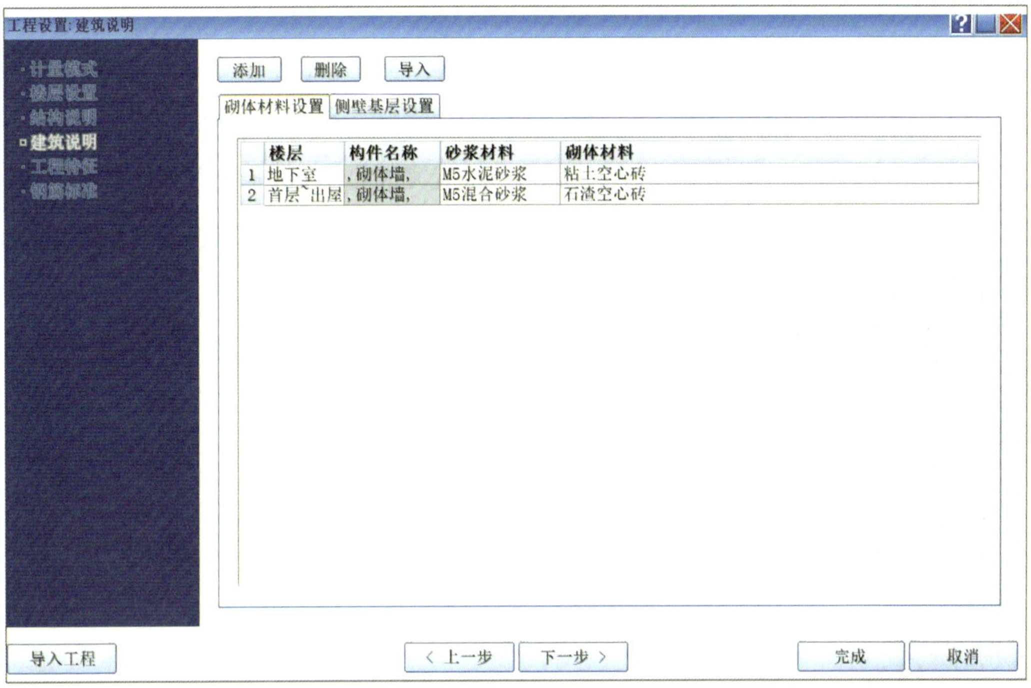

图 1-19　“砌体材料设置”完成界面

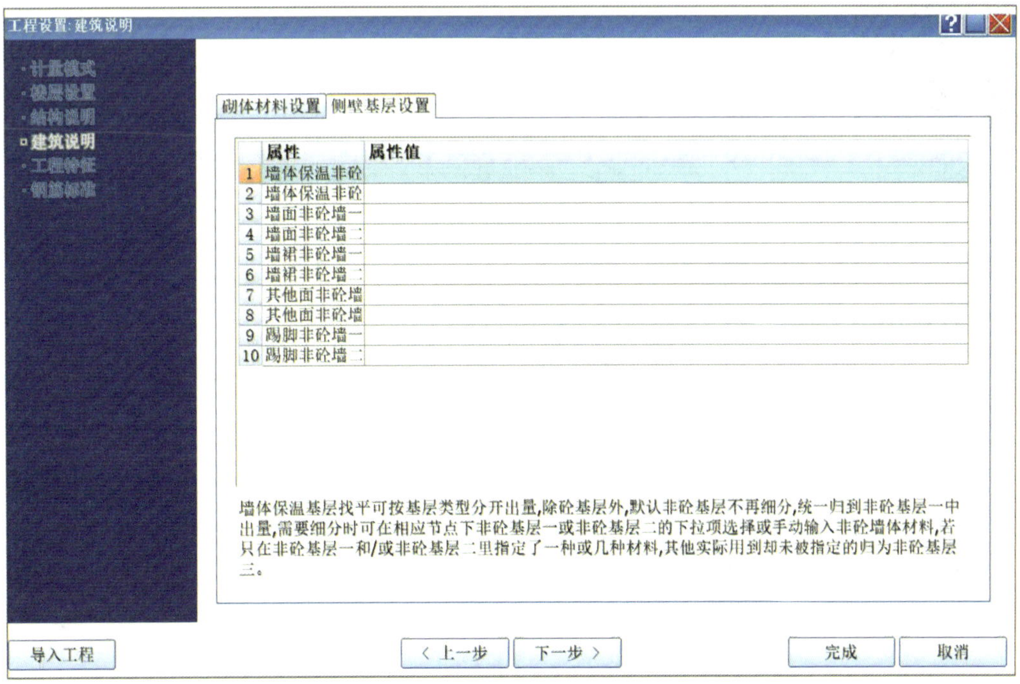

图 1-20　“侧壁基层设置”界面

五、工程特征

“工程特征”界面包含“工程概况”“计算定义”和“土方定义”三个子页面。通过“工程特征”界面可以对工程一些全局性的计算内容进行设置。填写栏中的内容可以从下拉菜单中选择，也可直接手动输入。在这些属性中，用蓝色标识的属性名为必填项。

“工程特征”需要根据算量工程的基本情况、施工组织设计方案和地勘报告来进行设置，一般只需要将必填项完成即可，其余可在构件布置时单独设置。

（一）工程概况

对于“工程概况”内的建筑面积，如果在建模时布置了建筑面积“构件”，则软件会自动将计算的建筑面积填上。这里根据建筑总说明手动输入。设置完成的“工程概况”界面如图 1-21 所示。

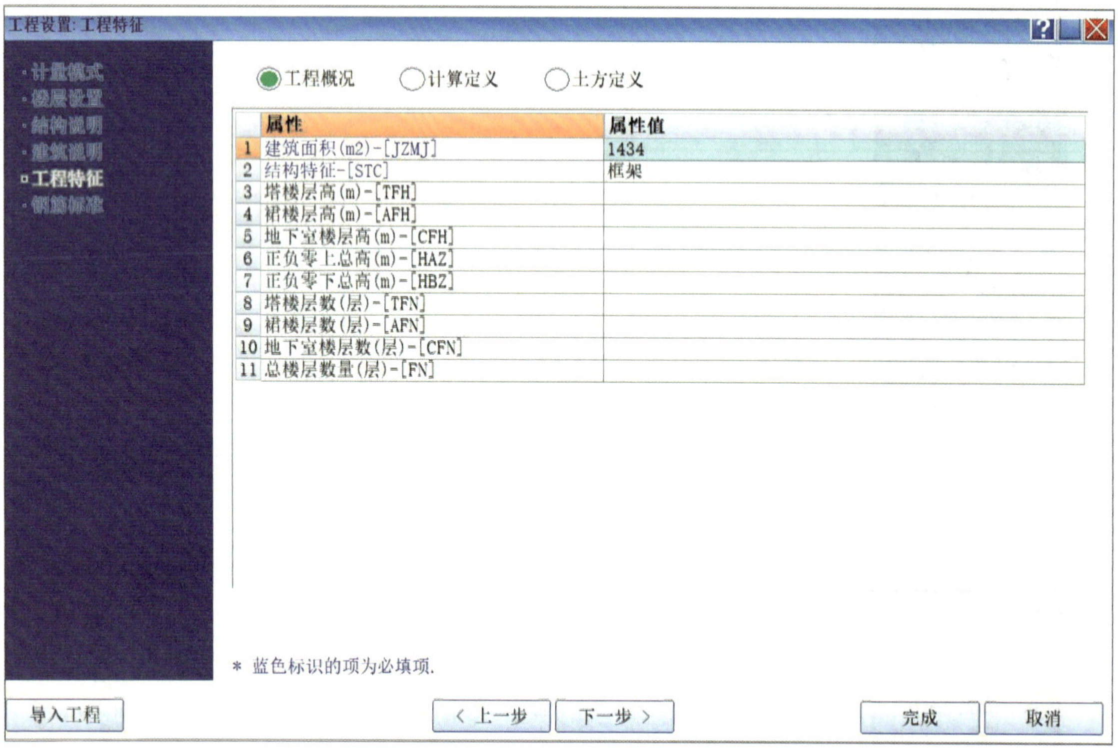

图 1-21 设置完成的“工程概况”界面

（二）计算定义

“计算定义”中有梁的计算方式、是否计算墙面铺挂防裂钢丝网等的设置选项。如果将“是否计算为钢丝网”的属性值设置为“是”，则软件会计算钢丝网工程量。实例工程没有涉及墙体防裂钢丝网，所以在此该值设置为“否”。在进行工程分析统计时，软件会根据“结构特征”“土壤类别”“运土距离”等特征值自动生成清单的项目特征。这些值需要根据工程的施工组织设计方案才能确定，实例工程没有提供相应的施工组织资料，为了方便练习，大家可以选择默认值，也可以任意进行设置。

（三）土方定义

“土方定义”需要根据施工组织设计方案和地质勘查报告才能确定。实例工程缺乏相应资料，这里可以选择默认值。

> **温馨提示**
>
> 其中，“地下水位深”的属性值可以影响挖土方中挖湿土体积的计算。地下室水位深以室外地坪为参照点，因此地下室水位线的标高为“| 地下水位深 | + | 正负零距室外地面高 |”，水位线以下为湿土部分。例如地下室水位深为 800 mm，室内外地坪高差为 300 mm，则地下室水位线的标高为“- 1.100 m”。
>
> 完成上述设置后，单击“下一步”按钮进入到“钢筋标准”界面。

六、钢筋标准

“钢筋标准”是依据结构图中制图标准来确定的。目前最新的钢筋平法图集是《22G101》，为了更好地了解最新图集，这里也可以选择“22G101 系列”。

“钢筋选项”用于用户自定义一些钢筋计算设置，也可进入“钢筋选项”对话框查看或修改软件对钢筋计算所设置的一些默认值，如图 1-22 所示，其中包括“钢筋设置”“计算设置”“节点设置”和“识别设置”内容。一般情况下无须修改。

最后单击“完成”按钮，就可以完成“工程设置”的所有操作。

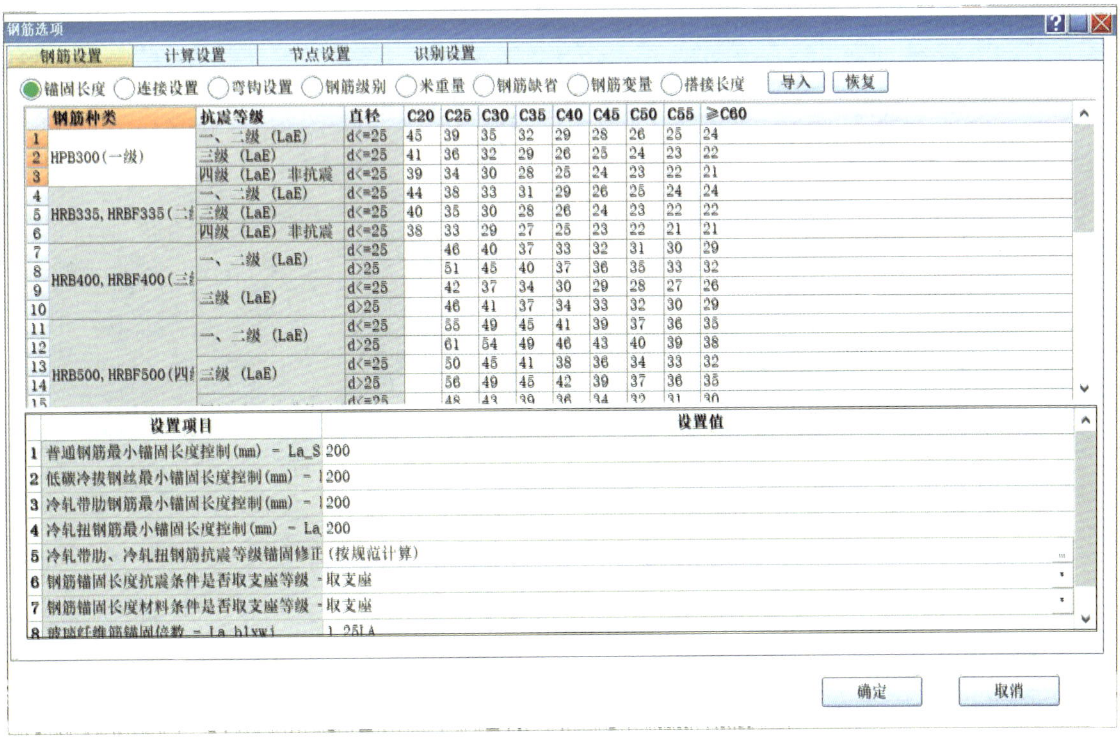

图 1-22 “钢筋选项”对话框

项目二 基础工程量计算

XIANGMUER JICHU GONGCHENGLIANG JISUAN

“万丈高楼平地起”，根据建筑物的建造程序，本项目介绍基础工程算量，特别是独立基础和条形基础的算量。首先建立轴网确定建筑和结构平面布置定位，然后按照图纸根据轴网的轴线位置布置相应的基础，布置时注意基础基底（顶）标高。通过本项目的学习，可以培养学生“基础决定高度”的视野，使学生明白大学是走向社会的基础阶段，必须牢牢掌握专业知识，打好基础，培养工程人的社会责任感。

每个人可以根据工程的实际情况来选择最快的建模顺序，没有严格的规定，可以从标准层开始建模。这里根据施工流程自下而上计算工程量，这样的顺序可以与定额的项目章节一致，不漏算构件。

首先根据软件界面下方的状态栏楼层显示框，判断当前所处的楼层。软件默认显示的楼层状态为“首层”，如图 2-1 所示。通过楼层显示栏右边的下拉选项，切换至“基础层”。

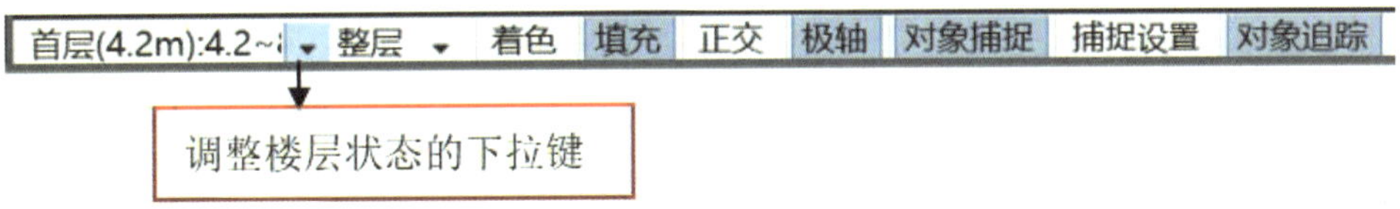

图 2-1　状态栏中楼层的显示

任务一　轴网设置

施工图中的轴网是确定建筑和结构构件平面布置及其标示尺寸的极限，也是软件建模布置定位的重要依据，因此使用软件建模之前，应首先确保建立正确的轴网。

参考图纸：结施 -02（基础平面布置图）。

根据图纸分析，上下主轴开间间距一致，得出主体轴网数据（除辅轴外），见表 2-1。

表 2-1　主体轴网数据表

序号	上（下）开间		右进深	
	轴号	间距 /mm	轴号	间距 /mm
1	①～②	7 500	A ～ B	2 100
2	②～③	7 500	B ～ C	4 500
3	③～④	6 000	C ～ D	6 000
4	④～⑤	6 000	D ～ E	6 000

一、新建轴网

单击软件界面左侧屏幕菜单栏中的“轴网”模块，选择“轴网”，调出“绘制轴网”对话框，如图 2-2 所示。“轴网类型”“定位点”“旋转方向”“角度”保持默认，轴网的新建就是根据图纸进行轴距的录入。

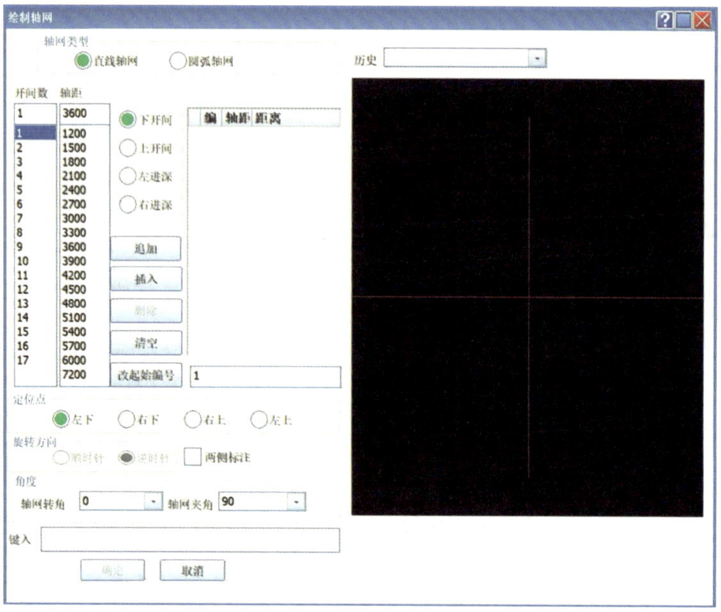

图 2-2　“绘制轴网”对话框

首先录入下开间，从表 2-1 中数据可以看出，开间数共 4 个，且前两个开间间距相同，后两个开间间距亦相同。则可在“开间数”中选择“2”，“轴距”输入“7 500”，单击“追加”按钮，再修改轴距为“6 000”，单击“追加”按钮，即完成下开间的设置，如图 2-3 所示。每个轴距录入之后，都会在对话框右侧预览窗口看到设置效果，方便用户及时观察和发现错误。

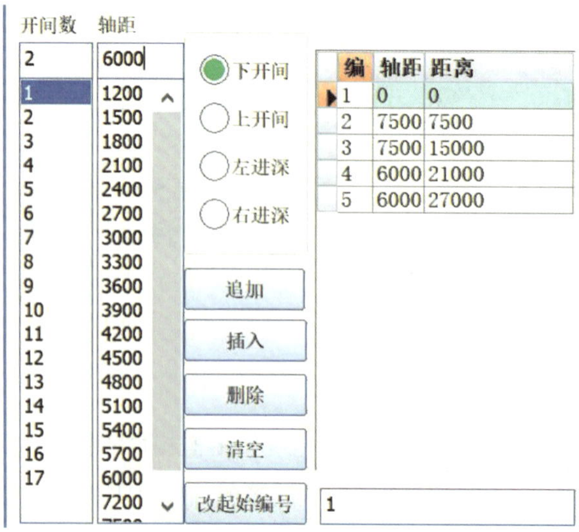

图 2-3　下开间数据录入

也可以默认对话框中的“开间数”和“轴距”，直接单击“追加”按钮后，在“编号”和“轴距”显示框中手动输入轴距，分别将 2、3、4、5 行中的“轴距”对应修改为“7 500”“7 500”“6 000”“6 000”。

切换到“右进深”，右进深中没有相邻轴距相同的轴线，因此“进深数”默认“1”，然后依次在“轴距”中录入进深距并单击“追加”按钮。

也可通过对显示框中的数据进行修改，完成“右进深”的设置。对于辅轴 1/E 的设置，可以直接“追加”轴线 F 轴，更改编号为 1/E，设置“轴距”为“3 300”即可，如图 2-4 所示。

> **温馨提示**
>
> 单击“插入”或“删除”按钮，可以方便轴线之间的插行或删除。单击“清空”按钮可以将当前录入的轴网数据全部清空，应谨慎使用。

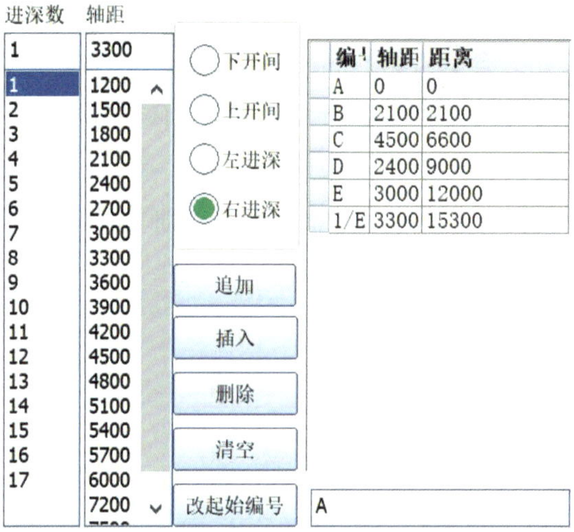

图 2-4　右进深数据录入

设置好轴线数据后，单击“确定”按钮，返回图形界面，在界面中生成对应的轴网，并在轴线①和轴线 A 相交处，用一个十字圆圈标出，此处坐标为（0，0），如图 2-5 所示。

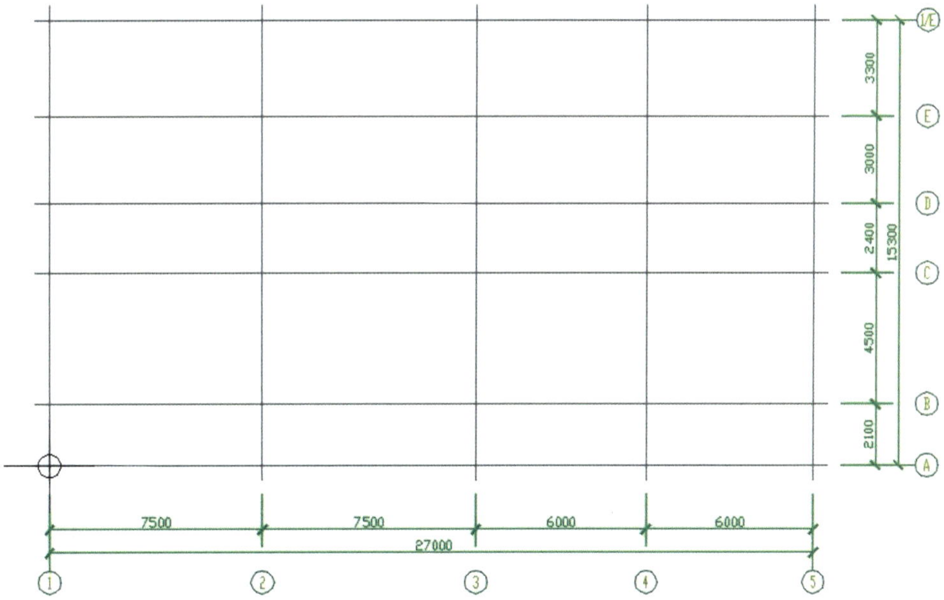

图 2-5　生成的轴网效果

修改轴网
视频讲解

二、修改轴网

在基础平面布置图的轴网中，还有 1/2 和 1/3 辅轴需要添加。单击“轴网”模块下 轴网 ，在图形界面上方显示轴网相关的功能菜单，如图 2-6 所示。

图 2-6　“轴网”功能菜单

单击“平行辅轴”按钮，注意观察软件下方任务框，按照流程“选择对象”，单击选择②轴，“选择偏离方向”，在②轴右侧空间单击，即弹出“平行辅轴设置”对话框，如图 2-7 所示，输入偏离“距离”为“3 900”，“轴号”为系统默认，这里无须更改。单击“确定”按钮，1/2 辅轴设置完成。用相同的方法可以绘制出 1/3 辅轴。添加辅轴后的轴网效果如图 2-8 所示。

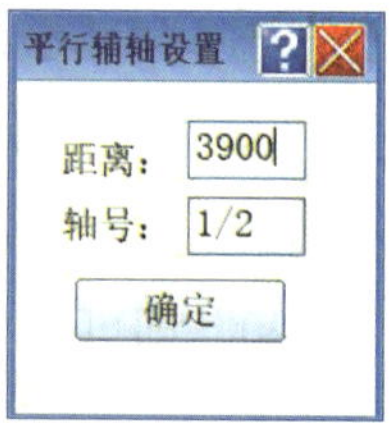

图 2-7 “平行辅轴设置”对话框

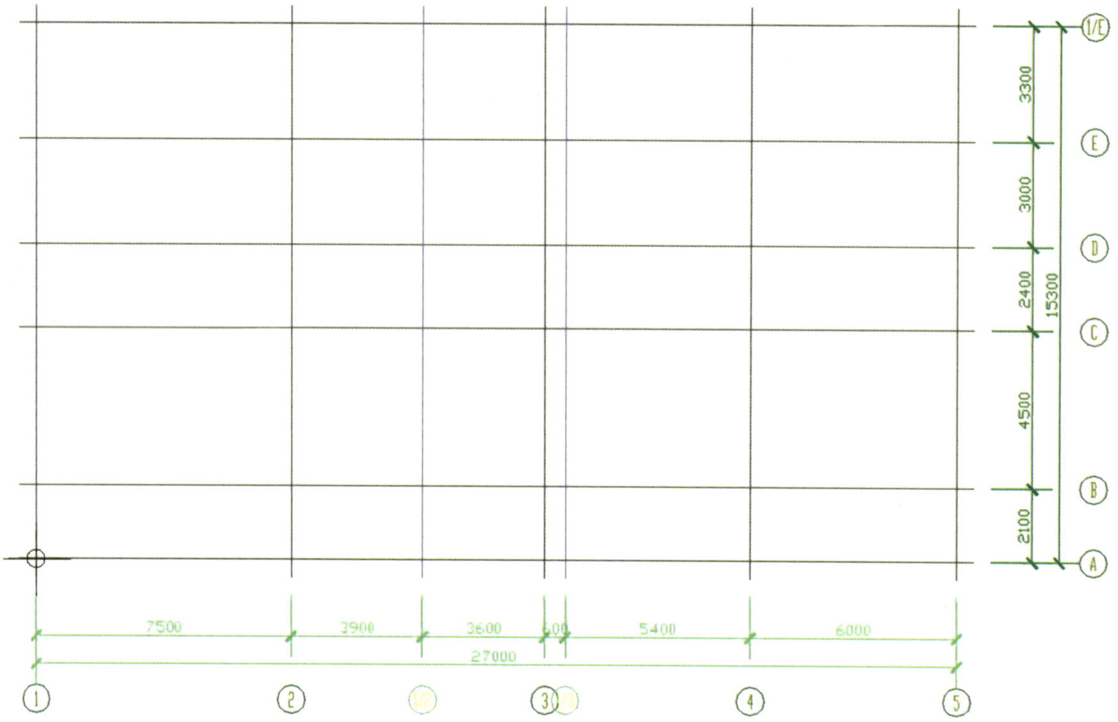

图 2-8 增加辅轴后的轴网效果

单击“修改轴网”按钮，按照任务框流程“请选择构件”，选择任意一条轴线，按 <Enter> 键，重新进入“绘制轴网”对话框，按照新建轴网的方式，可以对轴网进行修改，也可单击“插入”按钮，修改“编号”和“轴距”的形式，增加相应的辅轴。

图 2-9 轴网右键菜单

温馨提示

选中轴网中的任意轴线，单击鼠标右键，可调用有关轴网的任何操作，如图 2-9 所示。

三、轴网状态

绘图区域下方的状态栏“轴网上锁”和绘图区域上方的轴网功能栏里“上锁轴网”具有同样的功能，均可以将指定的轴网上锁。单击“轴网上锁”当其显蓝色时，上锁功能处于激活状态，并且文字提示栏会出现“上锁轴网！”。当十字光标在轴网上方时，光标上显示带锁，不能对轴网进行复制、删除等编辑。

绘图区域下方的状态栏“轴网开关”和绘图区域上方的轴网功能栏里“显隐轴网”，可以控制轴网的显现状态，当“轴网开关”显蓝色时，绘图区域可显示轴网。单击“轴网开关”或“显隐轴网”，轴网开关关闭，绘图区域轴网不显示。为了方便定位，选择轴网开关处于“打开”状态，文字提示框出现“轴网开关打开”。

任务二 独立基础

布置构件应先定义构件，再进行构件布置。对于做法（清单、定额）的挂接可以在定义构件的同时进行，也可以构件布置完成后，通过“构件查询”进行做法挂接。

参考图纸：结施 -02（基础平面布置图）、结施 -03（J-1、J-2、J-3 详图）、结施 -04（J-4 ~ J-8 详图）。

一、独立基础的属性设置

根据结施 -02，需要设置 6 个独立基础编号，其中 J-5、J-8 是首层下的基础，注意基底标高在 ±0.000 之上，分别为 1.800、3.150，这两个基础可以在地下室楼层中进行定义。

单击软件界面左侧屏幕菜单栏中的“基础”模块，在展开的选项中单击“独基承台”按钮，则会弹出集成对话框（即导航器），如图 2-10 所示。单击“编号”按钮，调出“定义编号”对话框，如图 2-11 所示。该对话框内可以对构件属性（包括物理属性、施工属性和其他属性）以及做法进行设置。

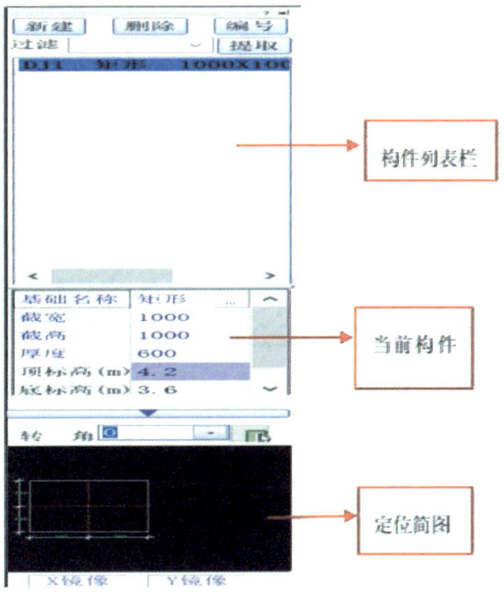

图 2-10 基础设置导航器

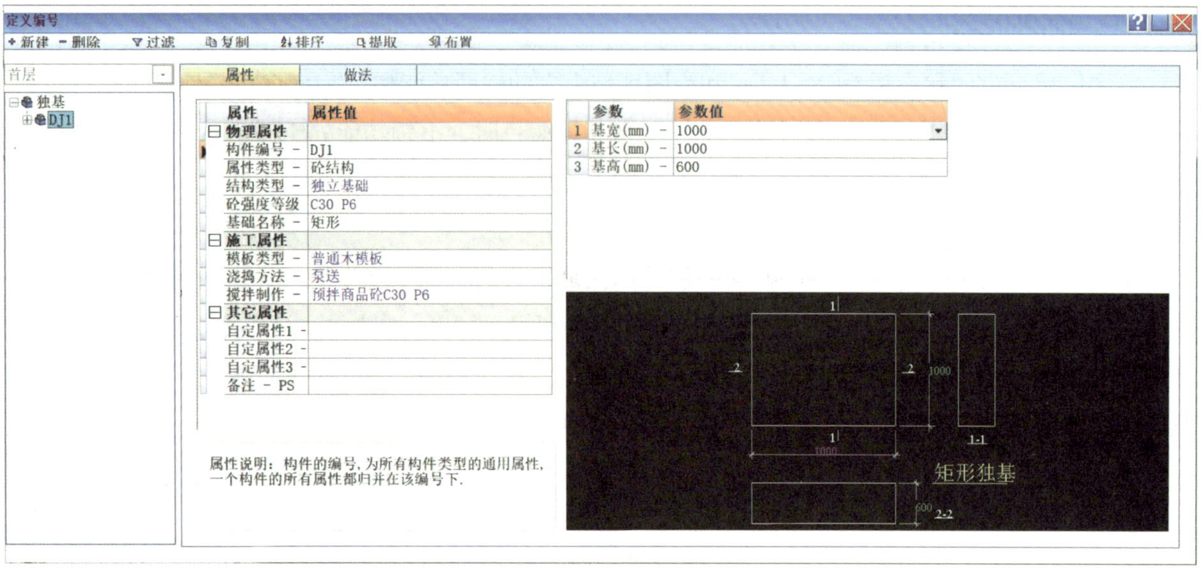

图 2-11 “定义编号”对话框

（一）独立基础 J-1 设置

1. 物理属性设置

在“定义编号”对话框中，首先将软件默认的构件编号改为 J-1，“属性类型”“结构类型”“砼强度等级”依据结构总说明，保持默认值。依据结施 -03 中 J-1 基础详图，单击“基础名称”下拉三角，会出现“选取构件截面形状”对话框，如图 2-12 所示。在“截面形状”栏选择“二阶矩形”，对照右侧“简图”示意图，确认无误后，单击“确认”按钮，则相应的示意图会出现在“定义编号”对话框右侧，正在输入的数据会以闪动的形式进行提醒。

根据详图，对“二阶矩形”基础 J-1 进行参数修改，示意图中的参数与右上方的参数栏相对应，为了方便起见，推荐在示意图中进行参数的输入。

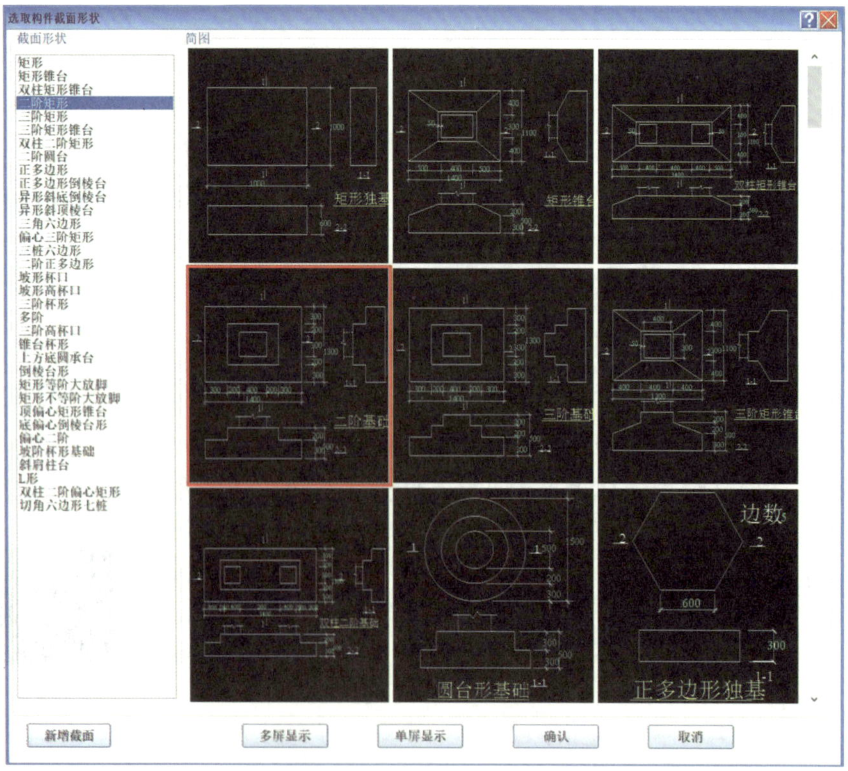

图 2-12 “选取构件截面形状”对话框

2. 施工属性设置

“浇筑方法”“搅拌制作”是从工程设置的结构说明中自动获取属性值的，这里只需要设置“模板类型”。在实例工程中，基础采用木模板，则可以在编号树中选择“独基”节点，统一设置“模板类型”为普通木模板，如图 2-13 所示。编号中凡是蓝色文字显示的属性都是公共属性，可以在总节点上设置，子节点自动继承这些属性。设置好后，切换到 J-1 节点。

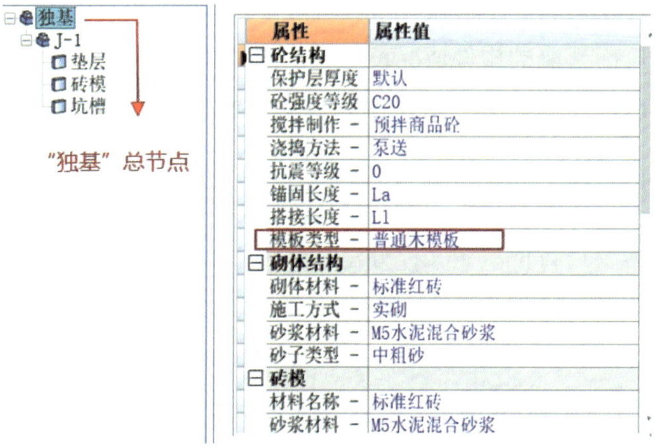

图 2-13　“独基”节点总设置

3. 砖模节点设置

在实例工程中，对独立基础的砖模没有要求，在此可以对其进行删除。切换到“砖模”节点，单击“删除”按钮。

4. 垫层节点设置

单击“垫层”节点，切换到垫层“属性”设置界面。由结构图中的基础详图，可读出垫层的材料采用 C10 素混凝土，且垫层的厚度与外伸长度均为 100 mm。再看软件中垫层属性，“垫层一外伸长度”设置为“100”，“垫层一厚度”为“100”，“垫层一材料”为“C10 混凝土”。垫层二、三是指基础下有多个垫层时，需要对其进行设置，实例工程基础只有一个垫层，因此垫层二、三的相关设置值为“0”，材料属性默认即可。

由于此处设置均为蓝色，因此，可以在“独基”总节点处对垫层的施工属性进行统一设置。如果遇到基础垫层与总设置不同，则可以在每个基础的垫层页面单独设置。设置完成后的界面如图 2-14 所示。

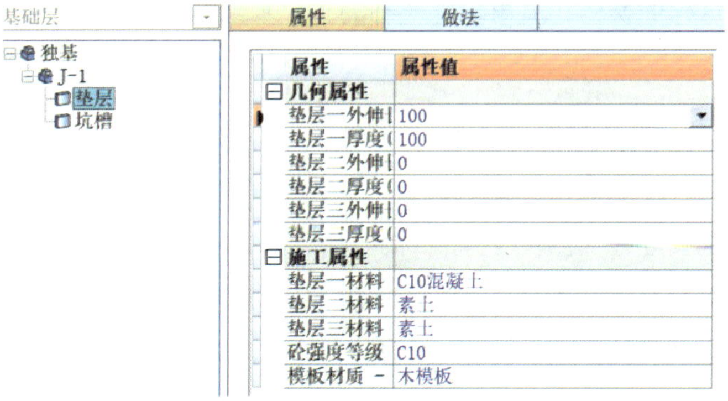

图 2-14　“垫层”属性界面

5. 坑槽节点设置

单击“坑槽”节点，切换到坑槽“属性”设置界面，如图 2-15 所示。此处是对基础的挖土方进行设置，按照软件默认值即可。如果遇到地势比较特殊的工程，则需要指定“挖土深度”，其余属性会根据指定的挖土深度，自动调整进行计算。

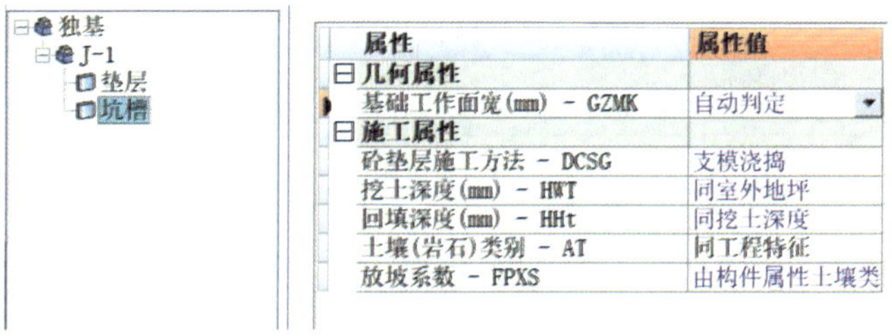

图 2-15　“坑槽”属性界面

（二）新建构件

设置完独立基础 J-1 后，可以单击“新建”按钮依次进行各个独立基础的设置。软件会根据单击“新建”前选取的构件情况，复制该构件的属性信息，并按照已有构件序号自动排序名称，创建出一个新的构件，如图 2-16 所示。采用这种方法可以省去很多相同属性设置的重复操作，在新建的构件中基本只修改尺寸就可以了，非常便利。因此在新建构件时，注意编号树中构件所处的位置。

如果需要新建一个与前构件属性完全不同的构件有两种方法：方法一，可以对新建构件属性根据需要进行依次定义；方法二，可以在编号树中选择“独基”，再进行“新建”，系统会创建一个默认属性的全新构件，其效果如同初次新建 J-1 一样，如图 2-17 所示。

温馨提示

如果编号树中节点在“垫层”“坑槽”等子项目中，则“新建”按钮显示灰色，无法对构件进行新建。

此外，在基础集成对话框中也可以通过“新建”按钮创建新的基础构件，再单击“编号”对属性进行定义，这里不再赘述。

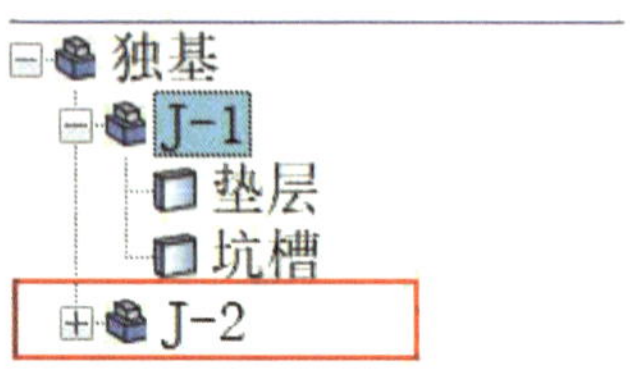

图 2-16 “J-1”节点新建构件

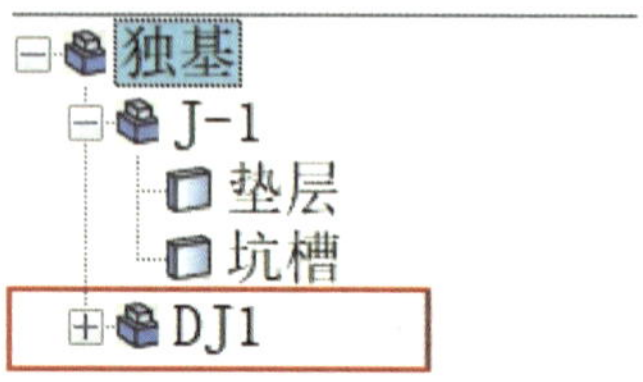

图 2-17 “独基”节点新建构件

在新建构件中，注意实例工程中 J-6 是双柱二阶独立基础，J-8 是矩形独立基础，在“基础名称”中按照图示准确选择，基础的尺寸参数按要求进行录入即可。按照这样的操作，就可以把所有的独立基础构件全部创建完成。

二、独立基础的布置

定义完所有的基础后，单击工具栏中的“布置”按钮，回到主界面，依据基础平面布置图（特别要注意布置图中基础标高），将独立基础布置到相应的位置。实例工程是个吊脚楼工程，首层的部分基础在地下室位置，基础可以分别放在基础层和地下室层创建，因此在基础层可以只布置地下室下方的基础，即 1 ~ 3 轴、A ~ E 轴轴网区间内的基础。

温馨提示

构件的布置可以在基础设置导航器中，选择需要布置的构件直接进行布置，该方法默认手动布置。也可以单击绘图区域上方的功能菜单按钮栏中的“手动布置”，进入构件布置状态。

实例工程基础的底标高各不相同，在布置时应根据图纸设计要求随时修改导航器中基础的底标高，再进行布置。系统基底标高遵循的是规范规定相对正负零标高来标注的，所以在进行基础布置时可以只设置基底标高。

在布置基础时，系统默认以构件的中心点为定位点（定位简图中红色线条的交点位置），但并不是所有的构件的中心点都位于轴线与轴线之间的交点上。在布置 3 轴上的 J-6 时，需要调整定位点位置，可以用 3 轴与 B 轴的交点在 J-6 上的位置作为定位点。基础布置图中 J-6 是竖向布置，但定位简图中为横向，所以需要改变构件方向。首先在“转角”中输入“90”，然后修改横向红色线条与构件上边框距离为“1 050”（1/2 的 A—B 轴间距），如图 2-18 所示，接下来按照定位点位置将 J-6 放在 3 轴与 B 轴的交点上即可。布置完成的基础如图 2-19 所示。

温馨提示

在布置构件时，确认绘图区下方状态栏中的“对象捕捉”处于激活状态，可以提高构件布置的精准度。单击状态栏上的“对象捕捉”按钮或按<F3>键，激活状态下“对象捕捉”按钮会变蓝色且命令栏提示“对象捕捉开”。

软件的显隐
视频讲解

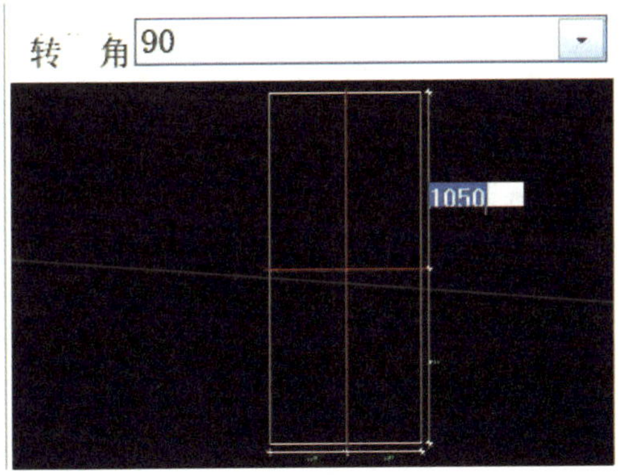

图 2-18　定位尺寸修改

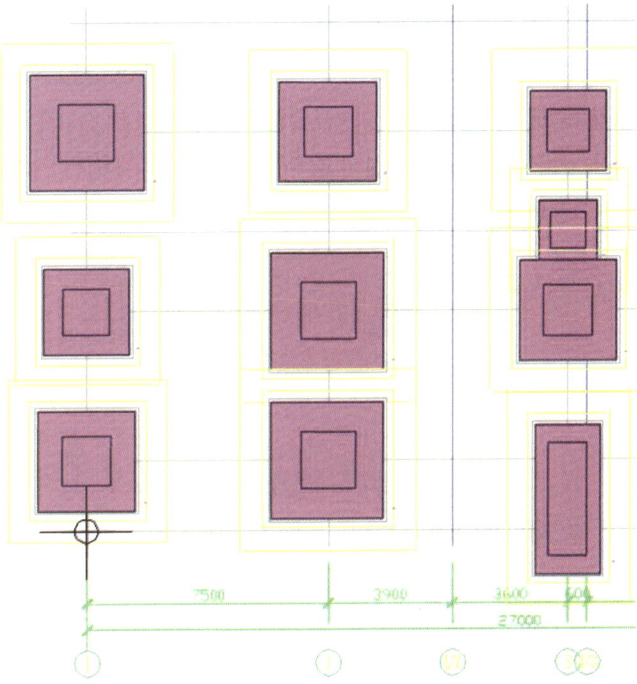

图 2-19　基础平面布置——地下室部分

注意

在布置构件的状态下，即在绘图区有构件预览时，可以修改定位简图中定位点信息。如果先修改再布置会导致数据维持默认，仍然以中心点为定位点，影响构件的布置。

（一）构件的显隐

布置到界面上的基础会默认显示垫层与坑槽，如果觉得不便观察，可以通过构件的显示与隐藏功能，隐藏影响观察的部分。

1. 同类构件的显隐

单击快捷菜单栏中的“显示”按钮，如图2-20所示。弹出“当前楼层构件显示”对话框，如图2-21所示。在对话框中通过勾选或取消对应选项左侧的方框，即可实现指定类型的构件显示与隐藏。对于实例工程，这里只保留“独基”和“轴线”即可。

随着各种不同构件的创建和布置，一些无关的构件可以及时隐藏起来，避免图线的过多交集，影响其他操作。

图2-20 “显示”按钮

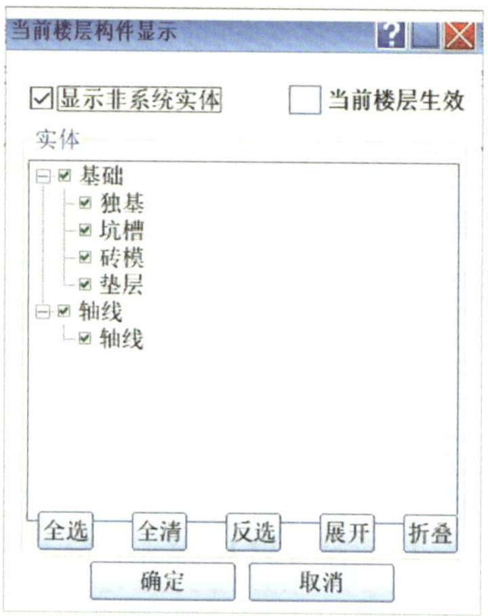

图2-21 “当前楼层构件显示”对话框

2. 单个构件的显隐

单击快捷菜单栏中的“隐藏”按钮，如图2-22所示。根据命令栏中的提示“选择要隐藏的构件”，以单击或框选的方式选中需要隐藏的构件，再右击，则选中的构件被隐藏，而不影响其他构件的显示。单击“刷新”按钮，则可重新显示被隐藏的构件。有时需要多次单击“刷新”按钮，被隐藏的构件才可显示完全。

图2-22 “隐藏”和“刷新”按钮

（二）构件的删除与撤销

在构件的布置过程中，可以随时按<Esc>键，退出当前状态，进行其他操作。

1. 构件的删除

对于需要删除的构件，可以直接单击构件实体，按<Delete>键就可以删除相应构件，也可以单击鼠标右键，在弹出的构件编辑信息中选择“构件删除”即可。

温馨提示

被选中的构件边线会变为虚线，如果单击构件实体不足以选中构件全部内容，则可以单击构件的编号完成选中操作，如图2-23所示。布置好的每一个构件都会显示其编号。

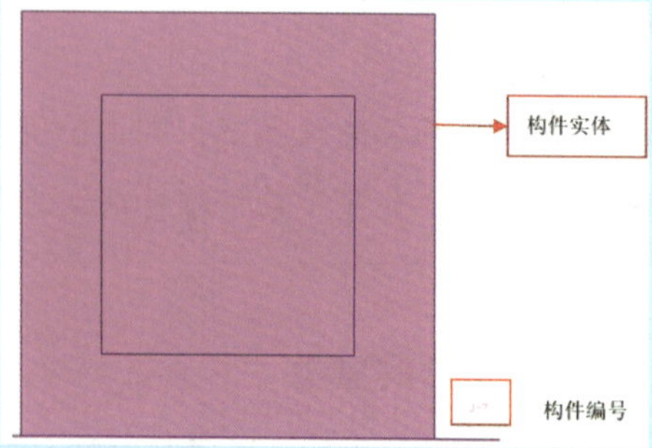

图2-23 布置好的构件

2. 撤销

遇到构件布置失误的时候，可以直接单击命令栏中的“撤销”对该操作进行撤销，重新进行布置。如果未处于构件布置状态，则可以在软件顶部快捷菜单栏中单击 ，撤销之前的操作；单击 ，恢复上一步撤销的状态。但是在这里需要注意的是 的撤销，是撤销上一步的所有操作，包括 CAD 中的放大、缩小等操作。

（三）视图的三维观察

在布置构件的过程中，可以随时通过三维模型进行初步的细节检查。使用“三维着色”可以将实体构件用颜色填充，并从坐标轴 225° 的方向显示当前层的三维效果。快捷菜单中的“三维着色”如图 2-24 所示。布置完基础后的三维模型如图 2-25 所示。

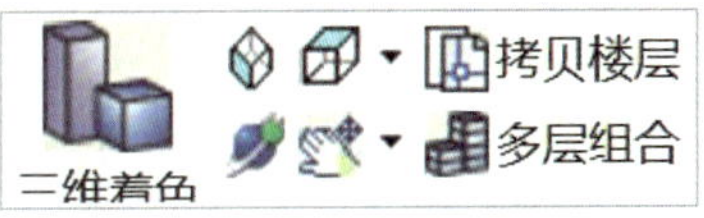

图 2-24 视图管理快捷键

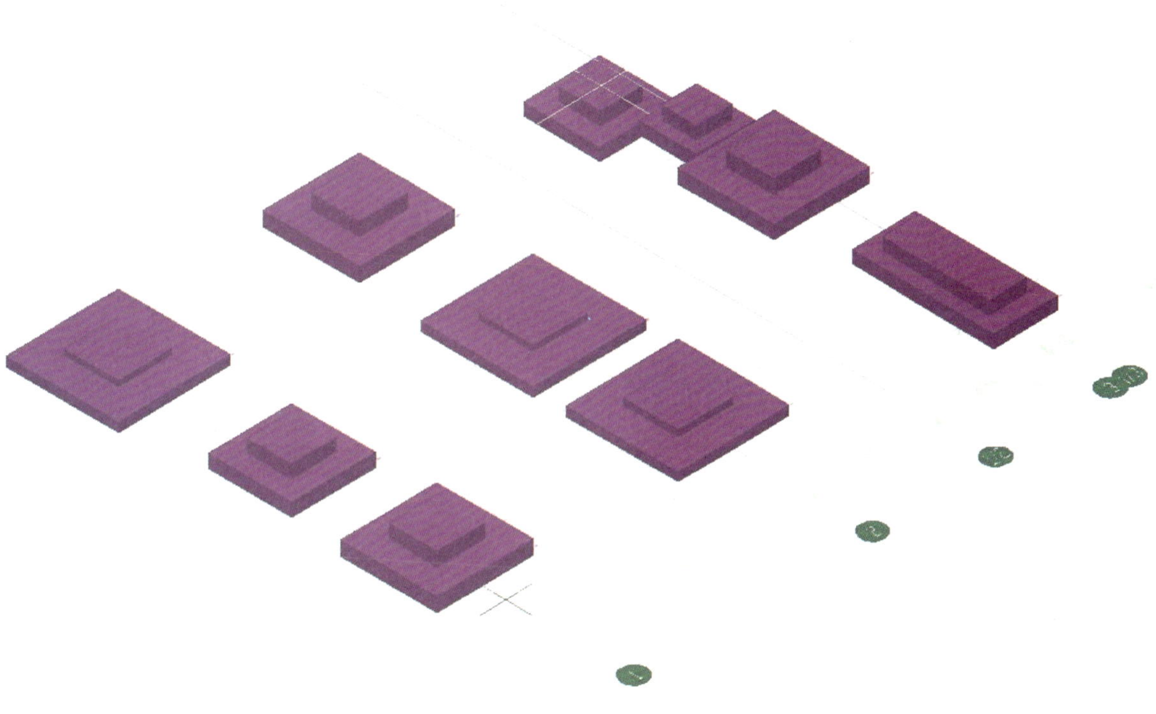

图 2-25 独立基础布置三维图

为“三维显示”，其与“三维着色”的观察角度和使用方式一致，区别在于实体构件没有用颜色填充，只用有颜色的轮廓线标出，这样是为了方便观察构件内部的情况，比如钢筋、连接件等，其显示效果如图 2-26 所示。

为各个方位的“平面显示”，单击其右边的下拉三角形，可以看到下拉菜单中有 10 个方位的视图选择，如图 2-27 所示，任意选择某一方位，就可显示相应的视图显示。这里显示的平面图形，是没有着色处理的构件视图。其前视图的显示效果如图 2-28 所示。逐一选择后，会发现“三维着色”和“三维显示”对应的观察角度就是“西南视图”。

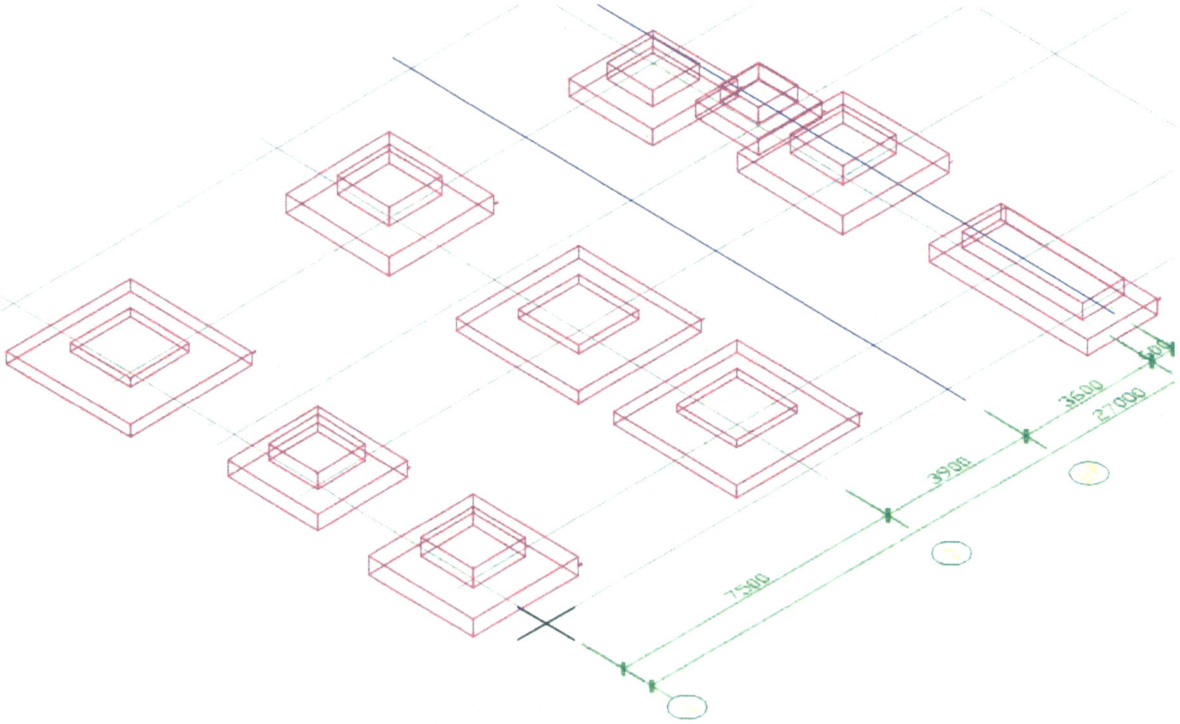

图 2-26 “三维显示”效果图

图 2-27 “平面显示”下拉菜单

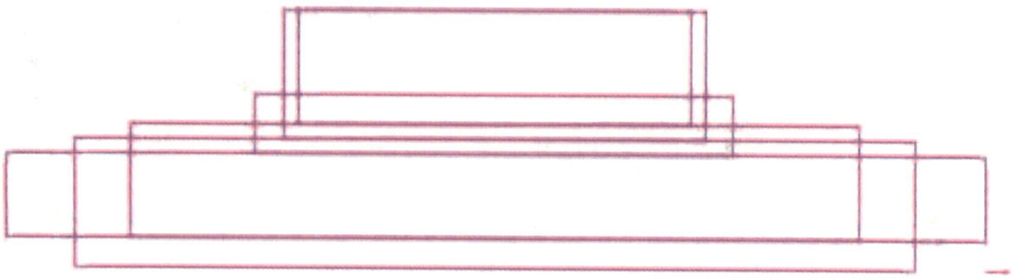

图 2-28 ①轴基础的前视图

为“模型旋转”，通过该按钮，在绘图区域中按住鼠标左键不动，上下左右平移鼠标，可以实现观察角度的变换，通过该方法可以对布置的构件进行 360° 的检查。在旋转的过程中，会发现轴网所在的平面位置是该楼层最低标高。在旋转中可以通过构件与轴网之间的相对关系来检查构件标高是否正确。如果发现问题，可以在相同状态下选中有问题的构件，进行属性的修改。

为“平移视图”，但其下拉菜单中的选项内容都是缩放功能，这些可以通过鼠标进行操作。一般不常使用该按钮。

> **温馨提示**
>
> 在进行视图管理时，除了“模型旋转”状态外，不论处于哪种观察模式，都可以在对应状态下对构件进行选择，完成修改或任何操作。在“模型旋转”状态，需要按 <Esc> 键或单击鼠标右键退出状态后，对构件进行编辑。

三、独立基础钢筋的布置

钢筋的布置可以通过单击快捷菜单栏中的“钢筋布置”按钮来实现，如图 2-29 所示。以 J-1 为例，启动“钢筋布置”，命令栏中会出现“选择要布置钢筋的构件 [（S）设置]”，单击选中 J-1 独立基础，并弹出“编号配筋”对话框，如图 2-30 所示。单击“定义属性”区第一项内容“简图钢筋”选择样式，弹出“样式选择”对话框，如图 2-31 所示。根据 J-1 的钢筋详图，如图 2-32 所示，选择“独基式”的第二个“二阶矩形”基础样式。双击鼠标左键或单击“确定”按钮，回到“编号钢筋”界面，其中“简图钢筋”一栏显示“独基式”，并在下方出现配筋信息，同时在“钢筋预览区”自动生成了独立基础的平面和截面简图。其具体钢筋信息可以在“定义属性”区直接输入，也可在“钢筋预览区”图上进行编辑。

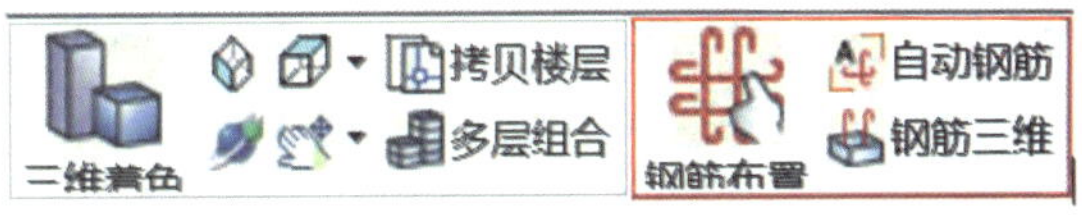

图 2-29　钢筋布置模块

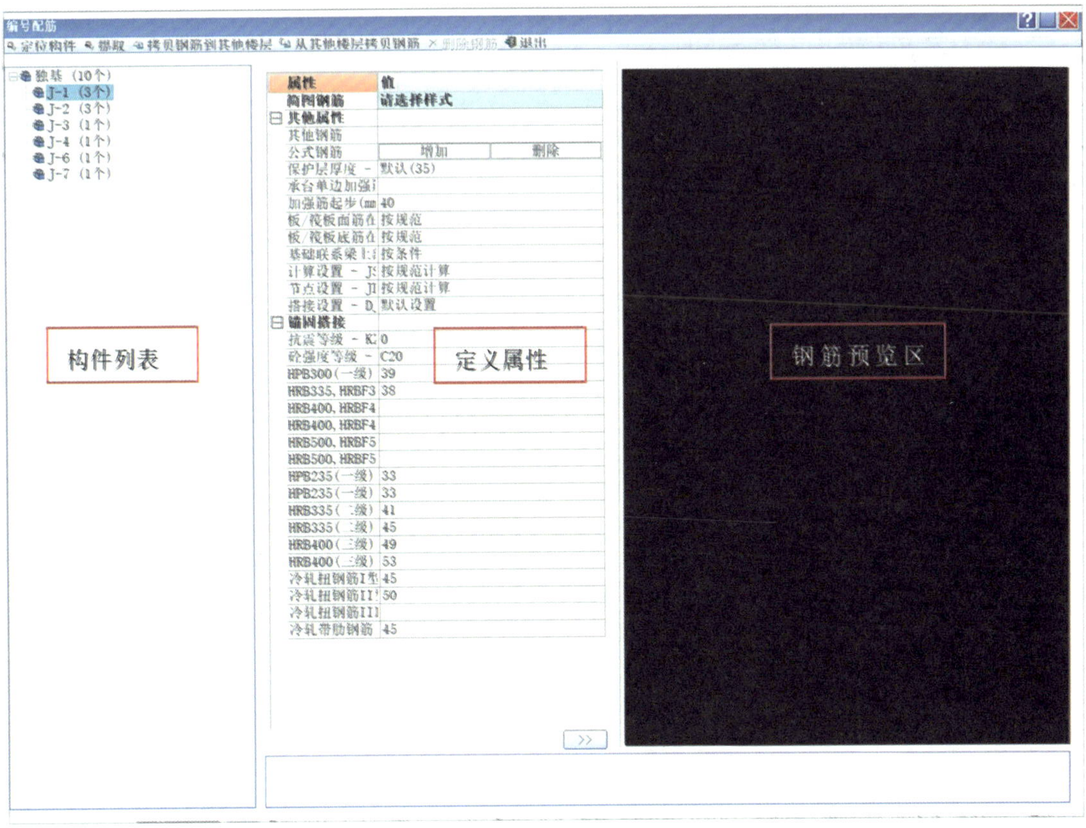

图 2-30　“编号配筋”对话框

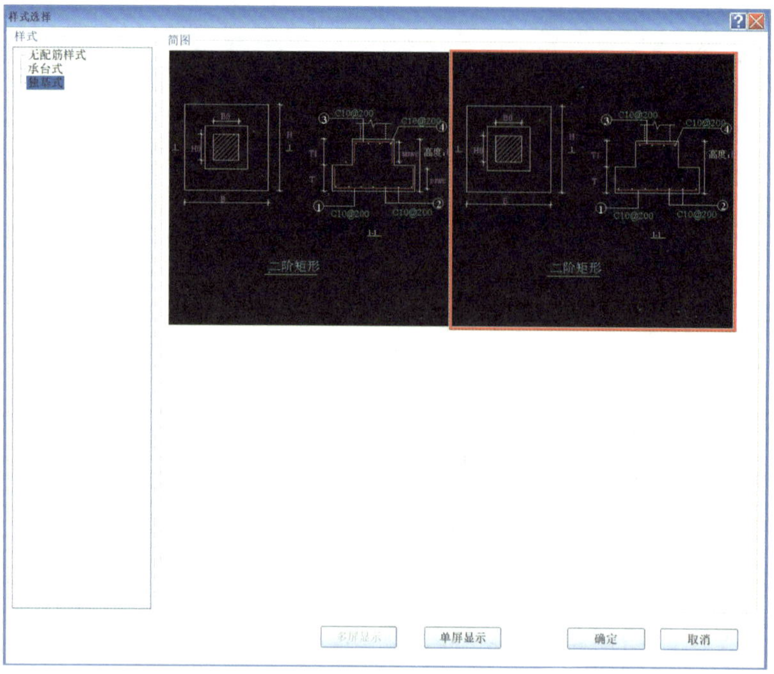

图 2-31 “样式选择”对话框

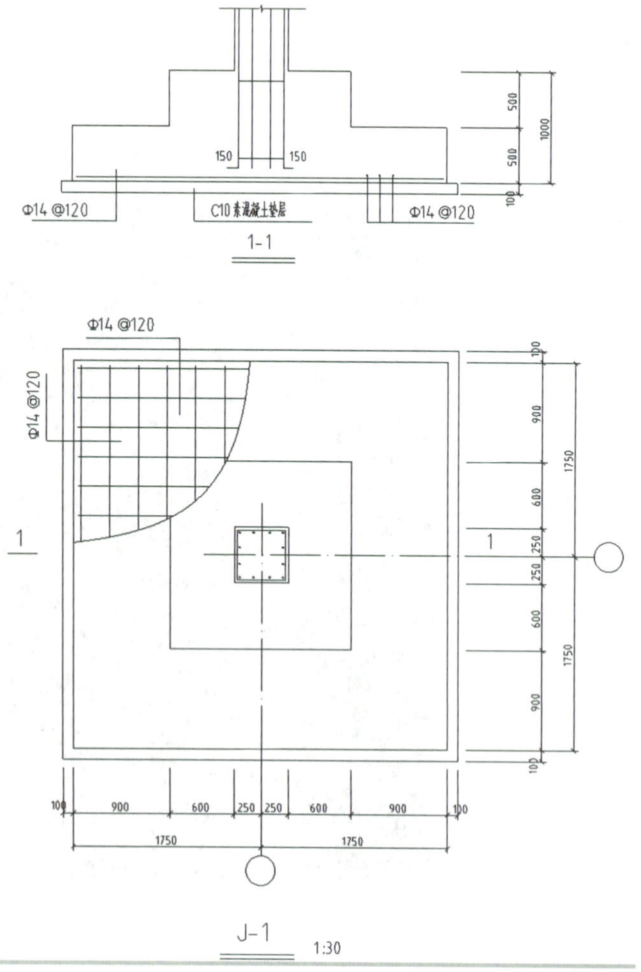

图 2-32 J-1 的钢筋详图

从 J-1 的截面图可以看出该独立基础没有顶部钢筋，单击对应位置，按 <Delete> 键一次删除即可。结构总说明中提到基础保护层厚度为 35 mm，则这里保持默认。其余属性根据结构说明进行修改，如若说明中未提及相关信息，选择默认属性。钢筋布置的修改如图 2-33 所示。完成设置的构件，在“编号配筋”对话框的构件列表中，构件编号字体会加粗，且左侧图标会变色，显示如下：J-1（3个）。钢筋配置完成后单击 退出 或 ，返回主界面，已配置钢筋的所有 J-1 独立基础构件会变成绿色，如图 2-34 所示。若关闭填充效果，则会显示对应的钢筋配置信息，如图 2-35 所示。用同样的方法可以将其他独立基础进行钢筋配置。

温馨提示

在软件中，钢筋布置遵循“同编号”原则，即同编号的构件只需布置一个构件的钢筋，其他同编号的就不需要再布置了。

属性	值
⊟ 简图钢筋	独基式
① 宽方向基底筋	B14@120
② 长方向基底筋	B14@120
③ 宽方向基顶筋	无
④ 长方向基顶筋	无

（a）“定义属性”区钢筋信息

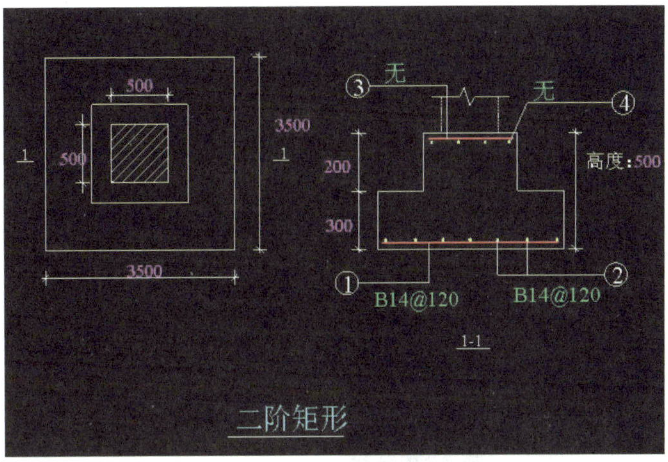

（b）“钢筋预览区”钢筋信息

图 2-33 修改后的 J-1 钢筋布置

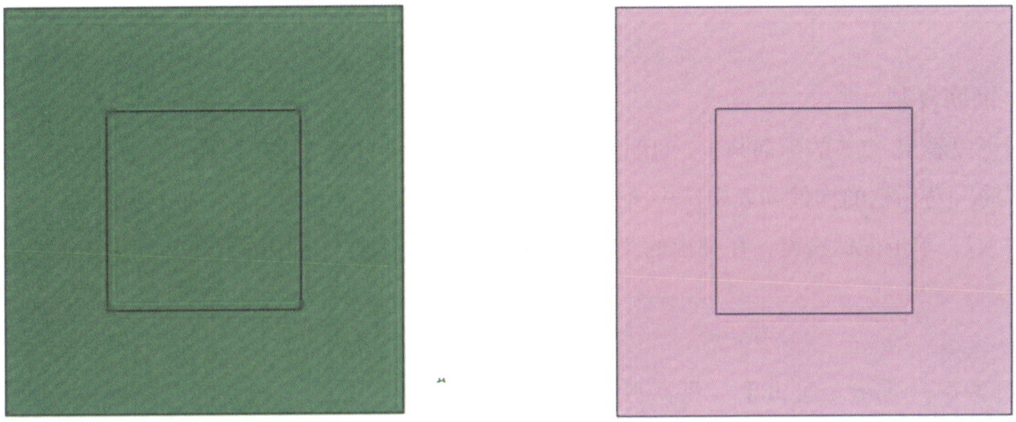

（a）完成钢筋配置　　（b）未进行钢筋配置

图 2-34 钢筋配置完成后的效果

图 2-35 关闭填充后显示的钢筋信息

（一）钢筋核查

选中已经布置好钢筋的构件，单击鼠标右键，在弹出的右键菜单中执行“核对单筋”功能，弹出“独基核对单筋 [J-1]”对话框，如图 2-36 所示。在对话框中，有钢筋的长度和数量以及其计算公式，可以根据需要对公式进行修改。

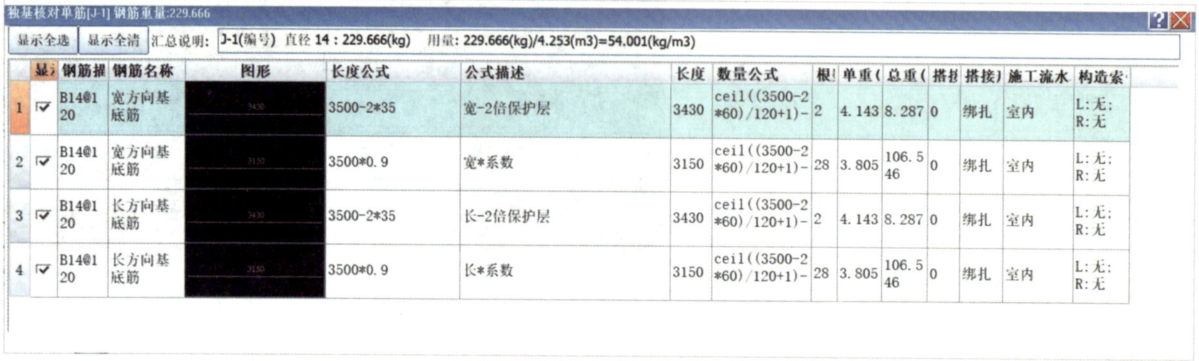
独基核对单筋[J-1] 钢筋重量:229.666

显示全选 显示全清 汇总说明: J-1(编号) 直径 14 : 229.666(kg) 用量: 229.666(kg)/4.253(m3)=54.001(kg/m3)

	显;	钢筋描	钢筋名称	图形	长度公式	公式描述	长度	数量公式	根:	单重(	总重(	搭担	搭接)	施工流水	构造索
1	☑	B14@120	宽方向基底筋	3430	3500-2*35	宽-2倍保护层	3430	ceil((3500-2*60)/120+1)-	2	4.143	8.287	0	绑扎	室内	L:无; R:无
2	☑	B14@120	宽方向基底筋	3150	3500*0.9	宽*系数	3150	ceil((3500-2*60)/120+1)-	28	3.805	106.546	0	绑扎	室内	L:无; R:无
3	☑	B14@120	长方向基底筋	3430	3500-2*35	长-2倍保护层	3430	ceil((3500-2*60)/120+1)-	2	4.143	8.287	0	绑扎	室内	L:无; R:无
4	☑	B14@120	长方向基底筋	3150	3500*0.9	长*系数	3150	ceil((3500-2*60)/120+1)-	28	3.805	106.546	0	绑扎	室内	L:无; R:无

图 2-36 “独基核对单筋 [J-1]” 对话框

（二）钢筋复制

从详图可以看出，J-5 的配筋与 J-7 的配筋相同，为了避免重复录入，可以用“钢筋复制”功能。在“编号配筋”对话框的构件列表中选中 J-5，单击鼠标右键，在弹出的菜单中选择“复制”。再在列表中选中 J-7，单击鼠标右键，在弹出的菜单中选择“粘贴”，这样 J-5 的钢筋就复制到 J-7 上了。

> **温馨提示**
>
> 不同类型的基础之间由于形状类型不同，不能用“钢筋复制”的功能粘贴配置的钢筋信息。

此外，可以采用“参照”功能，利用其他编号构件的钢筋来减少钢筋录入时间，快速布置钢筋。在“编号配筋”对话框的构件列表中选中 J-7，单击鼠标右键，在弹出的菜单中选择“参照”。这时，在鼠标右侧位置弹出已经完成配筋信息录入构件编号列表，在列表中单击 J-5，则相应的配筋就会匹配到 J-7 中。

钢筋配置时，可以采用此方法对同类型的构件进行配筋，相似的构件也可采用同样的方法。在完成相应操作后，再在匹配的钢筋信息中进行简单的修改即可。

（三）钢筋三维

混凝土构件钢筋配置完成后，需要观察钢筋构造情况，对布置的钢筋进行初步核查，提高构造的准确度。这可以通过“钢筋三维”功能来实现。

单击快捷菜单中的“钢筋三维”按钮，弹出“钢筋三维”对话框，如图 2-37 所示。确认“独基”标签，再单击下方的“选择构件”按钮，根据任务栏提示选择想要核对的构件，这里选择 J-1，则绘图区中就会显示该基础的钢筋三维视图，如图 2-38 所示。

温馨提示

在“钢筋三维”对话框中，共有“柱”“梁”“墙”等八个标签选项，在对钢筋进行三维显示检查时，注意确定选中对应的标签选项，否则不会显示钢筋三维视图。这样的设置是为了减小同时显示所有构件的钢筋对电脑配置和用户检查的负担。此外，每个标签下面显示了构件中出现的所有钢筋类型，可以通过勾选实现精准核查。

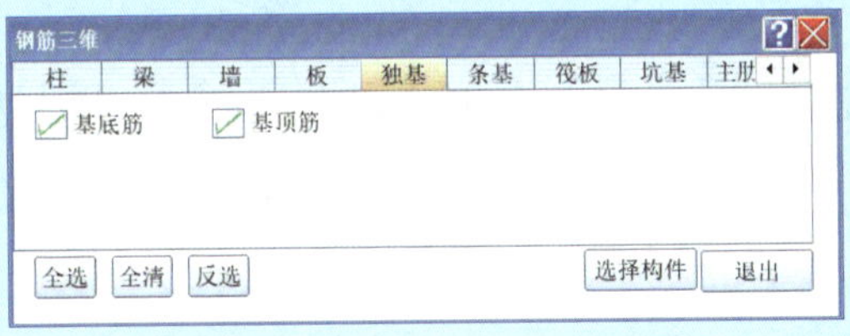

图 2-37　“钢筋三维”对话框

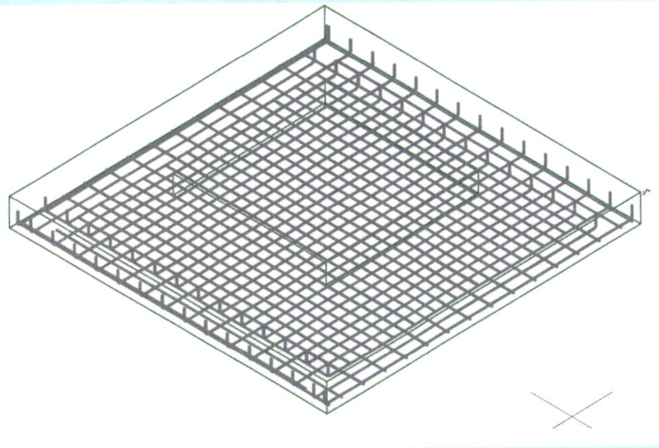

图 2-38　J-1 钢筋三维视图

四、独立基础挂接做法

在“定义编号”对话框中选择“做法”标签，切换到“做法”页面，如图 2-39 所示。根据表 2-2 中的独基计算项目，对需要输出的计算项挂接做法。表中计算项目的变量名是软件提供的工程量组合式或属性变量，挂接做法是可以从计算式编辑对话框中选择的。

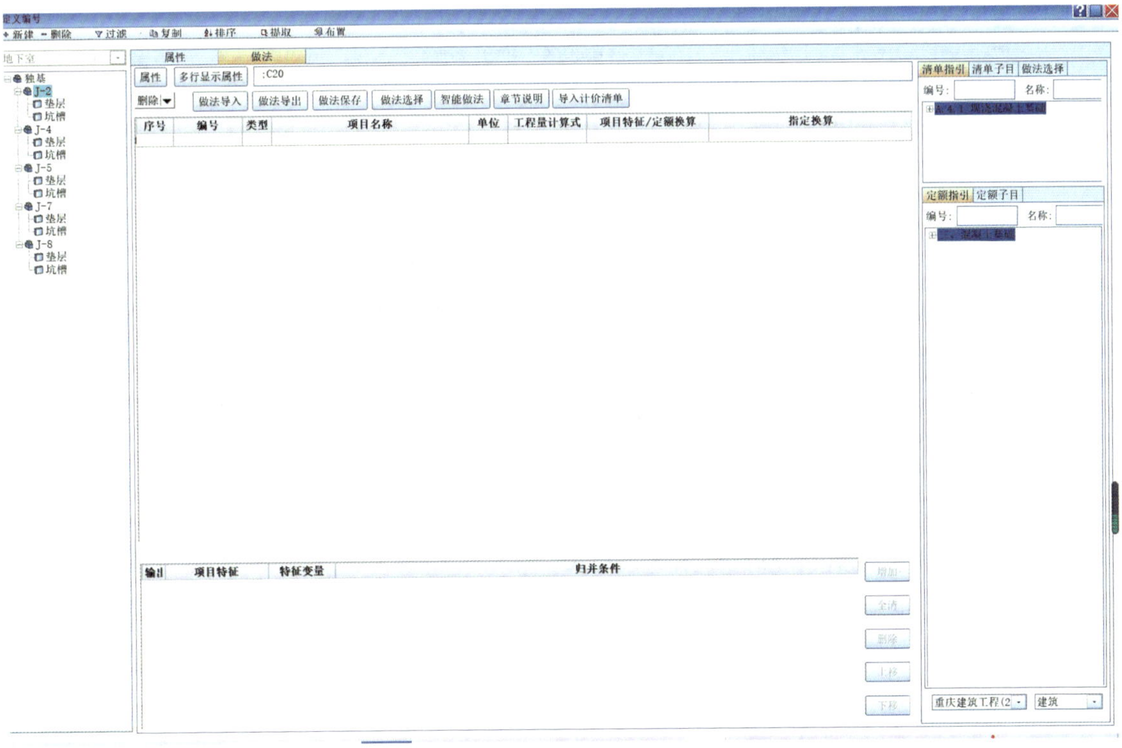

图 2-39　“定义编号”对话框中的“做法”页面

表 2-2　独立基础计算项目表

构件名称	计算项目		工程计算式
独基	基坑土方	挖土方体积	KV
	垫层	混凝土体积	VDC
		垫层模板面积	SCDC
	独基	混凝土体积	V
		模板面积	S
	回填土	填土体积	VT
	土方运输	运土体积	KV

对话框的左侧是已经布置的构件列表；中间部分是挂接好的清单和定额列表；右侧是清单和定额列表栏，单击清单项目或定额项目前面的加号可以展开详细的项目，如果不方便查找，软件还提供了通过“编号”或“名称”进行精确查找的方式。

（一）独立基础挂接做法

由于是对基础做法进行挂接，软件已经智能地帮我们筛选了基础工程相关的清单和定额项目内容。在清单列表中，展开“现浇混凝土基础”，在“010401002 独立基础 m^3”的项目编号上双击鼠标左键，该条目就挂接在了 J-2 下了，如图 2-40 所示。这时，清单编码仍然是 9 位编码，经过工程分析后，软件会根据构件的项目特征自动给出清单编码的后三位。

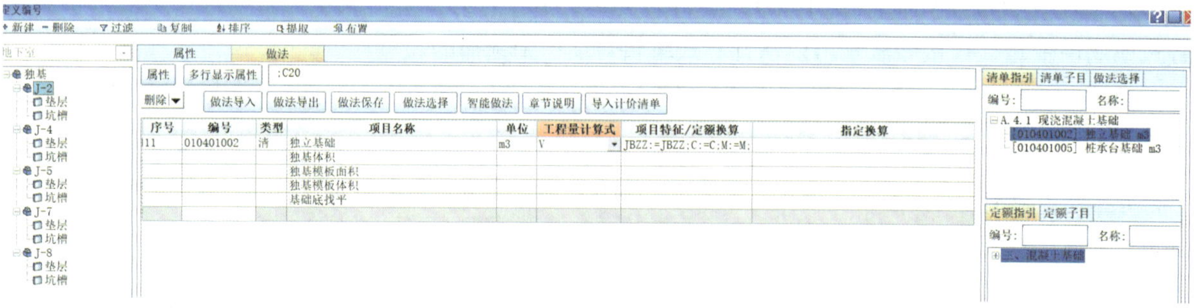

图 2-40　J-2 的清单挂接

清单的“工程量计算式”是软件自动获取的，可以根据需要进行编辑。单击“工程量计算式”单元格右侧的下拉菜单键，弹出“特征变量 / 计算式”对话框，如图 2-41 所示，其中蓝色部分显示的变量是组合变量，软件默认的计算式是组合式里的混凝土独基体积 V，是正确的，不需要修改。

如果需要修改，可以双击选择变量，则被选择变量会添加到对话框下方的“计算式”中，可以在这里对计算式直接进行编辑，也可以单击右侧的 ... 按钮，进入“公式编辑”对话框，如图 2-42 所示，编辑后单击“确认”按钮，则计算式修改完成。

接下来在右下方定额选择栏目中选择对应的基础定额子目，单击“混凝土基础”前面的加号按钮，在子目录中双击选择“AC0034 独立基础 砼 商品砼”，挂接在所选清单项目的下面，如图 2-43 所示。

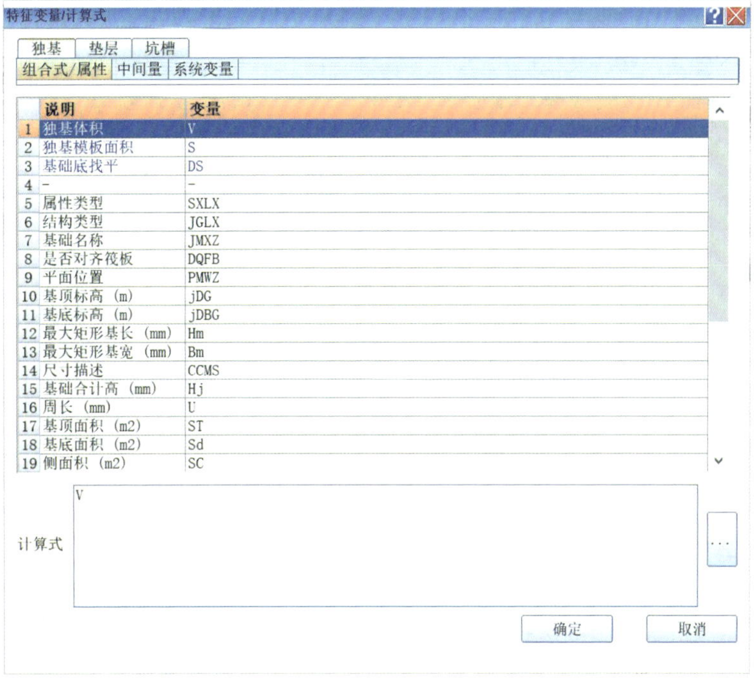

图 2-41 独基 J-2“特征变量 / 计算式”对话框

图 2-42 “公式编辑”对话框

序号	编号	类型	项目名称	单位	工程量计算式	项目特征/定额换算	指定换算
11	010401002	清	独立基础	m3	V	JBZZ:=JBZZ;C:=C;M:=M;	
	AC0034	定	独立基础 砼 商品砼	10m3	V	C:=C;	
			独基体积				
			独基模板面积				
			独基模板体积				
			基础底找平				

图 2-43 独基 J-2 挂接定额

用鼠标单击 010401002 一栏中任意位置，则在对话框下方显示“项目特征”栏，如图 2-44 所示，可以在此设置当前清单子目的项目特征。软件以清单项目特征为条件归并统计清单工程量，软件已经给出了一些默认的项目特征。“特征变量”是指特征值，可以手动录入特征值，也可以单击单元格中的下拉按钮，从“特征变量 / 计算式”对话框中选择属性变量。“归并条件”是指当特征变量是从“特征变量 / 计算式”中选择的属性变量时，清单工程量按不同属性变量值统计的统计条件。例如“混凝土强度等级”的特征变量选择了独基的属性变量“C”，表示该特征变量自动取编号定义中独基的混凝土强度等级作为项目特征，此时归并条件中不能为空，如图 2-44 所示，归并条件为“= C”，表示该条清单按不同混凝土强度等级统计工程量。归并条件如果为空，该项目特征值只能取到描述“C”，而不是独基的强度等级“C20”。

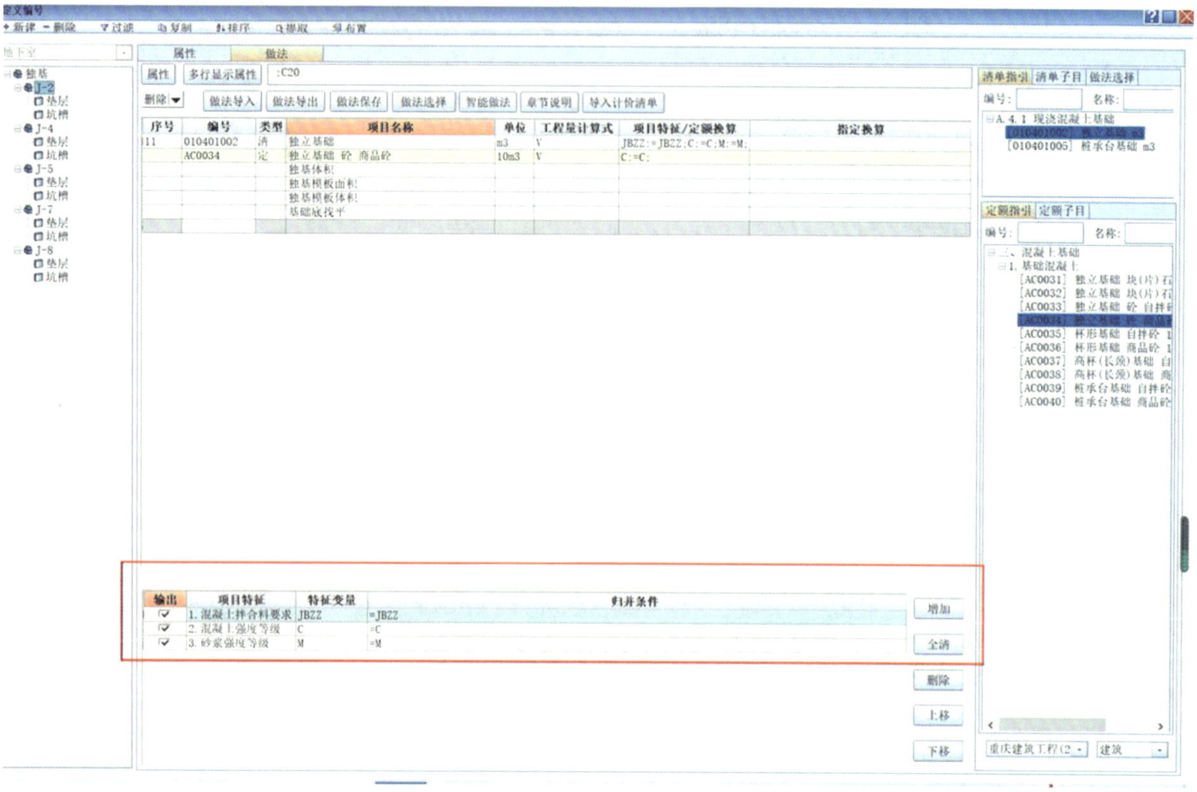

图 2-44 挂接做法后对话框显示“项目特征”栏

> **温馨提示**
>
> 当特征变量是从计算式中选择的属性变量时，归并条件中必须有值，否则软件无法取得属性变量值。

当特征变量是手动输入的特征描述时，归并条件必须为空。否则软件将认为该特征描述为某一变量，当从构件属性中取不到变量值时，该特征无法显示。

根据《建设工程工程量清单计价规范》（GB 50500—2013）中基础垫层是单独列项这一条件，这时对基础垫层的清单挂接应将垫层作为一个单独的分项看待。挂接方式是直接在基础编号下选择垫层子构件用上述挂接清单、定额方式挂接即可。

对于混凝土构件的模板，按国标清单规范中的分类，其混凝土构件的模板均属于措施项目，此项在国标清单规范内没有专门的项目可选。但根据有些地区的要求，是将模板另外发布了增补项的，根据地方清单的做法，则应将混凝土构件的模板单独挂接专项清单。针对国标清单和地方清单的独立要求，将混凝土构件模板的清单和定额挂接分为两种方式：一是对于国标清单，直接将模板定额挂在基础清单的下面，工程量分析统计时，软件会自动将模板项目分开归并到措施项目里面；二是对于地方清单，需单独挂接一条模板清单，再将模板定额挂在这条清单下面。

独立基础 J-2 主体和垫层挂接做法如图 2-45 和图 2-46 所示。

序号	编号	类型	项目名称	单位	工程量计算式	项目特征/定额换算	指定换算
11	010401002	清	独立基础	m3	V	混凝土::=JBZZ;C:=C;M:=	
	AC0034	定	独立基础 砼 商品砼	10m3	V	C:=C;	
			独基体积				
			独基模板面积				
			独基模板体积				
			基础底找平				

图 2-45　独立基础挂接做法（参考）

序号	编号	类型	项目名称	单位	工程量计算式	项目特征/定额换算	指定换算
12	010401006	清	垫层	m3	DV		
	AC0045	定	基础垫层 商品砼	10m3	Vdc	CLMC:=CLMC;	
			第一层垫层体积				
			垫层侧模板				
			垫层模板体积				
			第二层垫层体积				
			第三层垫层体积				

图 2-46　垫层挂接做法（参考）

（二）坑槽挂接做法

将节点切换到坑槽，在清单项目的上方按照清单计算规则输入编号“010101002”或在“名称”栏输入“土方”，单击“查找”按钮，就会出现“挖土方”清单项目，如图 2-47 所示。双击鼠标左键，将其挂接到坑槽的做法中。

按照图 2-48 的内容，添加和移动项目特征内容。在对应清单项的“项目特征”栏，用鼠标选中任意一行，这里单击第 3 行，单击右侧的“增加”按钮，弹出“项目特征”对话框，如图 2-49 所示，双击鼠标左键，选择“垫层底宽、底面积”，则该内容添加在第 4 行上。用同样的方法，添加“基础类型”。通过“上移”或“下移”按钮，可以调整项目特征的顺序。

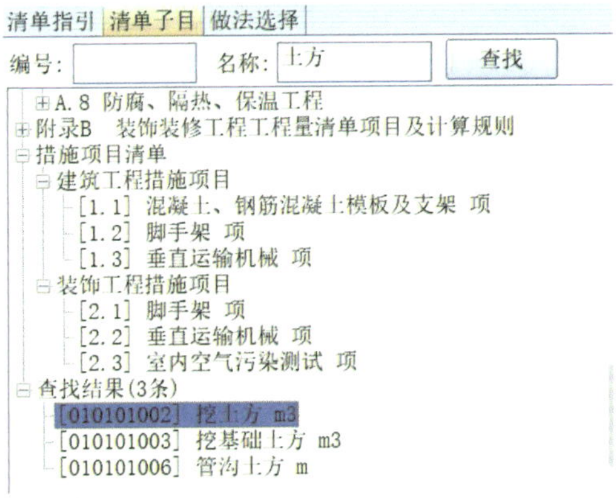

图 2-47　“挖土方”清单项目查找

输出	项目特征	特征变量	归并条件
☑	1. 土壤类别	AT	=AT
☑	2. 垫层底宽、底面积		
☑	3. 挖掘深度	HWT	=HWT
☑	4. 弃土运距	YTJL	=YTJL

图 2-48　“坑槽”清单特征栏内容

图 2-49　“项目特征”对话框

如果需要给清单项目挂接工作内容，可以先从“工程内容”中选择项目挂接到清单下，然后从“做法指引”中查找相应的定额挂接到工作内容下。在给挖基础土方项目的定额指定计算式时，其计算式也是 KV，与清单项目一样，但此时挖土体积是按定额计算规则计算，软件会自动区分清单规则和定额规则。

因为基础做完后还需要回填，所以还应挂接土方回填项目，取“基坑回填体积”的变量“Vt”作为工程量计算式，这个计算式能自动按计算规则扣减坑内构件的体积。

如果要运输土方，挂接方式同上述。

坑槽挂接做法如图 2-50 所示。

序号	编号	类型	项目名称	单位	工程量计算式	项目特征/定额换算
13	010101002	清	挖土方	m3	KV	AT:=AT;HWT:=HWT;YTJL:
	AA0008	定	人工挖基坑土方(深度在m以内) 4	100m3	VK	
			回填土方体积			
			挖土方体积			
15	010103001	清	土（石）方回填	m3	Vt	HTFS:=HTFS;>=0.90:>=0
	AA0018	定	回填 夯填土方	100m3	KV	
			回填土方体积			
			挖土方体积			

图 2-50 坑槽挂接做法（参考）

任务三 条形基础

从实例的结施 -02（基础平面布置图）标高信息中可以得到基础梁与柱体是相交的。对于柱体，因为要考虑柱子钢筋布置的整体性，所以直接将地下室的柱子底标高设为同基础顶来处理，以便嵌固层柱子是楼层内的全高，实际上，实例基础层不会单独布置柱子。这时，在基础层布置基础梁会使两端头找不到柱支座，从而计算不出钢筋的锚固长度，故此基础梁应布置到地下室层面。可以先进行项目 3 中柱的布置，待地下室层柱子布置完成后再进行该步骤的操作。

一、条形基础的属性设置

将楼层切换到地下室楼层，先定义基础梁编号，即地下室基础梁 JL-1。单击菜单栏中“基础”按钮，在展开的选项中单击“条基布置”命令来布置，其编号定义方法与独立基础类似，但要强调一点，在定义基础梁编号属性时，要正确指定结构类型。条基编号的结构类型分为“带形基础”“基础主梁”“基础次梁”“地下框架梁”“地下普通梁”“基础连梁”“承台梁”七种。不同的结构类型，钢筋构造会不同，且基础梁遇到柱、独立基础、承台时会自动断开，而带形基础只有遇到承台时才会断开。

实例中的基础梁主要与主体相交，在平法图集内此种形式的梁属于“地下框架梁”，在“定义编号”对话框中指定“结构类型”为“地下框架梁”，修改“构件编号”为“JL-1”并删除“砖模”子节点。梁的截宽和截高分别为“370”“500”，其他属性取默认值即可。子节点的定义同独基，如图 2-51 所示。

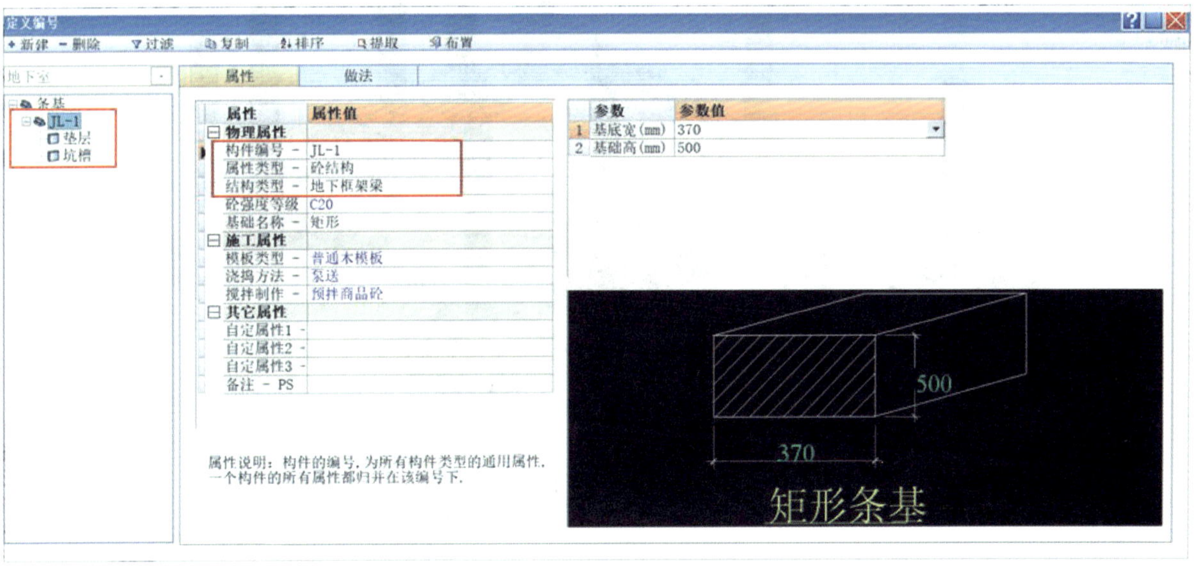

图 2-51　新建 JL-1 属性

二、条形基础梁的布置

布置基础梁与独基一样只需要布置 1 轴到 3 轴、A 轴到 E 轴轴网区域内的基础梁。地基梁属于线性构件，在布置时，与之前的点型构件“独立基础”有所不同。线性构件在布置时，需要考虑与轴线或柱子之间的关系，根据轴线或柱子与梁体的位置关系，可分为居中布置、贴柱边对齐以及偏心布置三种，一般中柱基础梁是居中布置，边柱上的梁是贴柱边对齐。可以通过导航器下方的“定位简图”观察梁体的定位情况。

首先布置 B 轴上的基础梁，单击绘图区域上方的功能菜单栏中的“手动布置”按钮，或选择基础列表中的“JL-1”，进入手动布置状态。根据结施 -02，基础梁基顶标高为 - 1.000 m，在布置时只需更改导航器中的“基顶标高”为 - 1.0，如图 2-52 所示。在绘制边梁时，梁的外边要与边柱外边对齐，单击 1 轴和 B 轴交点的柱 Z1 左下角的端点。这时，绘图区域会出现梁体的边界预览图，可以观察和调整梁体布置的对齐情况和方向。根据“定位简图”可以看出，系统默认的是以中心为定位点的居中布置。按 <Tab> 键，可以在“上位”“居中”“下位”之间切换定位点，在“定位简图”中也可以看到定位点的变化。这里切换定位点为“下位”，按照图纸要求绘制基础梁。基础梁会自动在柱边断开。绘制好的基础梁与柱、独立基础的楼层组合效果如图 2-53 所示，图中展示了构件的挂接做法和钢筋的布置情况。

基础名称	矩形
截宽	370
截高	500
顶标高(m)	-1.0
底标高(m)	-1.5

图 2-52　条基布置导航器设置

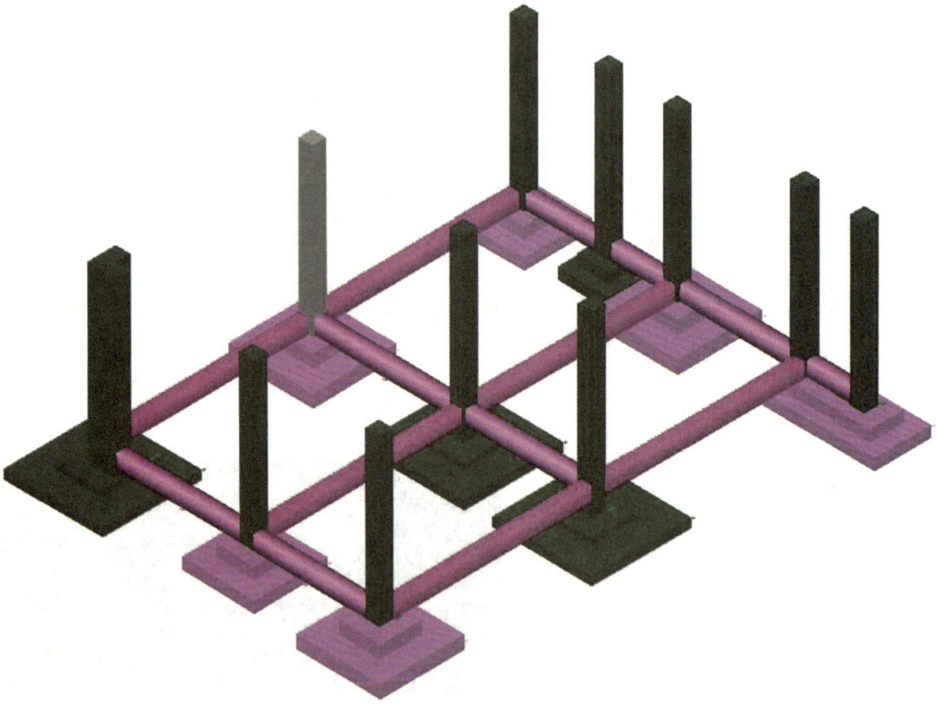

图 2-53　地下室基础梁效果

三、条形基础钢筋的布置

依据结构设计说明，在基础梁的编号属性中，确认保护层厚度为 25 mm。单击“钢筋布置”按钮，按照命令栏“选择构件梁，条基，主肋梁，次肋梁，冠梁 [（S）布置]< 退出 >”提示，选择梁跨数最多的基础梁来布置钢筋。弹出“条基筋布置”对话框，如图 2-54 所示。对话框中出现的是基础的标高（顶面标高）与截面尺寸描述，这些都可以进行修改。根据梁筋布置图，基础梁的箍筋为 ϕ8@450，上部筋与下部筋均为 4Φ20，如图 2-55 所示。则只须在“集中标注”一行中分别录入箍筋、上部筋和底部筋的描述即可。

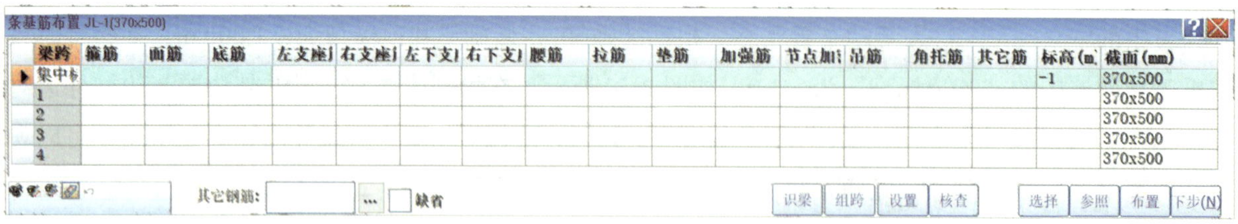

图 2-54　“条基筋布置”对话框

温馨提示

选基础梁时应选择跨数最多的基础梁来布置钢筋，因为一般情况下基础梁的设计会将所有梁都统一成一个编号。如果不选择最多跨数的基础梁，而是选一个少跨的基础梁来布置钢筋，那么多跨基础梁上多出的跨段就没有钢筋。

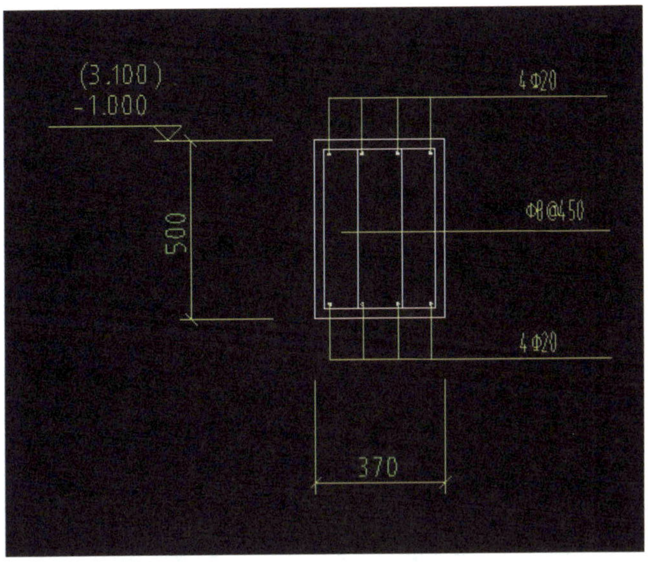

图 2-55　梁筋布置图

钢筋的录入方式通过选择录入的方式进行。

（一）箍筋录入

切换到“箍筋”，此时箍筋没有信息，不能进行手动录入。单击箍筋单元格右边的下拉键，选择“分布筋”，出现箍筋信息选项，如图 2-56 所示。依次单击选择或手动输入“级别”为“A”，“直径”为“8”，“加密”为“450”，“分布”为空白，“m”为“2”，“n”为 0。录入完成按 <Enter> 键。

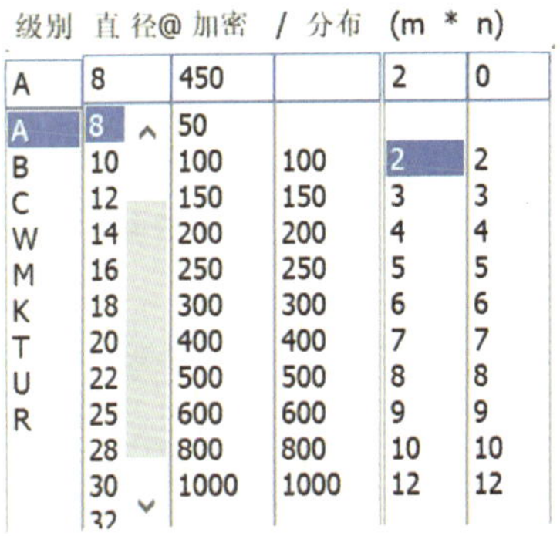

图 2-56　箍筋信息录入

（二）面（底）筋录入

用同样的方式在相应单元格的下拉菜单中选择“非分布筋”，依次录入或选择“个数”为“4”，“级别”为“B”，“直径”为“20”。按 <Enter> 键完成录入。

最后，单击对话框下方的“布置”，完成钢筋的布置。此时，配筋信息录入栏中的内容清空，在对话框上部标题栏出现 JL-1 的钢筋工程量计算数据，表明钢筋已经布置在对应的构件中。同时绘图区的构件会变为绿色。

> **温馨提示**
>
> 软件按照图集标准自动布置拉筋，除非设计特殊需要，一般拉筋不做单独录入；钢筋对应的单元格中有信息录入时，可以用手动输入的方式更改钢筋信息。

四、条形基础挂接做法

条形基础挂接做法可以参照独基布置章节，地下室基础梁的计算项目见表 2-3。

表 2-3　基础梁的计算项目

构件名称	计算项目	
基础梁（370 mm × 500 mm）	基坑土方	挖土方体积
	垫层	混凝土体积
		模板面积
	基础梁	混凝土体积
		模板面积
	回填土	填土体积

基础梁挂接做法如图 2-57 所示。

15	010403001	清	基础梁	m3	V	JBZZ:=JBZZ;DIBG:=DIBG
15	AC0047	定	基础梁 商品砼	10m3	V	C:=C;
16	1.1	清	混凝土、钢筋混凝土模板及支架	项	1	
16	AC0059	定	基础梁 模板	10m3	V	C:=C;

图 2-57　基础梁挂接做法（参考）

项目三　结构工程量计算

XIANGMUSAN JIEGOU GONGCHENGLIANG JISUAN

结构工程构件是建筑物中的主要受力构件，包括柱、梁、板、混凝土墙等。本项目分楼层介绍了各结构构件的布置与钢筋设置，主要流程是定义编号、调整标高、定位布置、钢筋设置等。在本项目中会遇到构件之间、楼层之间节点的处理，要熟悉运用软件的构件查询、三维算量等功能进行检查和调整。通过本项目的学习，学生能从内心深处建立职业的敬畏感，增强专业使命感和社会责任感，培养严谨认真的工作态度和一丝不苟的工作作风。

任务一　地下室柱

完成独立基础布置之后，为了梁和柱之间更好地进行钢筋配置，需要先布置柱构件。柱构件的创建和布置流程与独立基础相似。将楼层指定为“地下室”层面，需要将基础层的轴网通过快捷菜单中的 拷贝楼层 复制到地下室层，再进行该楼层构件的布置。

在“基础层”层面，单击 拷贝楼层 ，弹出“拷贝楼层”对话框，如图 3-1 所示。确定“源楼层”为“基础层”，在“选择构件类型”中勾选需要拷贝的“轴线”（根据需要也可以勾选其他想要拷贝的构件）。在“目标楼层”勾选相应楼层，因为每一层都需要轴网的定位，这里可以勾选全部楼层。勾选后，单击“确定”按钮，回到主界面。到各个楼层，可以看到轴线已经复制到位了。“拷贝楼层”在算量中使用的功能比较强大，后面遇到具体情况，再具体介绍。

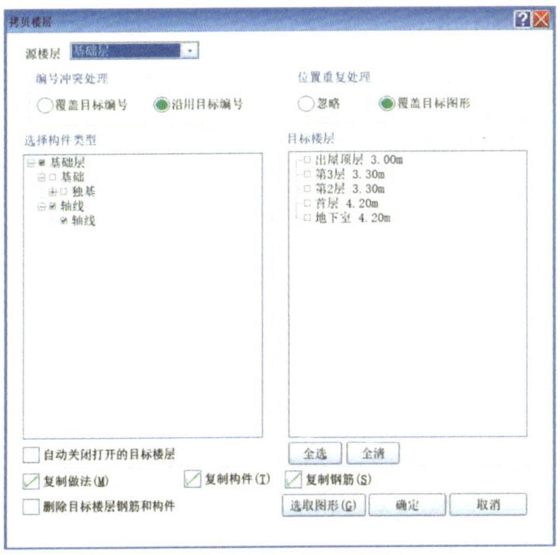

图 3-1　“拷贝楼层”对话框

一、柱子的属性设置

在布置柱子之前，先定义柱子编号。依据结施 -10（地下室梁、柱结构图），地下室有两个柱子编号。单击软件界面左侧屏幕菜单栏中“柱体”按钮，在展开的选项中单击“柱体”，左侧会出现柱子的导航器。与独立基础设置一样，单击导航器上的“编号”，进入“定义编号”对话框，如图 3-2 所示。

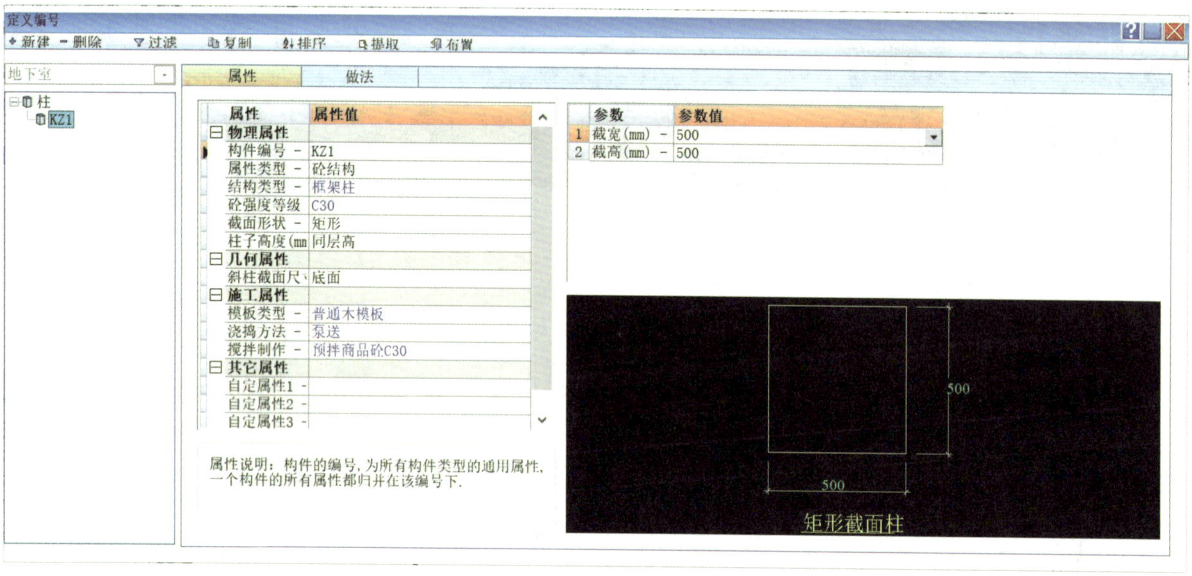

图 3-2　柱“定义编号”对话框

在定义柱编号之前，先依据结构设计说明，在“柱”结构总节点上设置好公共属性。实例工程在公共属性中没有需要修改的地方。之后在主节点下建立编号，首先新建编号 Z1，结构类型为框架柱，对话框中的其余属性可以保持默认值。接着新建 Z4，Z4 的截面形状为 L 形，其截面参数按照柱截面信息进行修改。

二、柱子的布置

定义好柱编号后，进入柱子布置界面。地下室的柱子比较简单，先布置左上角的 L 形角柱，此时默认的 L 形角柱的方向与施工图要求不符，单击“X 镜像”，将柱子调整成正确的样式。地下室的柱子是从基础顶开始的，这里在布置柱构件之前，需要将左侧导航器下方的当前编号属性列表栏中“底高（mm）”通过下拉框或手动输入为“同基础顶”，如图 3-3 所示。将 Z4 选①轴与 E 轴的交点进行点布置就可以了。

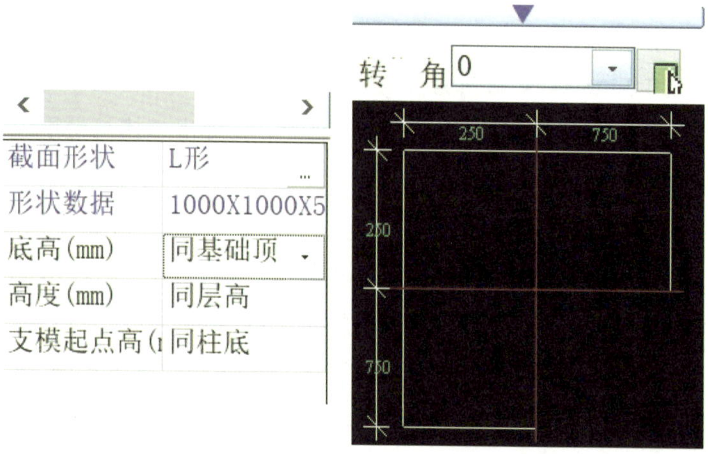

图 3-3　Z4 柱高及方向修改

关于柱子的高度定义，可以在柱子布置完成之后进行。选择要调整的柱子，单击鼠标右键，在菜单中选择“构件查询”，再按 <Enter> 键，则弹出“构件查询”对话框，如图 3-4 所示。选择“属性”，在栏目中将柱子的“底高度”设为“同基础顶”，将“平面位置”设为“角柱”，同时还将柱子“楼层位置”设置为“底层”，之后软件会将柱子底部的高自动伸至基础顶，布置钢筋时，软件会自动产生插筋并将柱子的箍筋按底层柱构造方式进行加密。其余属性保持默认值。双击选中的构件，也可以调取“构件查询”对话框，当发现布置的构件有失误时，亦通过该方法进行调整。

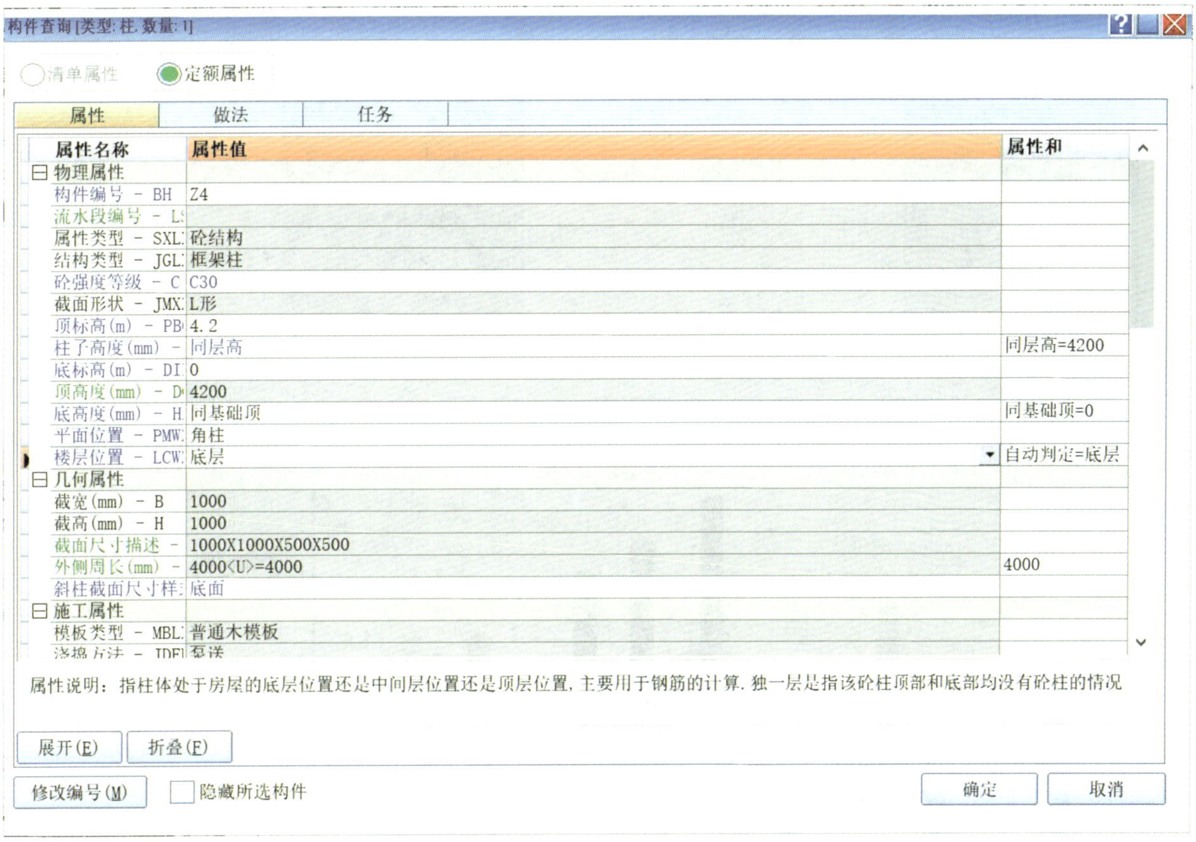

图 3-4　框架柱 Z4 的“构件查询”对话框

切换到编号 Z1，更改底高为“同基础顶”后，单击功能菜单栏中的“智能布置”，选择“框选轴网”，如图 3-5 所示。根据命令栏提示“输入左上角＜退出＞或 [单点布置（D）/ 角度布置（J）/ 选独基布置（S）/ 沿弧布置（Y）]”，框选①～③轴和 B ～ E 轴之间的范围，则系统会自动在轴交点处布置 Z1。注意对照平面图中柱子布置方位，将多余的柱子进行删除。同时在绘图区观察①轴与 E 轴的交点处的柱子出现“位置重叠”提示，如图 3-6 所示。选择红色“×”可选中重复的构件，如图 3-7 所示，随即将重复的构件删除。

图 3-5　“智能布置”按钮

布置好的柱子与独立基础组合起来的效果，如图 3-8 所示。这里用了“多层组合”功能，在快捷菜单栏中单击 多层组合 ，弹出“楼层和构件显示”对话框，勾选需要组合的楼层和显示的构件，为了方便检查，将基础中的垫层、砖模、坑槽取消勾选，如图 3-9 所示。单击“应用显示”按钮即可显示效果。起初显示的效果是没有进行实体填充的，需要再单击一下快捷菜单栏中“三维着色”，则出现有填充的组合效果。单击“退出”按钮退出组合效果界面，回到主界面。

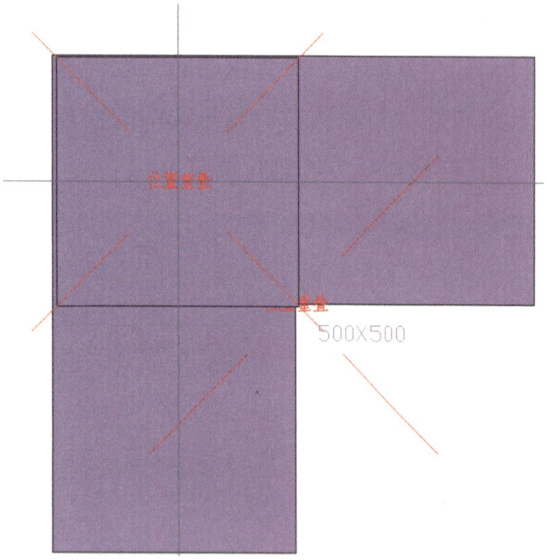

图 3-6 “位置重叠”提示

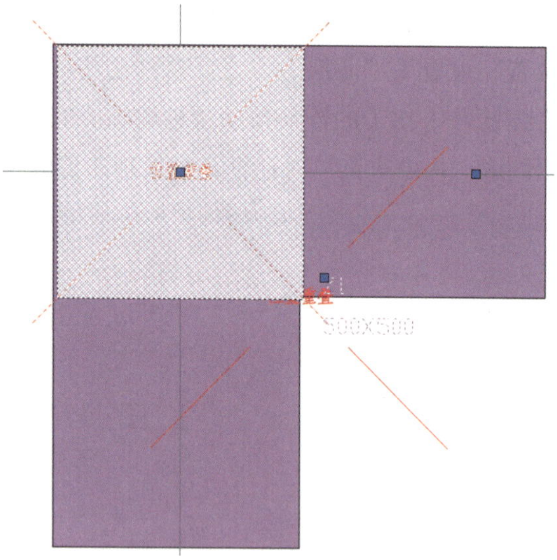

图 3-7 选中重叠构件

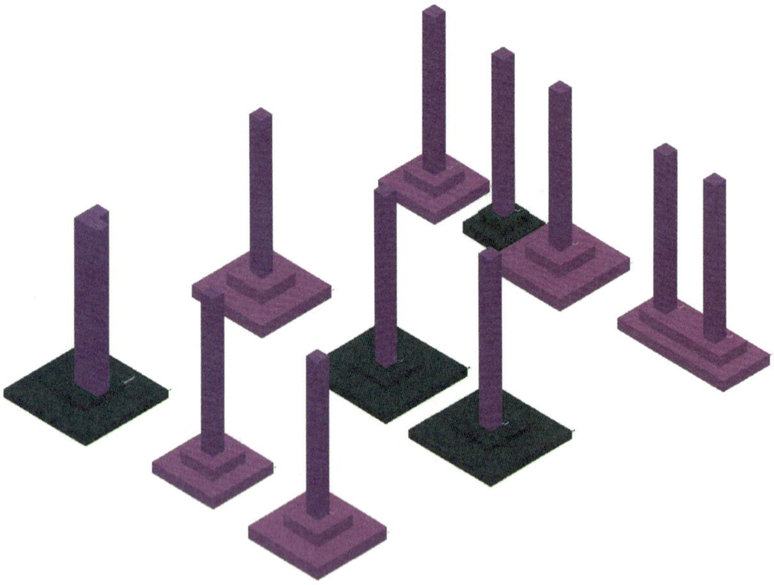

图 3-8 地下室柱与基础层组合效果

图 3-9 “楼层和构件显示”对话框

三、柱钢筋的布置与编辑

柱筋的布置方式有两种，一种是柱筋平法方式，另一种是普通钢筋布置方式。

柱筋平法方式适用于柱内钢筋基本正常，没有附加钢筋的情况。用柱筋平法布置钢筋，软件能够正常判定上下楼层柱以及配置的钢筋变化关系，从而给

柱筋的布置与编辑视频讲解

出对应的钢筋公式，与施工现场的实际相同，并且与标准图集的构造要求一致，计算结果准确性高。可以通过单击快捷菜单栏中的“钢筋布置”来启动，还可以通过选中需要配筋的构件，单击鼠标右键，选择“柱筋平法”的方式来进行设置。

普通钢筋布置方式适用于柱内钢筋复杂且用柱筋平法不能布置钢筋的情况。该方式钢筋布置灵活，可以进行修改调整，能够满足对特殊钢筋进行布置的需求，但不能自动判定上下楼层柱以及配置的钢筋变化关系。布置的钢筋样式不同，计算也就不同，可能与施工实际和标准图集构造不一致，结果准确性不高。选中需要配筋的构件，单击鼠标右键，选择“钢筋布置”，弹出“编号配筋”对话框，如图 3-10 所示。在对话框中，“其他钢筋”可以添加钢筋样式，如图 3-11 所示。对于“柱公式钢筋”属性，单击“增加”可以添加钢筋公式，如图 3-12 所示。由于实例工程不涉及复杂钢筋，该法可以自行尝试。

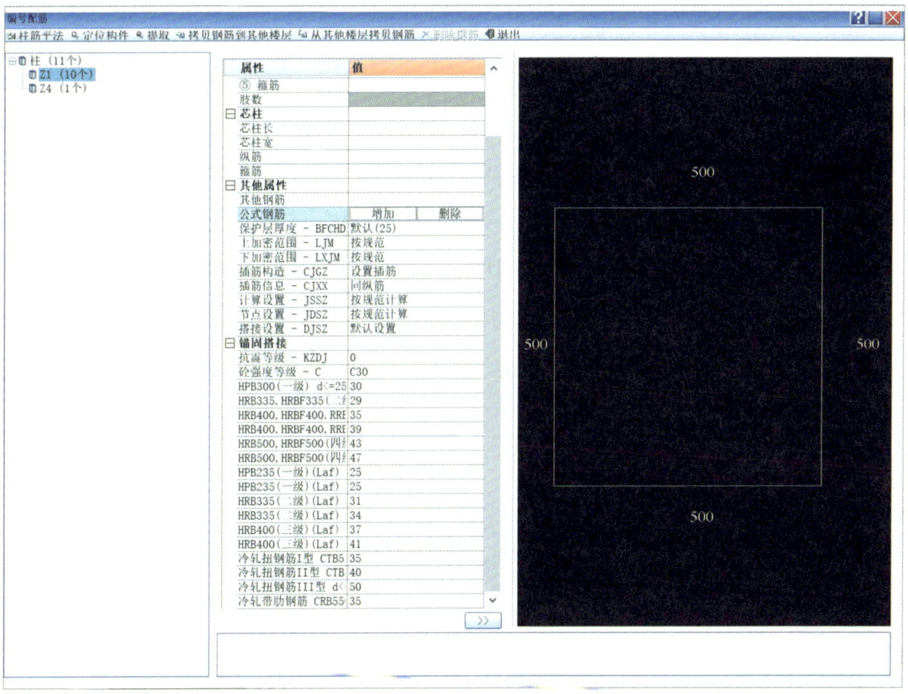

图 3-10　“编号配筋”对话框

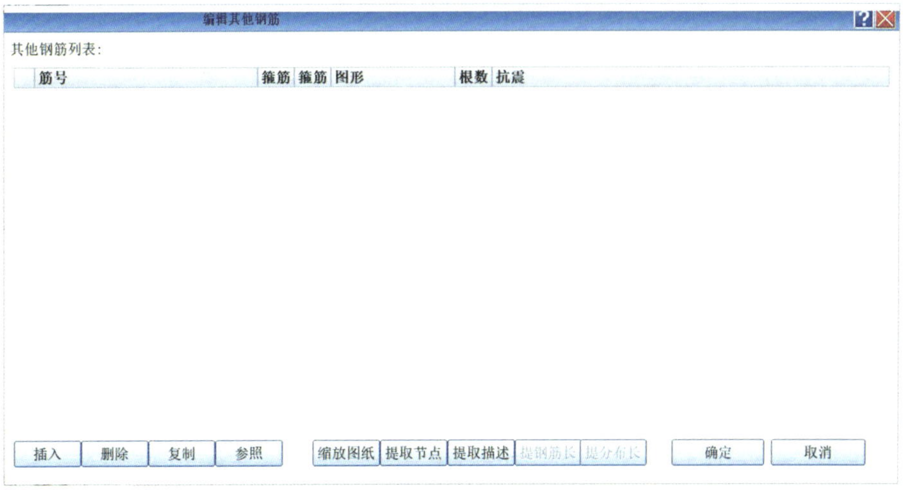

图 3-11　“编辑其他钢筋”对话框

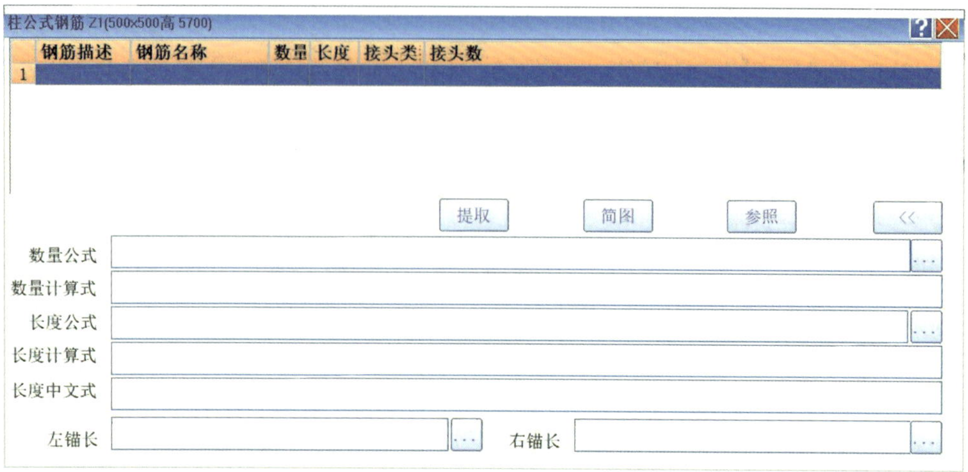

图 3-12　“柱公式钢筋”对话框

（一）保护层厚度等公共属性设置

在柱子布置钢筋之前，应确定好编号中的各类结构属性、保护层厚度和抗震等级，设置好后再进行柱钢筋布置。实例工程的保护层厚度为 25 mm，框架的抗震等级为 4 级。用“属性查询”功能，选中该层所有柱构件，再在“构件查询”对话框中统一完成保护层厚度的修改。单击快捷菜单栏中的“属性查询”按钮，在任务栏中提示“选择要查询的构件或钢筋”，任意选择一个柱构件，任务栏提示“从左向右选择同编号的构件，从右向左选择同类型的构件：”按住鼠标左键不动，从右向左框选该楼层所有的柱构件，则会在绘图区看到所有柱构件被选中。单击鼠标右键，选择“构件查询”，弹出相应对话框，如图 3-13 所示。在“钢筋属性”中更改保护层厚度，软件默认为 25，这里可以不做更改。单击“确定”按钮，退出对话框。

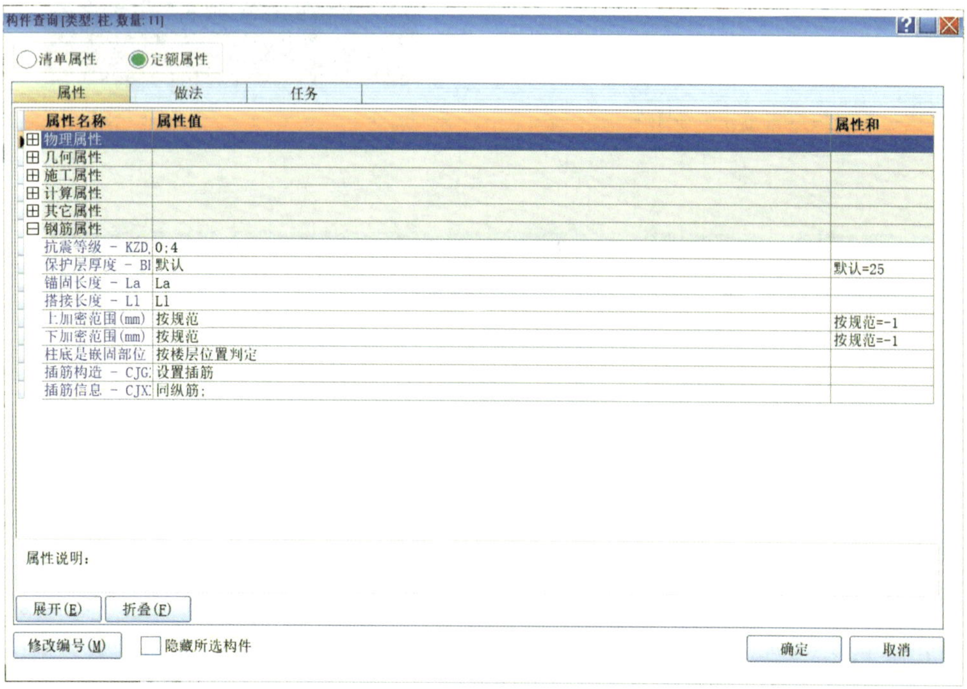

图 3-13　地下室层所有柱“构件查询”对话框

（二）钢筋布置

依据结施 -10（地下室梁、柱结构图），使用快捷菜单中的“钢筋布置”按钮或“柱筋平法”进行柱筋的布置。先布置 Z1 钢筋，选中需要配筋的构件，单击鼠标右键，选择“柱筋平法”，弹出对话框，如图 3-14 所示。在对话框中可以看到一个柱子的钢筋主要有外箍、内箍、拉筋、角筋和边侧筋，五类钢筋开栏目显示，方便每种钢筋单独描述设置。

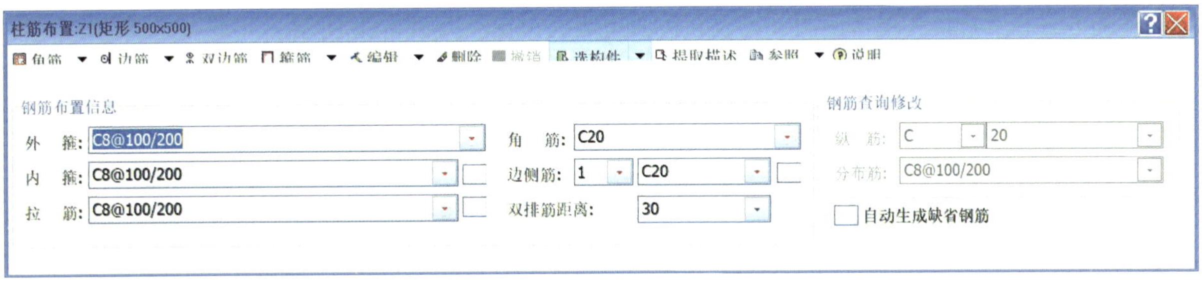

图 3-14 “柱筋布置”对话框

参照柱子的配筋图，如图 3-15 所示，首先在对话框中按照钢筋分类定义好描述。软件中对于钢筋的级别描述是：一级钢筋用“A”字母表示；二级钢筋用“B”字母表示；三级钢筋用“C” 字母表示。Z1 的内、外箍筋和拉筋都是一种描述，那么在对话框中的对应栏目中输入“A8@100/200”即可。所有的纵筋也都是一个描述，则在角筋、边侧筋栏目中输入“B20”。描述中的角筋，施工现场主要是布置在外箍相套的阴阳角部处，对话框中的角筋描述设置不需要设置钢筋根数，对于角筋的根数，软件会根据柱子的截面形状自动判定出来。

关于柱筋的布置操作，软件参照对应的平法图集，应先完成角筋、边侧筋的布置，再完成箍筋的布置。

柱 号	Z1
截面形式	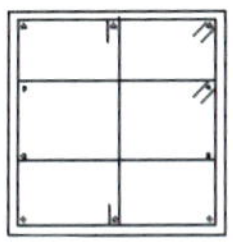
b X h	500 X 500
标 高	0.00~4.200
纵 筋	10Φ20
箍 筋	Φ8@100/200

图 3-15 Z1 柱子配筋图

1. 角筋布置

单击对话框上部的“角筋”按钮，角筋便会直接布置到 Z1 柱子构件的角部位置，如图 3-16 所示。同时会在柱子的右侧出现柱子的集中标注描述。

图 3-16 布置角筋的 Z1 构件

2. 边筋布置

边筋的布置方式在软件中有两种：单边布置和双边布置。对于构件每边钢筋不同时，可以选用单边布置。Z1 柱子构件相对应的 b 边和 h 边双边钢筋一致，此处可选用双边筋布置，软件默认的边侧筋根数数量设置为“1”，也就是边侧筋有 *N* 根，就需要单击 *N* 次。单击对话框上方“双边筋”按钮，再单击构件 b 边位置一次，则构件 b 边位置上下各对称布置一根直径 20 mm 的纵筋，如图 3-17 所示。用同样的方式在 h 边位置单击两次，完成 h 边的边侧筋布置，如图 3-18 所示。

当边侧筋根数比较多时，可以通过更改边侧筋规格在左侧的数字，实现只单击一次便可布置多根边侧筋的功能，减少多次单击的情况。

图 3-17　b 边柱筋布置好的效果图

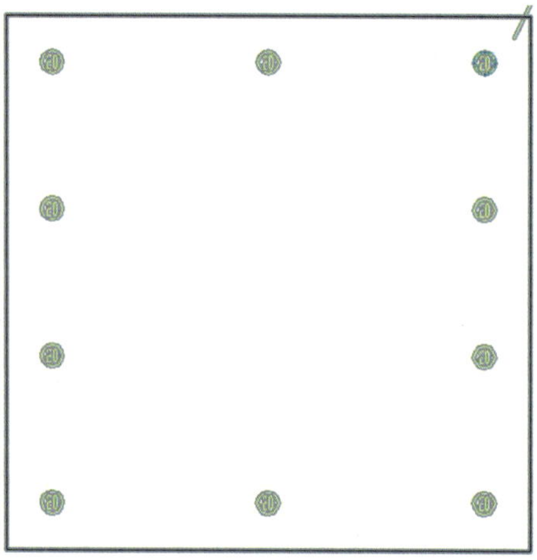

图 3-18　布置完纵筋的 Z1 构件

3. 箍筋布置

柱筋平法以图形布置为操作方式，钢筋的摆放间距均以外箍圈定的区域为判定对象，所以用“柱筋平法”布置柱筋，首先要布置外箍，用外箍将后面需要布置的内箍、拉筋、角筋、边侧筋的分布位置锁定起来。单击对话框中“箍筋”按钮，首先布置外箍，根据图 3-15，按照命令栏的提示，单击箍筋的弯钩处，沿对角线方向画矩形框，直至对角线的角筋处，完成外部箍筋的位置，如图 3-19 所示。再用同样的方式布置内箍和拉筋，如图 3-20 所示。

图 3-19　外箍布置好的效果图

图 3-20　内箍和拉筋布置好的效果图

这样 Z1 的柱内钢筋就全部完成，且由于位于独立基础之上，软件还会自动生成插筋，如图 3-21 所示。布置完钢筋的柱构件间会显示为绿色。

当柱构件数目较多时，可以运用对话框上方“选构件”，在下拉选项框中选择需要布置的柱构件编号，则“柱筋布置”窗口会直接切换到需要布置的构件上。不需要在绘图区重新寻找选中新的需要布置钢筋的构件，从而提高柱筋布置效率。

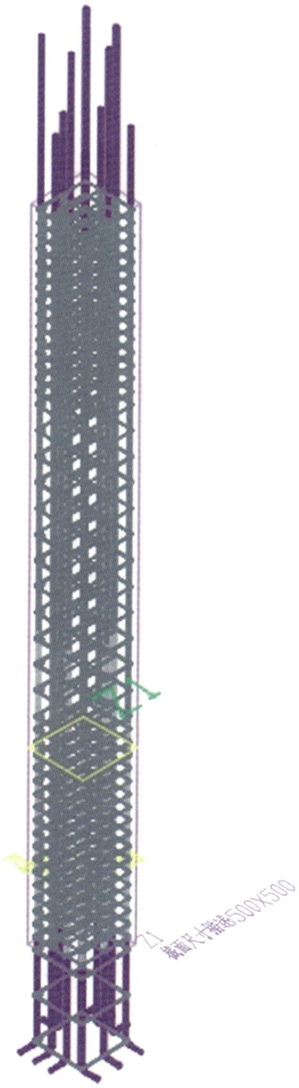

图 3-21　柱筋布置好的三维效果图

温馨提示

要让钢筋在软件中自动按照规范或标准进行构造判定，一定要将构件的条件设置齐全。如要柱子主筋自动产生插筋，那么柱子的楼层位置必须设置为“底层”，并且柱子的高度必须设置为“底同基础顶”，同样柱子到了顶部钢筋要收头，那么要将柱子的楼层设置为“顶层”，同时柱子的边柱、角柱、中柱等都要指定好。

（三）柱筋的编辑

1. 柱子边侧筋不完全相同时的设置

柱筋布置时，会遇到 b 边和 h 边的边侧筋不一致的情况，应先按其中一种钢筋规格布置完毕，再另行选中编辑修改。例如若 b 边为 20 mm，h 边为 16 mm，先按其中的一种钢筋规格（20 mm）完成钢筋布置，单击对话框中的“编辑”按钮，按照任务栏中的命令提示“框选要参照主筋（退出）‘按住 Ctrl 支持多选’”，一次框选中 h 边两侧的边侧钢筋，这时对话框右侧的“钢筋查询修改”输入栏变为可编辑状态，利用手动输入或选中下拉选项框中选项的方法，将纵筋修改为 B16 即可，如图 3-22 所示。这样，选中的 h 边纵筋就完成了对应规格的修改，如图 3-23 所示。

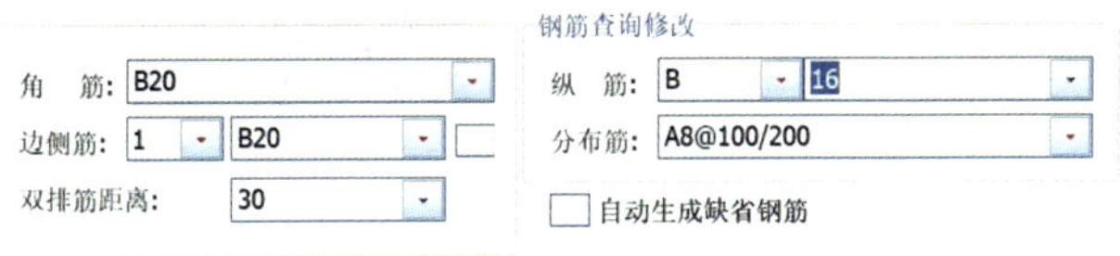

图 3-22　“钢筋查询修改”输入栏

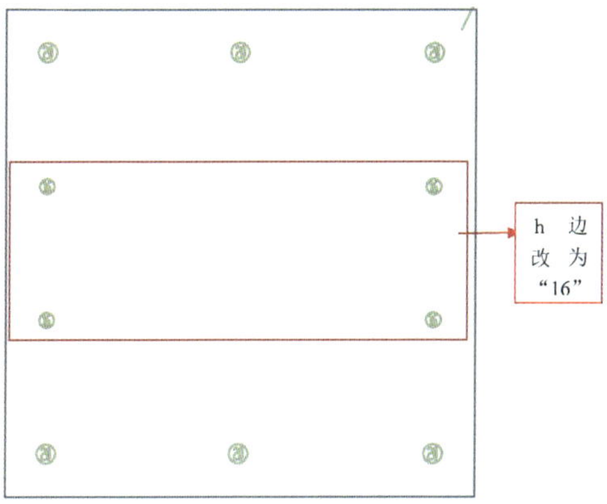

图 3-23　完成边侧筋修改的效果

2. 撤销与删除

柱筋布置时，如果出现失误的情况，可以通过撤销与删除进行修正。

单击对话框中“撤销”按钮，可以回到前一步操作，多次单击，依次回到前 *N* 次操作效果。

单击对话框中“删除”按钮，根据任务栏中的“框选要参照主筋（退出）‘按住 Ctrl 支持多选’”命令提示，框选需要删除的钢筋，被选中的钢筋即可被删除。

四、柱子挂接做法

挂接做法时将构件按照计算规则计算汇总出做法工程量，方便进行同类项汇总，同时与计价软件数据接口。以 Z1 为例，单击选任意一个 Z1，单击鼠标右键，选择“构件查询”，按 <Enter> 键，调出对话框，切换到做法界面。先对柱清单项目进行挂接，再分别给柱的体积、模板体积挂接相应的定额子目录，如图 3-24 所示。完成挂接的构件会显示灰色。

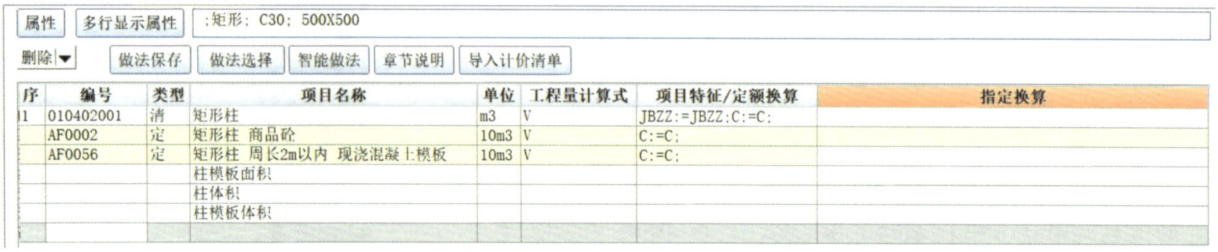

序	编号	类型	项目名称	单位	工程量计算式	项目特征/定额换算	指定换算
1	010402001	清	矩形柱	m3	V	JBZZ:=JBZZ;C:=C;	
	AF0002	定	矩形柱 商品砼	10m3	V	C:=C;	
	AF0056	定	矩形柱 周长2m以内 现浇混凝土模板	10m3	V	C:=C;	
			柱模板面积				
			柱体积				
			柱模板体积				

图 3-24 柱子挂接做法

实例工程中，地下室柱子高度为 4.2 m（从地面至板顶），而工程设置中柱的标准高度为 3.6 m，因此柱子超高 600 mm。这里需要正确指定超高工程量的计算规则。

单击快捷菜单中的“算量设置”，弹出“算量设置”对话框，切换至“计算规则”页面，按清单规则，进入“参数规则”页面，用鼠标单击对话框左边的构件树中的“柱”节点，就会出现柱子的详细计算规则和列表，如图 3-25 所示。可以看到“超高模板计算方法”“超高体积计算方法”的设置项，如果计算方法为“不考虑超高”，则软件不会计算柱的超高工程量；如果计算方法为“超高范围的模板另外计算”，则软件会自动按超高范围内的模板面积计算超高模板工程量。

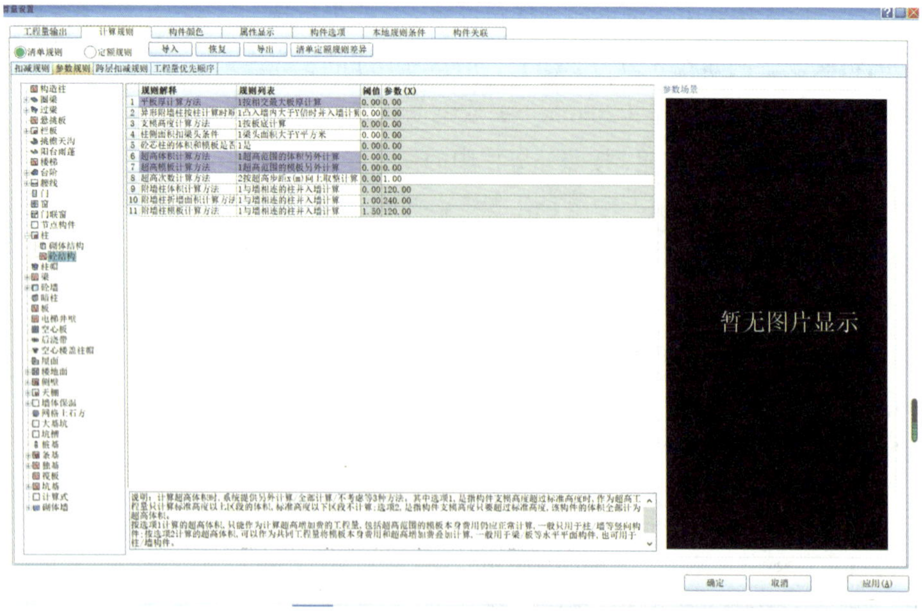

图 3-25 超高柱构件计算设置

单击“超高模板计算方法”单元格的下拉菜单，可以在“超高范围的模板另外计算”“超高模板按全部模板计算”和“不考虑超高”三个选项之间切换，如图 3-26 所示。当选择“超高范围的模板另外计算”方法时，超高侧面积取的是超高范围内的模板面积；当选择“超高模板按全部模板计算”时，超高侧面积取的是柱全部模板的面积。对于普通模板子目，可以更改工程量计算式为“S-SCCG”，即用柱模板面积与超高模板面积的差来计算。超高侧面积中包含了超高范围内其他构件相交模板的扣减。本项目系统默认“超高范围的模板另外计算”。

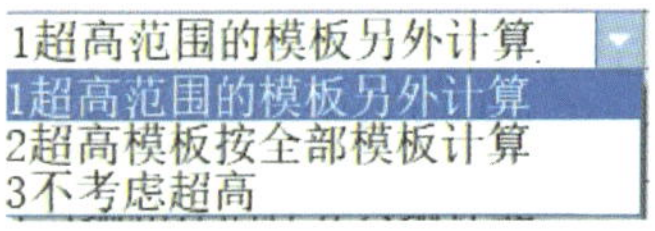

图 3-26　超高模板计算方法

单击快捷菜单栏中的“查量”，根据命令栏提示，选择柱构件 Z1，弹出“工程量核对”对话框，在“清单工程量”界面的输出工程量计算过程中可以看到柱子的超高工程量，如图 3-27 所示。

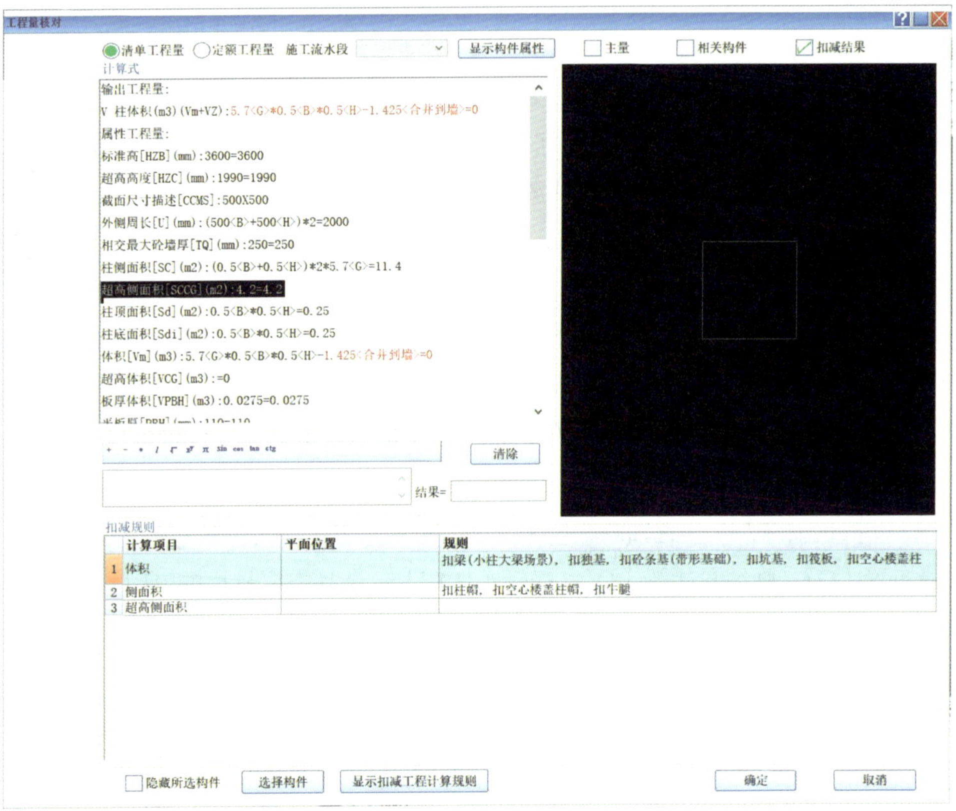

图 3-27　柱子的超高工程量

任务二　地下室梁

地下室梁与地基梁布置方式相似，利用构件显示与隐藏的功能只显示柱子与轴线，按照梁体编号的顺序，注意梁体的对齐方式与定位尺寸，不难完成。根据结施 -10（地下室梁、柱结构图），地下室共有 7 根梁。

一、梁的属性设置

单击屏幕左侧菜单栏中“梁体”按钮，在展开的选项中单击“梁体”设置参数。在梁体“定义编号”对话框中，通过单击对话框上的“新建”按钮，进行梁体的新建。由于 KL1（2A）、KL2（2A）、KL4（2）、KL5（2）的截面参数都是 300 mm × 650 mm，先定义好 KL1（2A），然后在 KL1（2A）的基础上创建其他梁的编号。设置好 KL1（2A）的属性后，将光标置于 KL1（2A）编号上并单击鼠标右键，选择右键菜单中的“新建”，这时新建出来的编号会拷贝上一个编号参数，只需要修改编号和有差异的内容即可生成一个新的梁编号。据此依次创建所有的梁编号。

二、梁体的布置

（一）构件布置

与基础梁的布置方法类似，中间的梁居中布置，边梁通过 <Tab> 键变换定位点与柱外边线平齐。在导航器中，默认梁顶标高为“同层高”，需要注意 KL1（2A）、KL2（2A）为一端带有悬挑的梁，先布置非悬挑梁和悬挑梁的非悬挑跨段。

悬挂梁的布置
视频讲解

然后布置悬挑梁的悬挑段。在功能菜单中激活“悬挑端”中的“选梁画悬挑”功能，如图 3-28 所示。弹出“请输入梁的悬挑长度”对话框，从图中可以看出悬挑端轴线之间的距离为“2 100”，为了与 KL6 相接，这里的长度设置可以加上一半的柱宽，即“2 350”，然后根据命令栏中的命令提示“选梁画悬挑 <退出> 或 [直线画梁（V12）/ 三点弧梁（V13）/ 绘制折梁（O）/ 框选轴网（K）/ 选轴画梁（D）/ 选墙布置（N）/ 选线布置（Y）/ 加腋梁选梁布置（I）/ 加腋梁选墙布置（G）/ 画纯悬挑梁（Q）/ 撤销（H）]”，选择需要悬挑的 KL1（2A）、KL2（2A）梁，完成悬挑梁布置。可以看到悬挑端的跨号为“－100”。

图 3-28 “梁体”功能菜单

> **温馨提示**
>
> 针对带有悬挑端或外伸的梁体，如果在梁体末端有悬挑或外伸，则下方的跨号为“100”；如果在梁体的起点端有悬挑或外伸，则对应的跨号显示为“－100”。此外，在布置梁体时，注意梁编号的切换。

布置完悬挑段，最后布置 KL6（2）。检查所有梁的跨号与梁标注相同，布置好的梁效果图如图 3-29 所示。

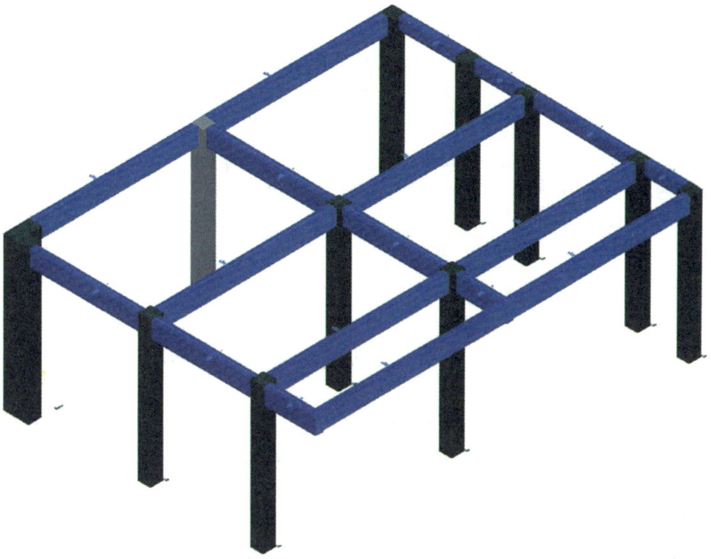

图 3-29　地下室梁效果图

（二）梁顶标高修改

如果已经将梁布置完毕，但未能及时修改导航器下方的“梁顶标高”属性，可以利用“构件查询”的方法，分别单独选中未设置属性的构件，在“构件查询”对话框中，修改“梁顶标高”，则所有构件的相关属性就可批量设置完成。

（三）梁体的跨段编辑

软件是根据梁体布置时的制作来判断跨数并进行划分的。当框架梁的支座为柱子时，软件能直接依据柱子与柱子的间距划分跨数。例如 KL6，先完成悬挑梁的布置，软件默认悬挑梁为支座，可以对 KL6（2）进行自动断跨，但如果先布置 KL6（2），则无法自动断跨。此时，需要对梁体的跨段进行编辑。

单击功能菜单栏中的“跨段编辑”，激活并弹出“跨段组合”对话框，如图 3-30 所示。选择“断开跨”，根据命令栏的提示“选择需要重组的（墙，条基，梁，圈梁，主肋梁，次肋梁，楼层板带，基础板带）<退出>或 [合并跨（J）/ 断开跨（V）]”，用鼠标单击梁相交的位置，在单击前应保证鼠标移动梁体位置，且该位置不超过梁体边线。这样，软件以单击的位置为起点重新断跨，此时软件自动生成的跨号与梁体的跨数就会保持一致。

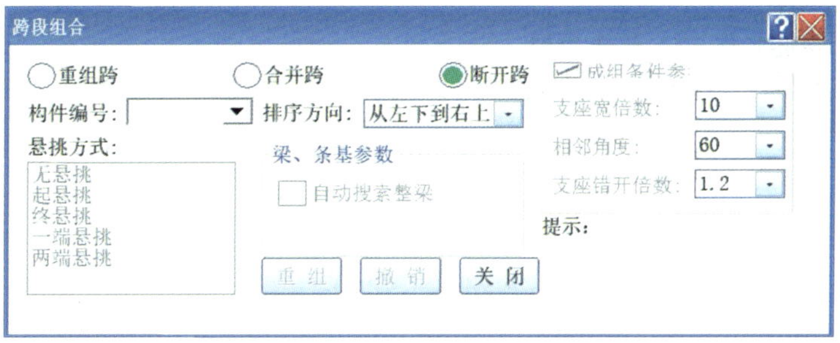

图 3-30　“跨段组合”对话框

三、梁钢筋的布置

单击功能栏中的“钢筋布置”按钮，按照任务框的提示，任意选择一条梁（这里选择的是 KL1（2A）），激活梁筋布置，弹出“梁筋布置”对话框，如图 3-31 所示。

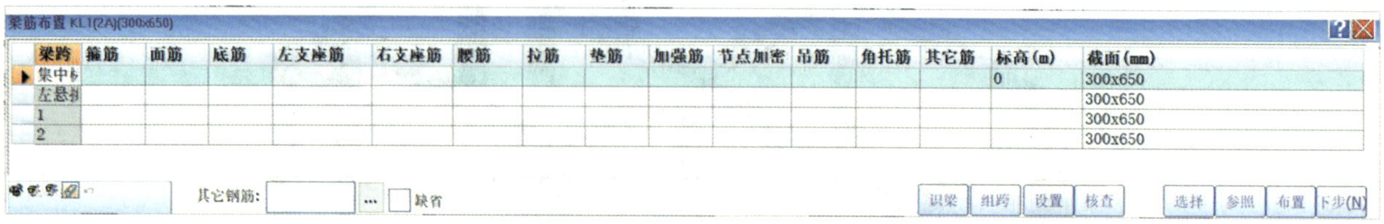

图 3-31 “梁筋布置”对话框

对话框内的“标高”相当于当前层的层顶标高，当梁按“同层高”布置时，梁的“标高”就是“0”。如果梁段要升降高度，则可在标高列中对应的两块单元格内输入一个相对于当前层顶标高的正数或负数，例如“- 0.5 m”，表示将该梁跨段下降 0.5 m 的高度，输入正值则将梁端向上提升。

KL1（2A）是两跨一端有悬挑的悬挑梁，对话框中显示的是含集中标注在内的 4 行数据，每一跨梁对应一行钢筋数据，下一步是按平法规则录入钢筋描述。

（一）集中标注的录入

依据地下室梁结构图，集中标注中有箍筋和面筋，应分别录入集中标注的箍筋和面筋中。

（二）原位钢筋录入

例如第一跨的梁底直筋和支座负筋。梁底直筋录入各梁跨相对应的“底筋”中；录入支座负筋时应注意按照原位标注在梁跨上的相对位置录入。软件将负弯矩筋均作为支座筋（也就是平法内所说的非贯通筋），分为“左支座筋”和“右支座筋”。如果原位标注在梁跨的左端，则录入“左支座筋”中，在右端则录入“右支座筋”中，软件会自动根据梁跨号判断该支座筋是端头支座负筋还是中间支座负筋。如果梁的方向是竖直方向，则梁跨下方位的支座筋为左支座筋，上方位的支座筋为右支座筋。

在“1”“2”行中需要分别录入“4B22”的左支座筋和右支座筋。在“左悬挑”“1”“2”行中录入“4B18”的底筋。录入完成后，单击“布置”按钮退出对话框，在绘图区梁构件变为绿色。

单击“下步”按钮查看 1 跨上的右支座筋，如图 3-32 所示，软件自动给右支座筋指定钢筋名称为“中间支座负筋”，且梁跨中以“1 2”表示布置在第 1 跨和第 2 跨之间。同理，对于其他的支座筋，软件也会自动根据它在梁跨上的位置来判断其钢筋名称。

	梁跨	钢筋描述	钢筋名称	接头类型	接头
1	1 2	4B20	中间支座负筋	双面焊	0
2					

图 3-32 梁支座筋明细

温馨提示

布置楼层梁体构件钢筋时，可以快速切换需要配筋的梁构件，即在“梁筋布置”对话框中，单击右下角“选择”按钮，则弹出带有已布置的梁体构件列表，从中切换梁体构件。

（三）对于箍筋描述的说明

当单击箍筋描述单元格内的下拉按钮时，弹出的选择内容中会多出一个“多箍筋”的选项，这个内容主要针对箍筋与平法标准不一致的设计方案。单击“多箍筋”选项，弹出选项框，如图 3-33 所示。

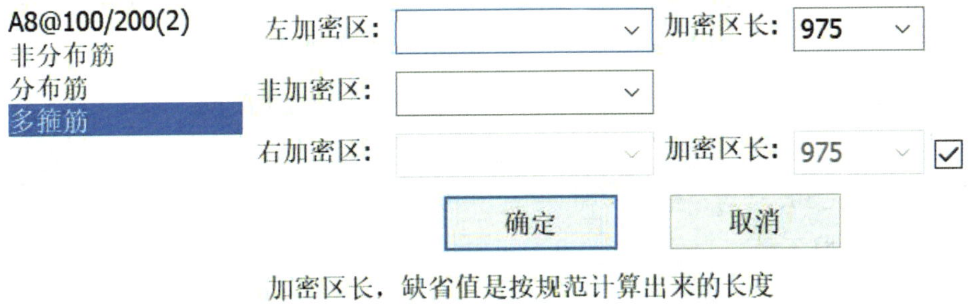

图 3-33　“多箍筋”设置项

在展开的栏目中，可以看到有“左、右加密区”钢筋描述设置栏，“非加密区”钢筋描述设置栏和“加密区长”的设置栏。在相应的栏目中给定对应设计的钢筋描述，软件就会依据定义的特殊情况在一条梁内甚至一段梁内将箍筋按不同的描述进行计算。

四、梁挂接做法

梁的计算项目见表 3-1。

表 3-1　梁的计算项目

构件名称	计算项目
梁	梁混凝土体积
	梁模板面积

梁挂接做法如图 3-34 所示。

序号	编号	类型	项目名称	单位	工程量计算式	项目特征/定额换算	指定换算
21	010403002	清	矩形梁	m3	V	JBZZ:=JBZZ;DIBG:=DIBG	
21	AF0012	定	矩形梁 商品砼	10m3	V	C:=C;	

图 3-34　梁挂接做法

任务三 地下室板

板体属于面形构件，无须调整定位尺寸或对齐方式，其布置较为简单。在实例工程中，板为有梁板。因此在结构类型中应该选择有梁板，板顶高与板厚在导航器中可以修改，不一定要在编号中定义。参照结构图 G-05（地下室、一层结构平面图）对地下室板进行布置。

一、楼板的属性设置

单击屏幕左侧菜单栏中“板体”按钮，在展开的选项中单击“现浇板”来设置参数。在导航器中，单击“编号”，弹出“定义编号”对话框。根据结构说明板的混凝土等级为 C30，在对话框编号树总结点“板”一栏中进行统一设置。由于软件的板编号和板厚不是一一对应的关系，可以用同一编号布置不同厚度的板构件。该地下室中虽然有 150 mm 和 110 mm 两个板厚，但可以用同一板编号，在布置时，从导航器中修改板厚。这里使用一个板编号进行布置，同学们也可以通过板厚区分，新建不同板编号。

板的布置
视频讲解

二、楼板的图元布置

（一）“点选内部生成”模式

对设置好属性的板体进行布置时，根据命令栏提示，软件默认“点选内部生成”模式。其模式是以墙、梁、柱等构件围成的封闭区域为板边界，在这个区域中单击鼠标左键自动生成。操作时，需要利用构件显示与隐藏功能，单击“隐藏构件”按钮，根据命令栏提示，用光标选中不需要显示的构件，只保留该层的柱子和梁体构件。操作中，轴线可以通过“轴网开关”进行隐藏。

如果在布置过程中，不慎退出板布置模式，则可通过单击任务菜单栏中的“智能布置”按钮激活，如图 3-35 所示。在导航器中修改板厚度为“150”，板顶高为默认层高，按照施工图，单击 B 轴到 E 轴之间梁与梁之间形成的封闭区域，将现浇板构件布置上去，然后修改板厚为“110”，布置 A 轴到 B 轴之间的板。

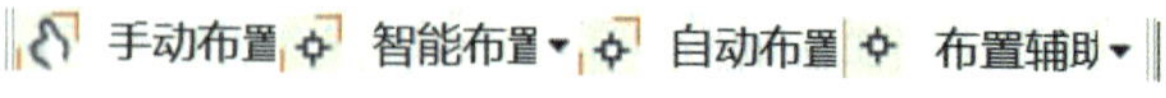

图 3-35 构件布置任务栏

> **温馨提示**
>
> “点选内部生成”只是智能布置的默认模式，通过“智能布置”按钮的下拉菜单，可以切换“实体外侧”“实体内部”“矩形布置”模式。

（二）自动布置

当现浇板布置的特点非常明确，即每一个单独的封闭区域为一个现浇板，且每个现浇板的厚度都是一致时，可以使用“自动布置”，快速完成板体的布置。

单击功能菜单栏中的“自动布置”按钮，弹出“自动布置板体”对话框，如图 3-36 所示。在“板厚”中设置统一厚度，单击“自动布置”按钮，则软件在每个梁体间的封闭区域布置统一厚度的板。通过选中构件后用 <Delete> 键将多余构件删除，用“构件查询”方法对不同属性进行修改，可以加快板构件的布置速度。

板件布置完成的效果图如图 3-37 所示。

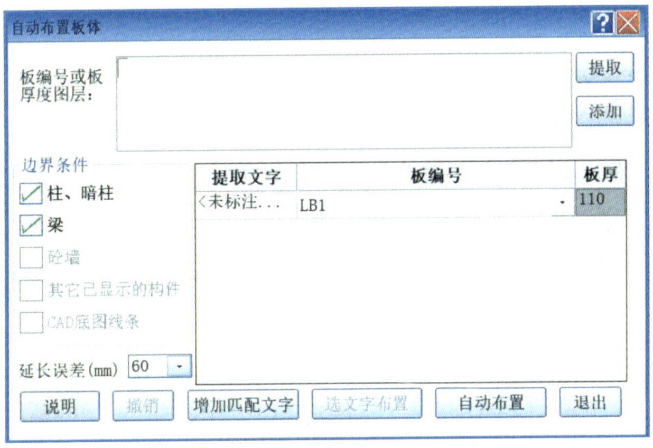

图 3-36　“自动布置板体”对话框

图 3-37　板件布置完成的效果图

三、楼板钢筋的布置

在软件中，板筋的布置像构件一样是可以通过图形显示出来的，不同于其他构件上只显示描述而无图形显示的钢筋，且板钢筋不遵循同编号布置原则。板内钢筋分为底筋、面筋、负筋以及构造分布筋，通常底筋为受力筋，需要逐一进行布置。

在布置板筋之前，应先检查软件的“对象捕捉”功能是否开启，即绘图区下方 对象捕捉 是否被蓝色覆盖。单击“对象捕捉”按钮激活功能（或通过 <F3> 键开启），鼠标指针放在“对象捕捉”按钮处，单击鼠标右键，在弹出的“草图设置”对话框中，如图 3-38 所示，设置捕捉点“垂足”和“最近点”，设置好后单击“确定”按钮，返回绘图区。如果布置的板筋以水平的和竖直的为主，则需要将“正交”功能激活。

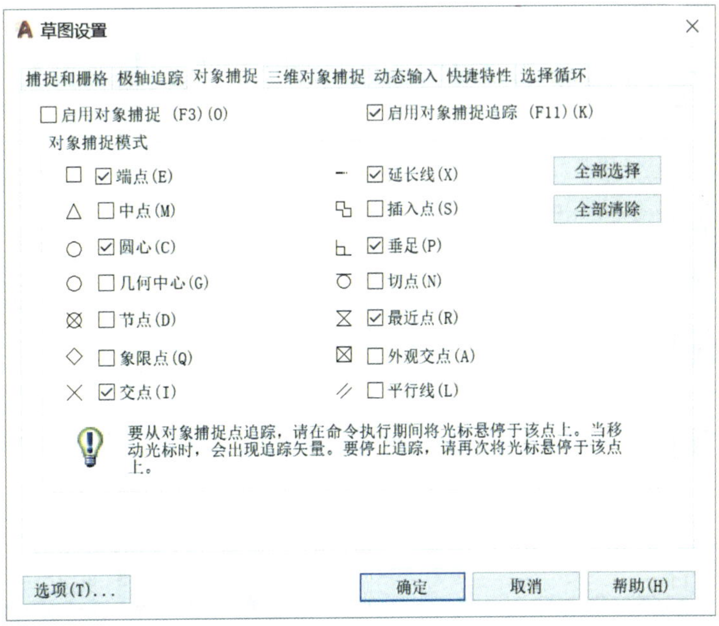

图 3-38　“草图设置”对话框

（一）底筋布置

单击快捷菜单栏中的“钢筋布置”按钮，根据命令栏中“请选择要布置钢筋的构件＜(S)设置＞：”提示，选择需要布置钢筋的任意现浇板，弹出“布置板筋”对话框，如图 3-39 所示。

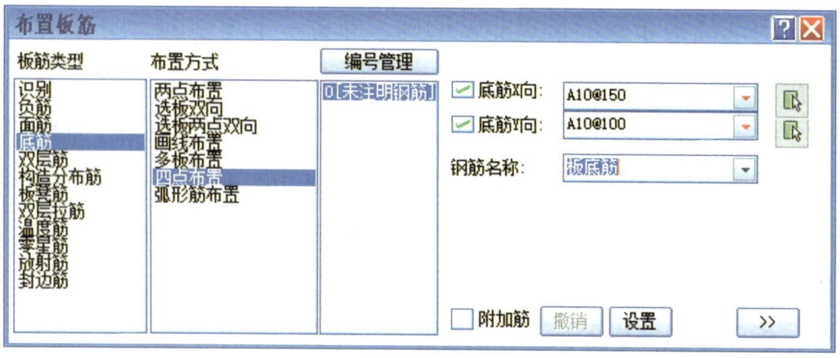

图 3-39 “布置板筋”对话框

“板筋类型”选为“底筋”，“布置方式”选为“四点布置”。根据图纸，底筋 X 方向为 Φ10@150，Y 方向为 Φ10@100，在对话框右侧将“底筋 X 向”改为“A10@150”，“底筋 Y 向”改为“A10@100”。修改完成后根据命令栏“点取外包的起点＜退出＞：”提示，点选 B 轴到 E 轴和 1 轴到 3 轴区域的四个边，则区域范围内的现浇板就会按照要求进行底筋的布置。布置好的板底筋明细如图 3-40 所示。按照图纸把“底筋 X 向”改为“A8@150”，“底筋 Y 向”改为“A8@150”，用同样的方式布置 A 轴到 B 轴和 1 轴到 3 轴区域的现浇板钢筋。

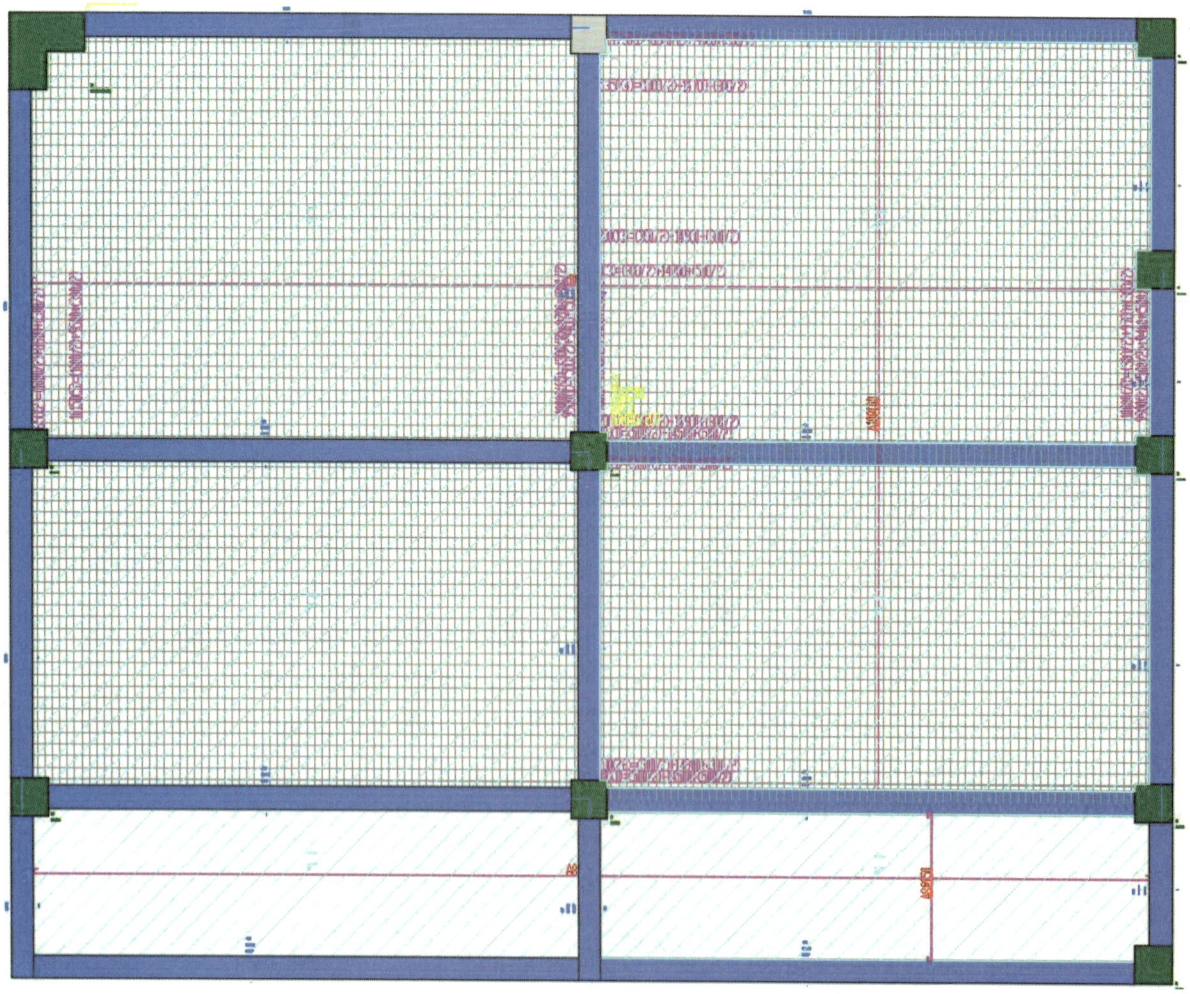

图 3-40 板底筋明细图

> **温馨提示**
>
> 板筋布置好了之后，为了查看效果，关闭“布置板筋”对话框，单击选中要查看的钢筋之后，在右键菜单中选择“明细开关”（只显示选中钢筋明细）或“所有明细”（显示所有钢筋明细）命令，查看板钢筋布置的实际情况。此外，通过单击功能菜单栏中的“板筋明细”或“所有明细”按钮，也可以激活该功能。

（二）负筋布置

由于负筋一般都是布置在支座上，并且板内不贯通，因此布置方式一般为“选梁墙布置”或“选板边布置”。负筋以支座为对象向支座外伸出时，伸出的方式可以通过对话框下面的“设置”按钮完成。

以1轴上的负筋为例，B到E轴的钢筋描述为“A10@150”，A到B轴的钢筋描述为“A8@150”。不关闭“布置板筋”对话框，“板筋类型”选为“负筋”，“布置方式”选为“选梁墙布置”，并根据结构总说明，在右侧“构造筋”中输入“A6@200”，“挑长设置”中“左（下）挑长”为“0”，“右（上）挑长”为“1 900”，如图3-41所示。

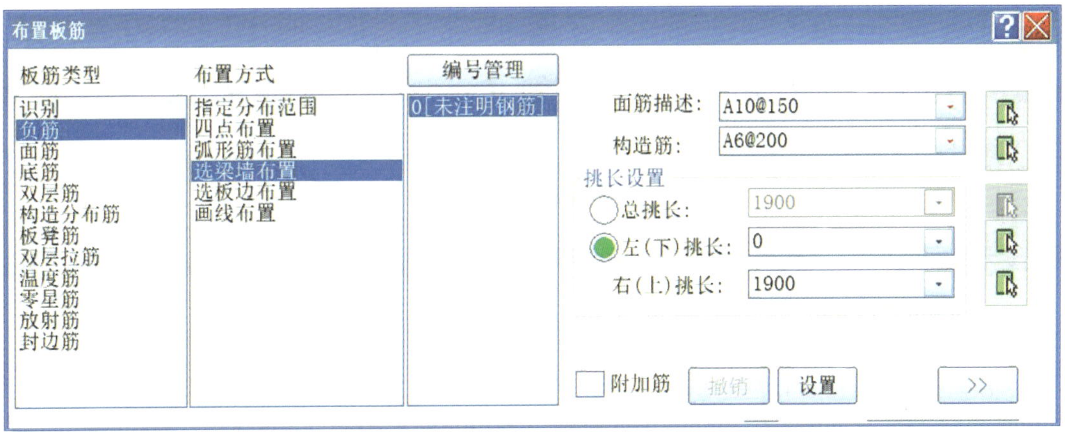

图3-41　“负筋”设置

从结构图中可以看出负筋的伸出长度标注是从支座边线开始的，单击“设置”按钮，弹出对话框，在对话框中找到“板负筋”，将“单板单边挑出负筋标注长度位置”设置为“支座外边线”，如图3-42所示。根据命令栏提示，单击选择负筋支座位置的梁体，这样负筋与对应的构造分布筋就布置上去了。钢筋明细如图3-43所示。用同样的方式通过更改“面筋描述”和“挑长设置”就可以将2轴和3轴的负筋布置完成。

38	板负筋	
39	单标注负筋锚入支座的长度 - DFJMC	能直锚就直锚，否则按公式计算:hc-czz+15*d+ZW90+ZTZ
40	单板双挑负筋标注位置 - FJBHZZ	标注至中
41	单板单边挑出负筋标注长度位置 - DBBZW	支座外边线
42	跨板双挑负筋标注位置 - KBSTWZ	标注至中
43	跨板单挑负筋标注位置 - KBDTWZ	支座内边线
44	负筋根数计算方式 - FJFS	向上取整+1

图3-42　板负筋伸长方式设置

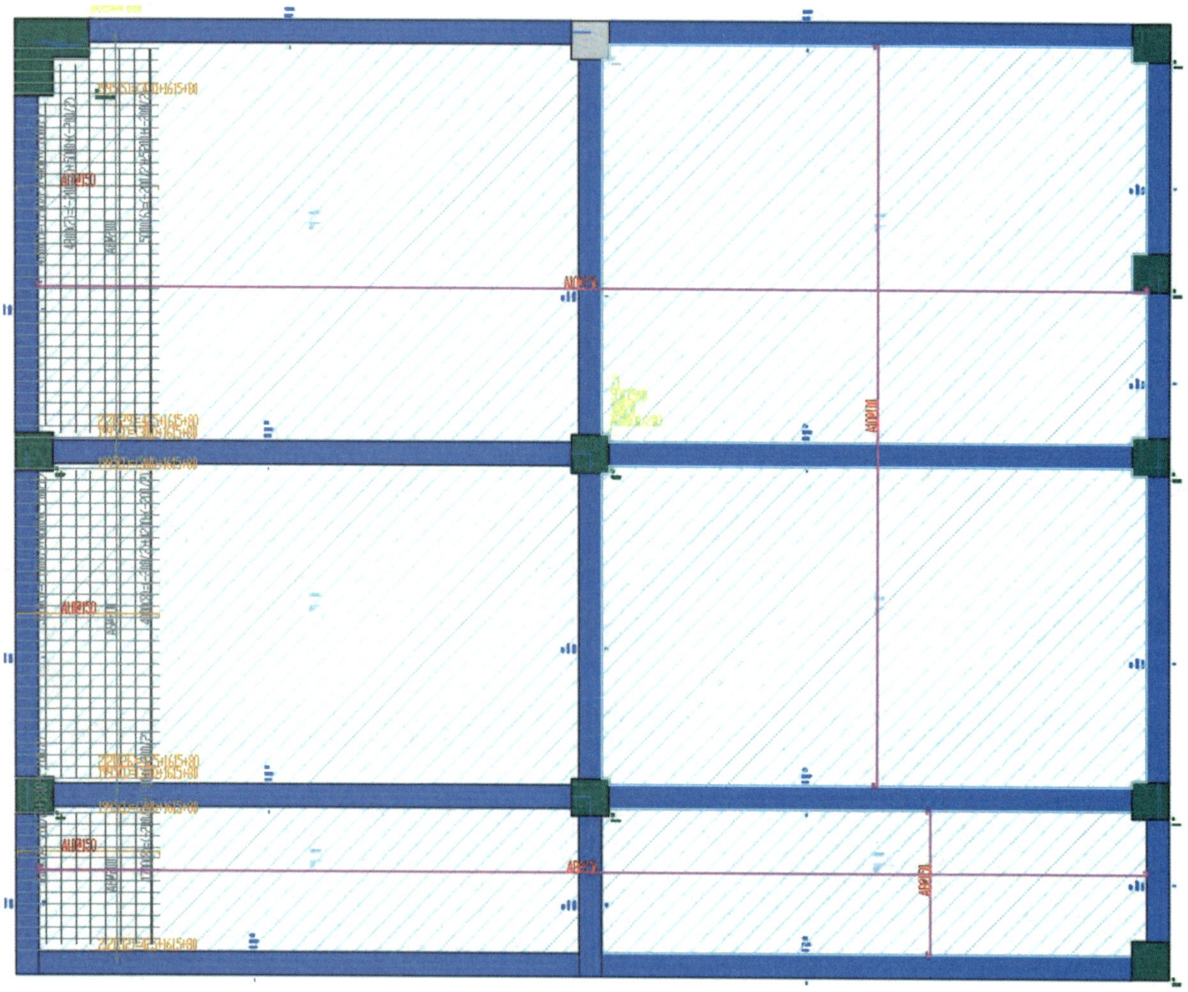

图 3-43 1 轴负筋明细图

板体钢筋的删除可以通过单击或框选方式，选中需要删除的板筋线条，再按 <Delete> 键删除，或单击鼠标右键，从右键菜单中选择“钢筋删除”即可。如果不想在绘图区显示钢筋线条，则可以通过绘图区下方“钢筋开关”，控制显示与隐藏。

四、楼板挂接做法

楼板的计算项目见表 3-2，可以参照这些计算项目给板挂接做法。

表 3-2 楼板的计算项目

构件名称	计算项目	变量名
楼板（有梁板）	混凝土体积	V
	模板面积	S

有梁板挂接做法如图 3-44 所示。

序号	编号	类型	项目名称	单位	工程量计算式	项目特征/定额换算	指定换算
23	010405001	清	有梁板	m3	V	PBG-T:=PBG-T;JBZZ:=JB	
	AF0026	定	有梁板 商品砼	10m3	V	C:=C;	
			板模板面积				
			板体积				
			板模板体积				
			板墙（梁）节点高强砼体积				

图 3-44　有梁板挂接做法

任务四　地下室混凝土墙

根据结施 -02（基础平面布置图）可以看到 E 轴和 3 轴上有两堵 250 mm 厚的混凝土挡土墙。

一、地下室混凝土墙的属性设置

单击屏幕左侧菜单栏中“墙体”按钮，在展开的选项中单击“砼墙”来设置参数。在导航器中单击“编号”进行新建墙体的属性设置。在“定义编号”对话框中，设置混凝土强度等级为“C30”，修改墙厚为“250”，高度选择“同梁底”，其他属性值默认。

二、地下室混凝土墙的布置

在“定义编号”对话框中，单击“布置”按钮返回绘图区，进行墙体的布置。导航器中“平面位置”用于设置当前布置的墙是内墙还是外墙，应根据实际情况进行选择。由于墙下有基础，因此墙底要伸到基础顶，设置底高为“同基础顶”。

（一）墙体的布置方式

墙体的布置方式有“手动布置”和“智能布置”。墙体的布置方式和编辑任务，即墙体的功能菜单，如图 3-45 所示。

图 3-45　墙体的布置方式和编辑

1. 手动布置

（1）“直线画墙”指在界面上选择一道墙的端部作为起点，直线延伸，止于墙的末点，单击鼠标，在界面上就生成了一道墙。

（2）“三点弧墙”指在界面上选择一道墙的端部作为起点，延伸选择墙的第二个点，然后弧线延伸，止于墙的末点，单击鼠标，在界面上就生成了一道弧形墙。

2. 智能布置

（1）“框选轴网”指框选界面上的轴网来布置墙。

（2）“选轴画墙”指对选到的轴线，计算出该轴线与其他轴线的交点，在交点的最大范围内生成墙。

（3）“选梁画墙”指选择梁体来布置墙，墙的长度同梁体的长度。

（4）“选条基画墙”指选择条基来布置墙，墙的长度同条基的长度。

（5）“选线布墙”指选择直线、圆弧、圆、多义线、椭圆来布置墙。

（二）墙体布置

之前已经布置了梁，利用梁的位置信息，可以快速布置墙。用“选梁画墙”方式，框选相应位置上的梁跨，单击鼠标右键确认即可，也可以通过“手动布置”中的“直线画墙”，沿着轴线对应位置完成墙体布置。通过多层组合，观察墙体布置完成后的效果图，如图 3-46 所示。

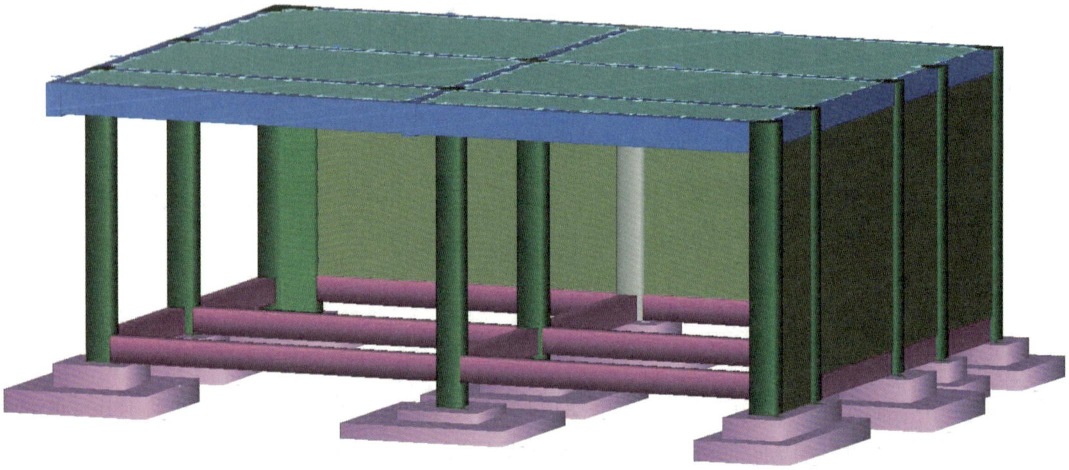

图 3-46 “砼墙”布置完成的效果图

三、地下室混凝土墙钢筋的布置

（一）混凝土墙钢筋布置

实例工程的混凝土墙钢筋可以用“表格钢筋”功能来布置。单击功能菜单栏中的 墙表钢筋 ，弹出“墙表”对话框，如图 3-47 所示。

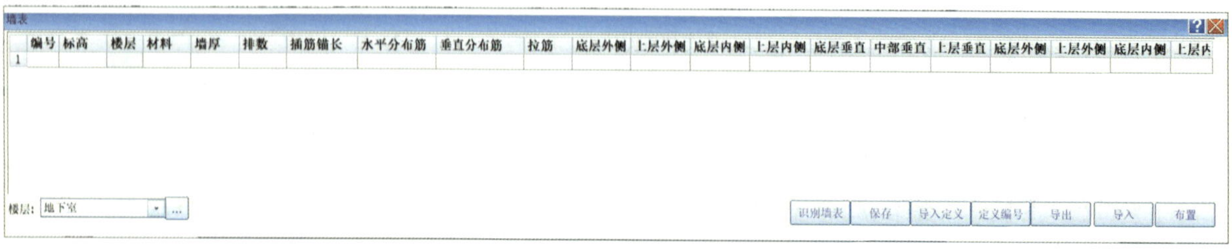

图 3-47 “墙表”对话框

单击对话框下面“导入定义”按钮，可以快速从定义编号中导入已经定义好的墙编号、标高、楼层、材料等基础信息。根据基础平面图上的墙表信息，在对话框中录入墙筋描述。按照施工图，墙筋“排数”为“2”，地下室挡土墙的“水平分布筋”为“B12@150”，录入水平分布筋后，“底层外侧”钢筋与“底层内侧”钢筋等相关单元格自动变成灰色的不可修改状态；反之，填写“底层（内）外侧”相关钢筋信息，“水平分布筋”就不可修改。再录入“垂直分布筋”与“拉筋”。录入完成的墙筋信息，如图 3-48 所示。录入完成后必须单击“保存”按钮，将墙表信息保存下来。确认钢筋录入无误后，单击“布置”按钮，当前层的墙筋就按墙表布置好了。

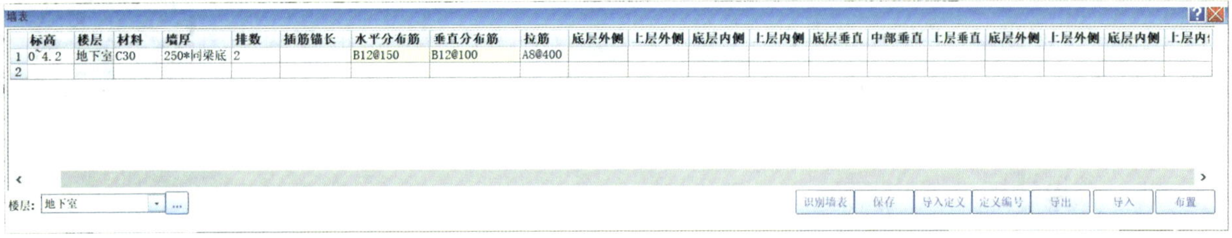

图 3-48 墙表录入完毕

（二）地下室插筋布置

按照设计要求，地下室混凝土墙筋都要插入基础中，在布置完墙筋后，单击“底层墙插筋”按钮，弹出“插筋构造”对话框，如图 3-49 所示。保持所有默认值，单击“布置”按钮，墙插筋就布置好了。如果工程中有对插筋构造设置的其他要求，则可以通过“箍筋数设置”，进入“钢筋选项”对话框，进行详细设置。

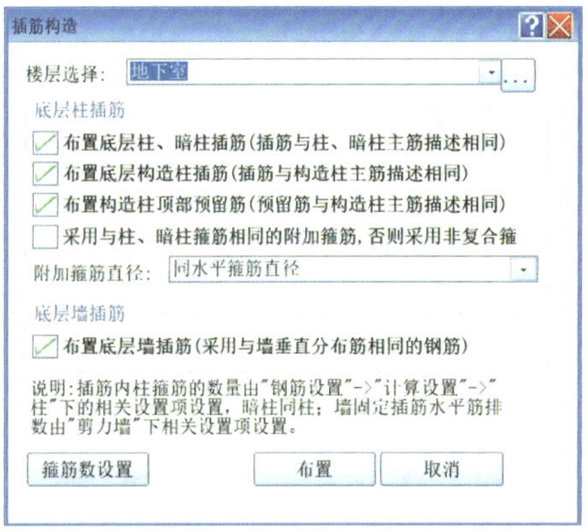

图 3-49 “插筋构造”对话框

四、地下室混凝土墙挂接做法

混凝土墙的计算项目见表 3-3，参照计算项目挂接做法。

表 3-3 混凝土墙的计算项目

构件名称	计算项目	变量名
混凝土墙	墙混凝土体积	V
	墙模板面积	S
	墙超高模板面积	SCCG

混凝土墙挂接做法如图 3-50 所示。

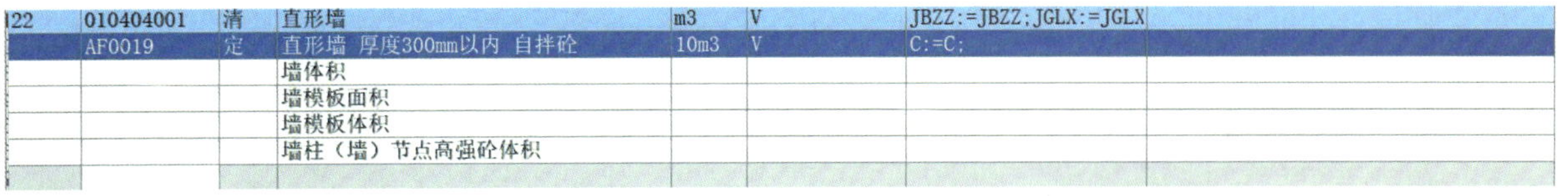

图 3-50 混凝土墙挂接做法（参考）

任务五 首层结构工程

由于地下室的模型已建立好，建立首层模型便可以利用地下室建好的内容，对首层进行快速建模。将楼层切换到“首层”，开始首层模型的创建。由于构件挂接做法的方式，在地下室中已经详细介绍，这里不再赘述。

拷贝楼层
视频讲解

一、拷贝楼层

在前面地下室建模部分，介绍了用“拷贝楼层”功能将基础层的轴网拷贝到地下室层。首层部分柱子与地下室的相同，也可以用“拷贝楼层”功能将地下室的柱子拷贝到首层。

执行“拷贝楼层”命令，在“源楼层”中选择“地下室”，在“目标楼层”中选择“首层”，在“选择构件类型”窗口勾选需要拷贝的构件：柱、轴线。对话框下方“复制做法”“复制构件”“复制钢筋”保持默认全部勾选状态，这样就可以在复制构件的同时，将做法和钢筋同时复制到目标层。拷贝楼层后的效果如图3-51所示。有时会出现“与下层位置重复”的错误提示，这是因为地下室柱子的底高设置为“同基础顶”，在复制地下室柱到首层时，属性并没有根据楼层进行调整。

通过单击快捷菜单栏中的“选择”按钮，批量选择该层所有的柱，通过“构件查询”，修改“底高度”为“同层底”，错误提示就会消失。

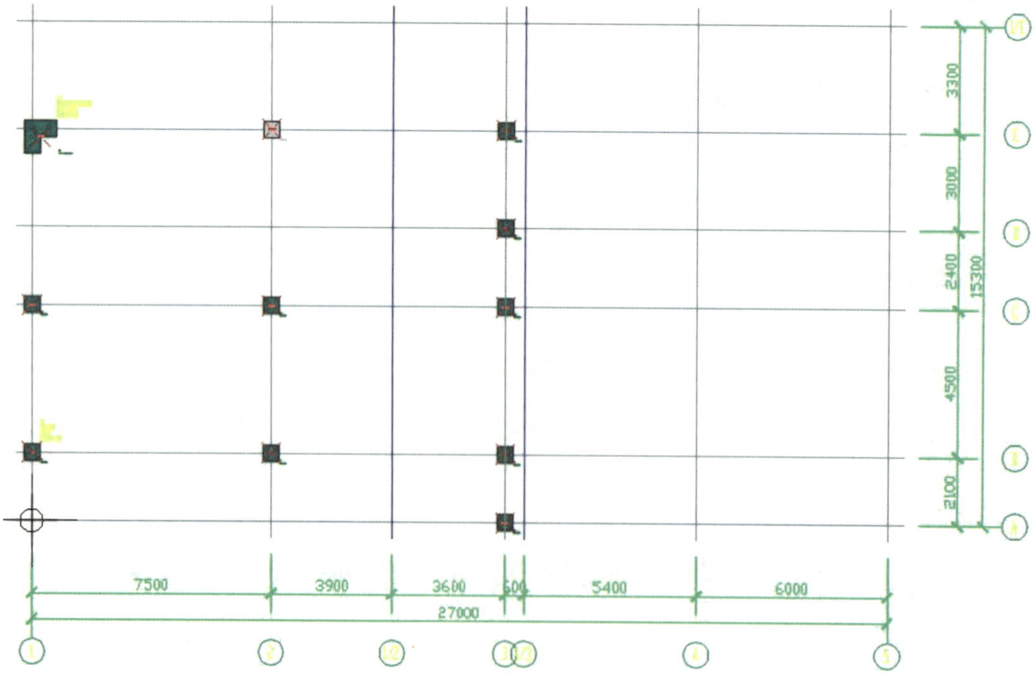

（a）整体效果

图3-51　拷贝轴网和柱之后的效果

二、首层基础

由于实例工程是一个吊脚楼，首层的基础布置在地下室层。

（一）独立基础

将楼层切换至地下室层，按照前面独立基础的布置方式，参照 G-02（基础平面布置图），布置首层的独立基础。也可以在基础层将图纸所有的基础都布置好，之后将属于首层的基础拷贝在地下室楼层，同时将基础层属于首层的基础删除。但要注意，从基础层拷贝的独立基础基底标高要根据设计图纸重新调整。

在绘图区左侧菜单栏的“基础”中选择“独基承台”，在导航器中并没有任何基础列表，需要重新建立。单击“编号”，进入“定义编号”对话框，单击对话框上方 

，弹出“楼层间编号复制”对话框，如图 3-52 所示。设置“源楼层”为“基础层”，则对话框右侧会出现基础层的独立基础列表，勾选需要的基础为 J-2、J-4、G-5、G-7，单击“确定”按钮。返回“定义编号”对话框，则在构件树中出现复制过来的独基。单击“布置”按钮，退出对话框，通过更改导航器中的底标高，布置独立基础到相应的位置。

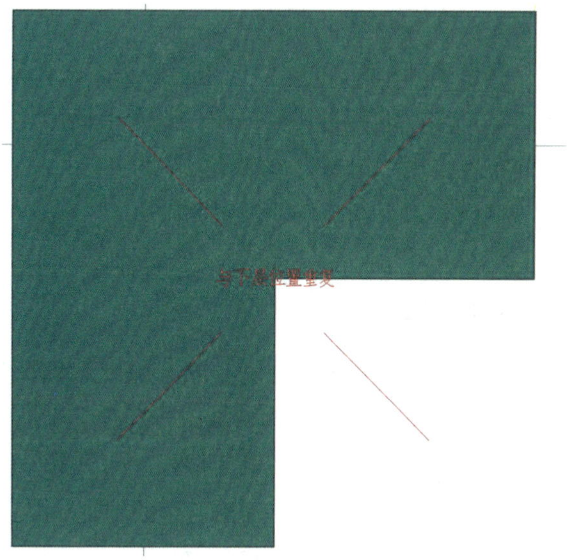

（b）位置重复的错误提示

图 3-51（续）　拷贝轴网和柱之后的效果

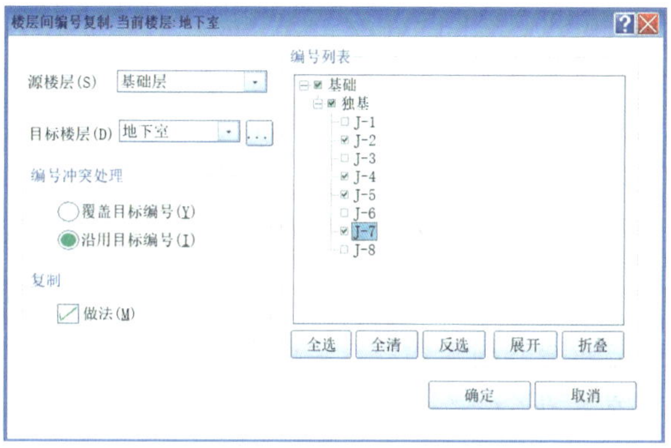

图 3-52　“楼层间编号复制”对话框

（二）基础梁

基础梁要与柱子相接才能正确计算钢筋，所以首层的基础梁应该同地下室的基础梁一样，布置在首层，在柱子构件布置完成后进行。

布置好的效果图如图 3-53 所示。

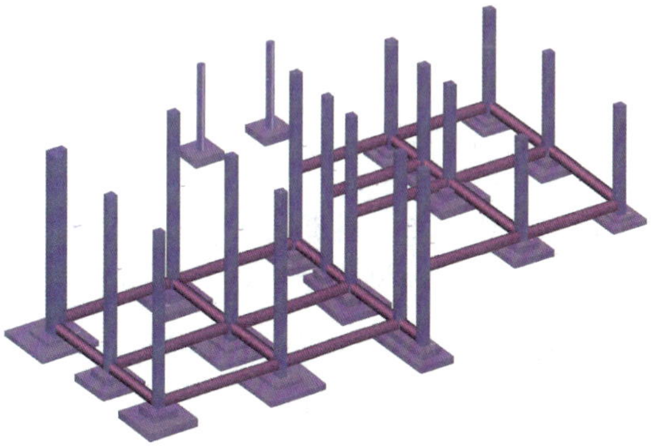

图 3-53　布置好首层基础、柱效果图

三、首层柱、梁（弧形）、板

（一）首层柱

已经通过“拷贝楼层”功能建立了首层的部分柱子，下面依据一层平面结构图，定义柱编号 Z2、Z3，并分别配筋、挂接做法。定义好后进入导航器，调整“底高”为“同基础顶”，按照施工图布置到轴网交点上即可。

（二）首层梁（弧形）

依据结施 -08（首层楼面梁结构图），在梁的“定义编号”对话框中定义好首层所有的梁编号和做法。直形梁的布置比较简单，基本上使用“手动布置”和“点选轴网布置”两种布置方法。悬挑梁的布置采用“选择梁布悬挑梁”的方式，按一定的悬挑长度布置连续梁的悬挑段。

下面着重介绍弧形梁的布置方法。

1. 绘制辅轴

依据施工图，弧形梁中心线左端与 2 轴的距离是 1 303 mm，右端与 4 轴的距离是 2 811 mm，可以按照这些数据画两条辅助轴线。选择“轴网”菜单中功能菜单栏里的“平行辅轴”功能，根据任务栏的提示，选择 2 轴右侧为偏移方向，输入偏移距离 1 303，用鼠标右键确认后，按 <Esc> 键退出即可。再用相同的方法，画出右边的辅轴。

在“平行辅轴”右侧的下拉菜单中，选择“绘制轴线”，根据命令栏提示操作，绘制弧形梁的轴线。具体命令如下。

请输入线段起点：（选择 1/3 辅轴与 E 轴交点为起点）

请输入下一点 <退出> 或 [圆弧上点（A）/ 半径（R）/ 平行（P）]：（输入 A）

请输入弧线上的点 <退出> 或 [直线（L）/ 半径（R）]：（选择 1/2 辅轴与 E 轴交点为弧线上的点）

请输入圆弧的终点 <退出> 或 [直线（L）/ 圆弧上点（A）/ 半径（R）]：（输入 R）

请输入半径 <退出> 或 [直线（L）/ 圆弧上点（A）]：（根据可看到弧半径为 4 700）

请输入圆弧的终点 <退出> 或 [直线（L）/ 圆弧上点（A）/ 半径（R）]：（选择 1/2 辅轴与 E 轴交点为弧线的终点）

输入编号：（不需要输入编号，直接按 <Enter> 键结束命令，圆弧辅轴就绘制好了）

2. 弧形梁布置

绘制好辅轴后，便可以布置弧形梁了。执行梁体布置命令，选择编号 L3，用“手动布置”方法，按照下面的命令操作。

输入直线起点 <退出> 或 [三点弧梁（V13）/ 绘制折梁（O）/ 框选轴网（K）/ 选轴画梁（D）/ 选墙布置（N）/ 选线布置（Y）/ 加腋梁选梁布置（I）/ 加腋梁选墙布置（G）/ 选梁画悬挑（J）/ 画纯悬挑梁（Q）]：（选择三点弧梁）

输入弧线起点 <退出> 或 [直线画梁（V12）/ 绘制折梁（O）/ 框选轴网（K）/ 选轴画梁（D）/ 选墙布置（N）/ 选线布置（Y）/ 加腋梁选梁布置（I）/ 加腋梁选墙布置（G）/ 选梁画悬挑（J）/ 画纯悬挑梁（Q）]：（选择选择 1/3 辅轴与 E 轴交点为起点）

请输入弧线上的点 <退出> 或 [直线（L）]：（选择弧上任意一点）

请输入弧线的终点 <退出> 或 [直线（L）]：（选择 1/2 辅轴与 E 轴交点为弧线的终点）

绘制好弧形梁以后，辅助轴线可删除。首层梁效果如图 3-54 所示。

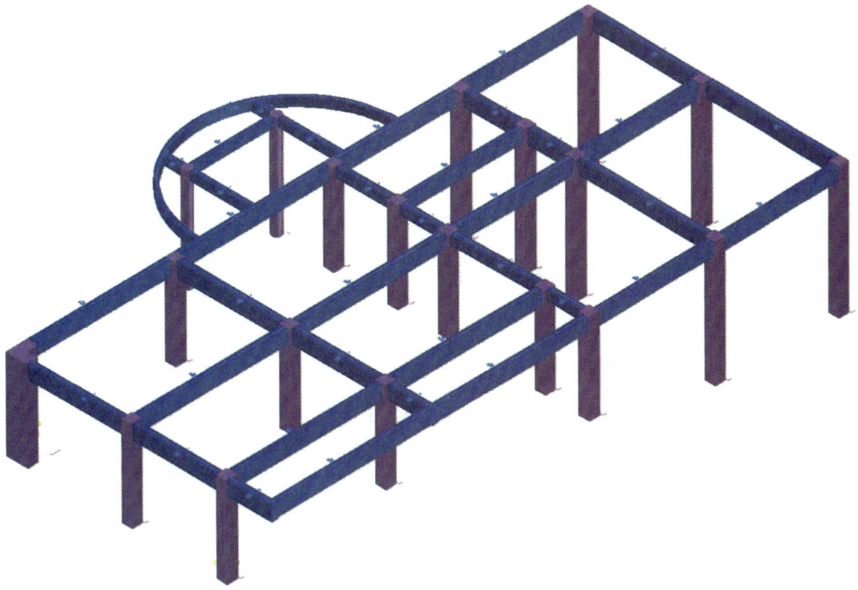

图 3-54　首层梁效果图

（三）首层板

在布置板之前，先将图上不需要显示的构件和轴网隐藏起来，只留下柱和梁。依据结构图纸，分别建立板厚为 150、120、110 的三个板编号。在定义完属性与做法后，进入导航器。用“点选内部生成”的智能布置方式，完成板的布置。

> 温馨提示
>
> 布置板时，可以将中间构件如柱、梁等隐藏起来布置一块大板，板中遇梁、柱等构件时，软件会自动扣减。

四、首层钢筋布置

（一）柱筋布置

参照地下室柱筋的布置方法，使用“钢筋布置”功能布置首层柱筋。

（二）梁筋布置

在实例工程中，楼层梁体构件可分为框架梁和非框架梁（普通梁），其钢筋布置与地下室梁体布置相同，可参照布置。

单击功能栏中的“钢筋布置”按钮，按照任务框的提示，任意选择一条梁，激活梁筋布置，弹出“梁筋布置”对话框。

在界面中选择要布置钢筋的梁，这里以 E 轴上的 KL7 为例，KL7 是四跨连续梁。

1. 集中标注的录入

依据一层楼面梁结构图，分别录入集中标注的箍筋和面筋。

2. 原位标注的录入

（1）支座负筋的录入

在各跨分别录入“2B22 + 2B20”的左支座筋和右支座筋。接下来录入第 2 跨的原位标注钢筋。

（2）吊筋和节点加密箍筋的录入

除了梁底直筋和右支座筋外，第 2 跨上还有 2 处吊筋，可以用“；”或“/”隔开两个吊筋描述，即在“2”行“吊筋”列录入“2B22/2B20”。录入第 3 跨和第 4 跨上的原位标注钢筋。KL7 的梁筋录入如图 3-55 所示。

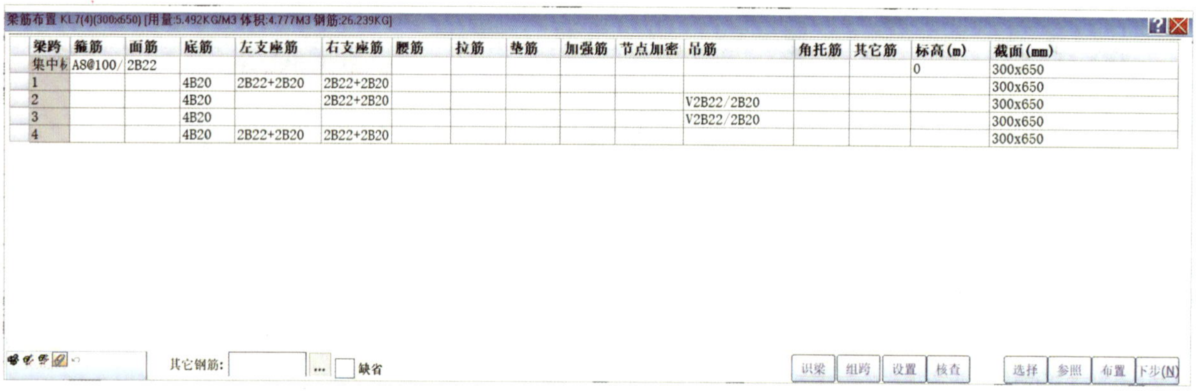
梁筋布置 KL7(4)(300x650) [用量:5.492KG/M3 体积:4.777M3 钢筋:26.239KG]

梁跨	箍筋	面筋	底筋	左支座筋	右支座筋	腰筋	拉筋	垫筋	加强筋	节点加密	吊筋	角托筋	其它筋	标高(m)	截面(mm)
集中标	A8@100/	2B22												0	300x650
1			4B20	2B22+2B20	2B22+2B20										300x650
2			4B20		2B22+2B20						V2B22/2B20				300x650
3			4B20								V2B22/2B20				300x650
4			4B20	2B22+2B20	2B22+2B20										300x650

图 3-55　梁筋录入

单击“梁筋布置”对话框右下角的“下一步”按钮，会看到“节点加密”列自动出现了钢筋描述，如图 3-56 所示。

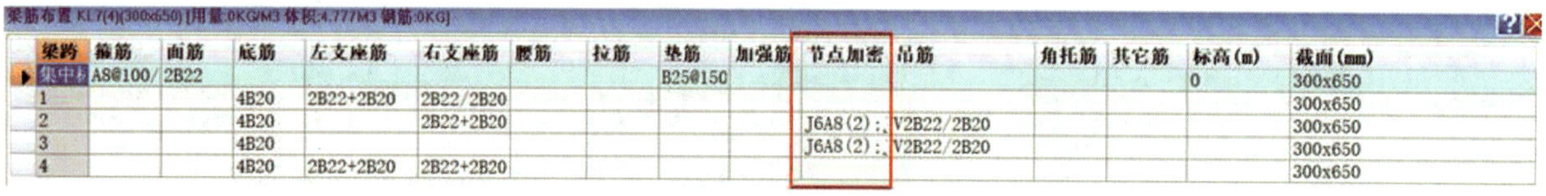
梁筋布置 KL7(4)(300x650) [用量:0KG/M3 体积:4.777M3 钢筋:0KG]

梁跨	箍筋	面筋	底筋	左支座筋	右支座筋	腰筋	拉筋	垫筋	加强筋	节点加密	吊筋	角托筋	其它筋	标高(m)	截面(mm)
集中标	A8@100/	2B22						B25@150						0	300x650
1			4B20	2B22+2B20	2B22/2B20										300x650
2			4B20		2B22+2B20					J6A8(2):.	V2B22/2B20				300x650
3			4B20							J6A8(2):.	V2B22/2B20				300x650
4			4B20	2B22+2B20	2B22+2B20										300x650

图 3-56　“节点加密”自动生成

在软件中，吊筋和节点加密箍筋等都属于加强筋，因此也可以将其录入“加强筋”列中。录入吊筋时，应根据平法规则在钢筋描述前加上吊筋代号“V”，即录入“V2B22/V2B20”。单击“下一步”按钮，除“节点加密”列自动出现了钢筋描述外，选择“加强筋”，在钢筋详细中可看到软件自动指定钢筋名称为“吊筋”，同学们可以自行尝试。

核对钢筋明细无误后，单击“布置”按钮，梁钢筋就布置到 KL7 上了，并且用平法标注显示在梁上。

3. 弧形雨篷梁抗扭腰筋录入

弧形雨篷梁抗扭腰筋需要录入钢筋对话框的“腰筋”列中，拉筋由软件自动生成。录入完腰筋后，单击“下一步”按钮，软件便会自动给腰筋配上拉筋，且拉筋的直径和间距均按规范生成。自动生成拉筋的相关设置选项在“钢筋选项”的“识别设置”页面中可以找到，可以根据需要调整拉筋的直径和间距。

4. 腰筋的自动生成

在布置梁筋之前，应先完成钢筋设置，单击对话框中的“设置”按钮，弹出“钢筋选项”对话框，进入“识别设置”，如图3-57所示。在这里可以设置自动布置腰筋的条件、默认的腰筋等条件，应将“自动布置构造腰筋”设置为“自动布置”，并设置好腰筋与拉筋的描述以及腰筋排数等，这里的默认值均是按规范设置的。如果没有布置板，或者布置板后没有执行梁的工程量分析，软件会取梁的截高作为梁净高，以此为条件布置的腰筋是不正确的，因此在不满足上述条件的情况下，不能设置腰筋的自动布置，需要另行处理。

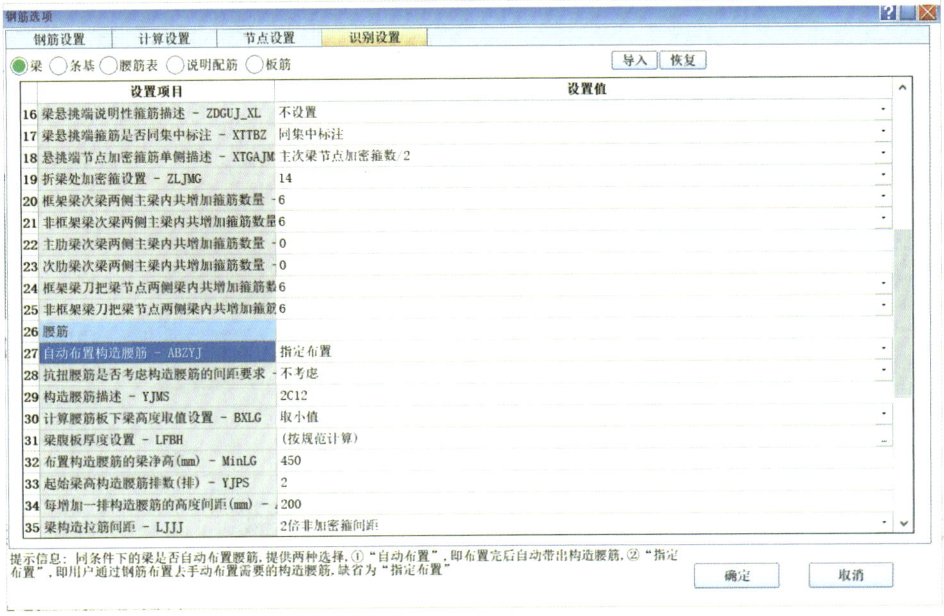

图3-57 “识别设置”界面

> **温馨提示**
>
> 梁钢筋遵循同编号布置原则，因此对于相同编号的梁，其各个梁跨应该相对应，尤其是镜像布置的梁。如果梁跨号错误，则该梁上的钢筋也会计算错误，因此不论是手工布置梁钢筋，还是自动识别梁钢筋，都应先核查梁跨号是否正确，调整好梁跨号后，再布置梁钢筋。梁跨的调整可以用“工具”菜单下的“跨段组合”功能来完成。
>
> 要正确设置梁的结构类型，区分框架梁和普通梁。在布置梁钢筋时，普通梁的钢筋会锚入框架梁内，如果框架梁错设置成普通梁，将取不到锚固值。
>
> 自动布置梁腰筋的前提条件是已经布置了板，这样软件才能取到正确的梁净高，否则软件会取梁截高作为自动布置腰筋的起始梁高。梁腰筋还可以用“自动钢筋”中的“腰筋调整”来布置或调整，具体操作方法见识别梁筋章节。
>
> 录入钢筋描述时，标点符号必须是半角的，全角的符号软件不支持。

（三）板筋布置

板筋布置可以参照地下室板筋布置方法进行。这里着重介绍雨篷的异形板。

雨篷的半圆形板，其底筋、面筋双向都是“A8@120”的描述，布置时可以用“双层筋”的布置方式。首先在“编号管理”内将钢筋编号和描述定义好，也可以直接在面筋描述和底筋描述栏内设置，实例“A8@120”描述只用在半圆板处，所以这里直接在钢筋描述栏内定义进行布置了。

单击“钢筋布置”，按照命令栏提示，任选一块儿板，调出“布置板筋”对话框。“板筋类型”选择“双层筋”，“布置方式”选择“选板双向”，定义结果如图 3-58 所示。定义好后，不退出对话框，按照命令栏提示，光标放在需布置板筋的板上，单击鼠标右键，钢筋就布置到板上了，而且钢筋会按照板的轮廓形状自动填充在板内。选中钢筋，在右键菜单中选择“所有明细”，显示的钢筋效果如图 3-59 所示。

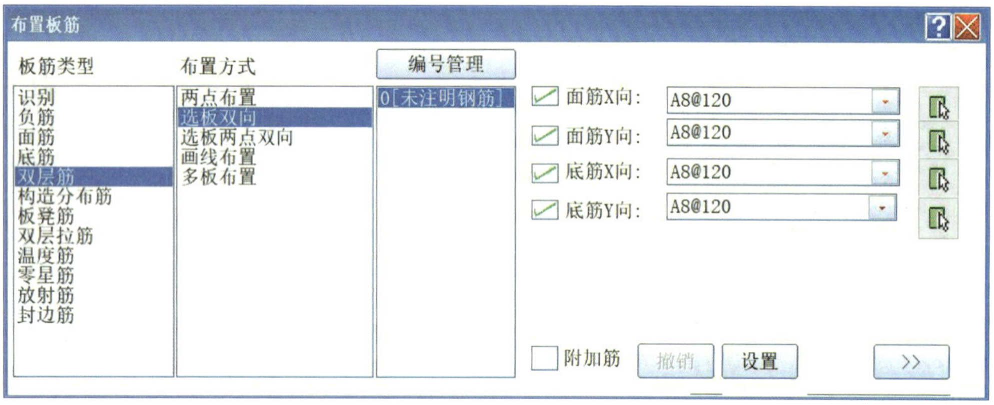

图 3-58 半圆雨篷板“双层筋”定义

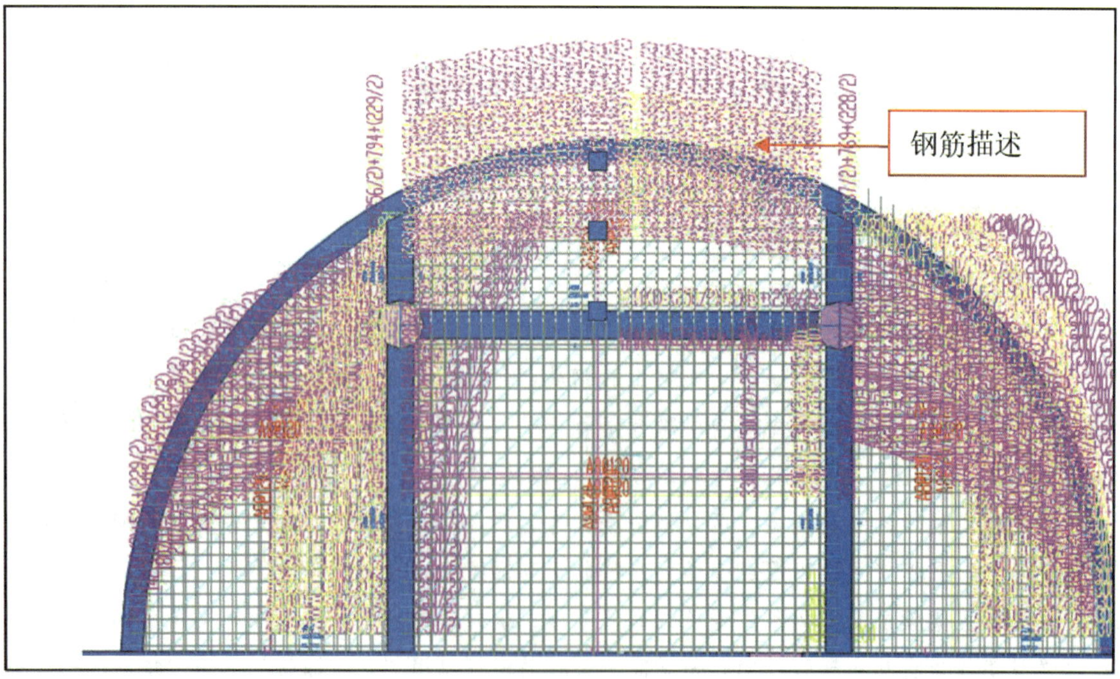

图 3-59 异形板双层筋布置效果

根据实例结施-06中“雨篷配筋图”详图，如图3-60所示，其圆雨篷板的面筋要向下弯折一个920－2×15[保护层]＝890 mm的长度，可以用“调整钢筋”的功能，将需要拉长的钢筋进行拉长。用多义线（命令：PL）将拉长的边沿绘制在图中，用“明细开关”功能将“Y”方向的板面筋显示在界面中，光标选中显示的钢筋线条后单击鼠标右键，在弹出的右键菜单中选择“调整钢筋”功能，弹出“钢筋线条编辑”对话框，如图3-61所示。单击对话框中“对齐到多义线”按钮，按命令栏提示，执行命令栏内的“选取多义线（P）”，光标至界面中单击已经绘制的钢筋边沿线后单击鼠标右键，所有钢筋线就会伸到轮廓线边沿，效果如图3-62所示。

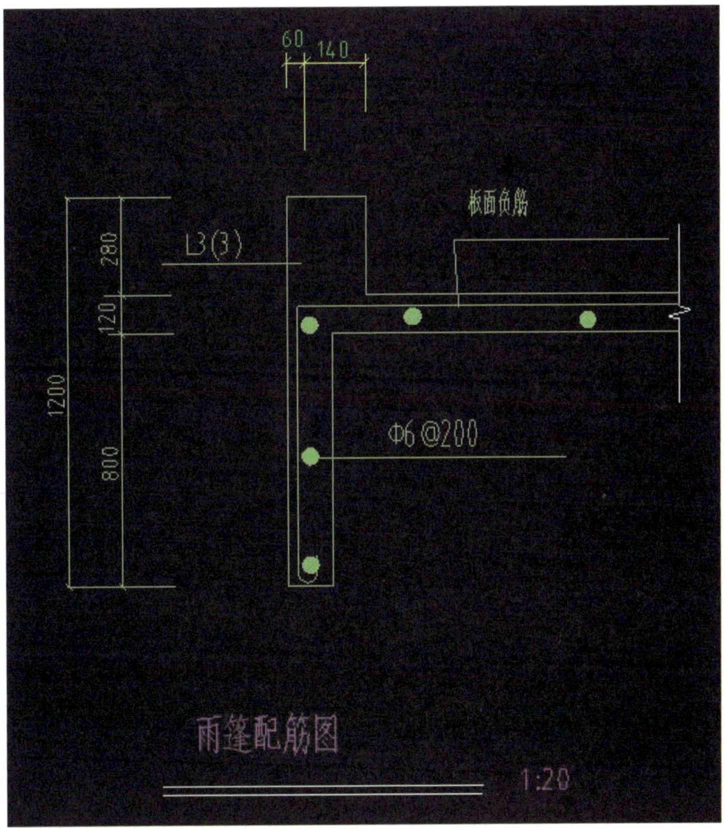

图3-60　雨篷配筋图

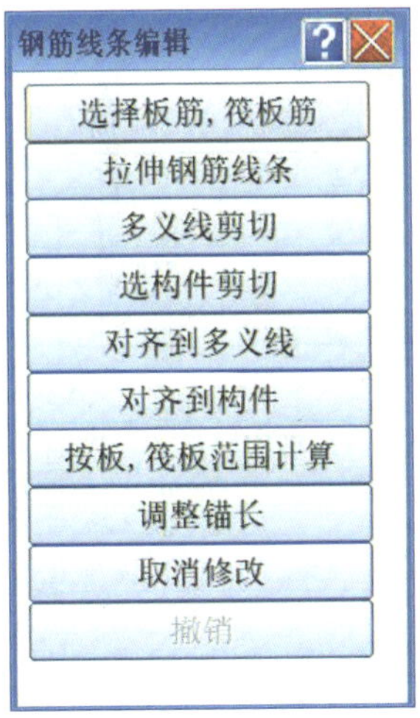

图3-61　“钢筋线条编辑”对话框

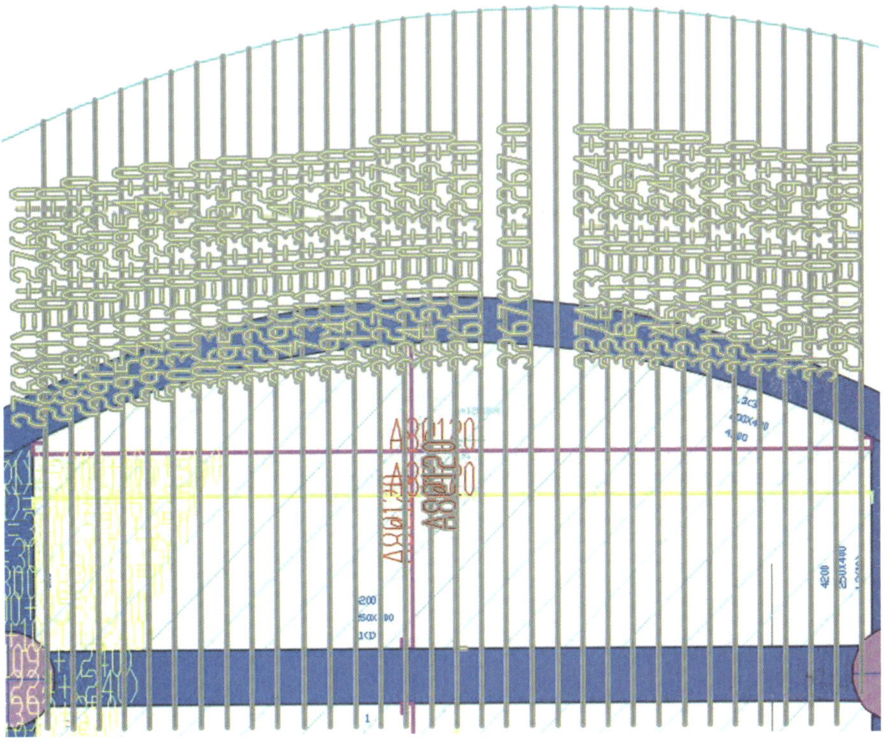
图3-62　将钢筋拉长后的效果

任务六 二、三层结构工程

在首层模型的基础上可以快速建立二、三层的建筑模型。由于三层的模型与二层的完全相同，因此可以先建二层的建筑模型，然后将二层的模型拷贝到三层即可。下面仅介绍二层建筑模型的建立。

先将楼层切换到“第二层”，然后执行“拷贝楼层”命令，选择首层为“源楼层”，选择第二层为“目标楼层”，然后在右边的构件类型窗口中选择轴网、柱、梁、墙和板，勾选“复制做法”，单击“确定”按钮，首层的模型就拷贝过来了。

参照 G-06 二、三层结构平面图，将拷贝过来的雨篷删除，再删除与施工图不符的板、梁。首层有部分柱子和墙的底面伸到基础顶，而拷贝到二层后，这部分柱子和墙下就没有基础了，通过“构件查询”调整底高。虽然二层与三层的层高不同，但由于柱、梁、板等构件的顶高都默认为“同层高”，因此软件会根据楼层表中的层高自动更新构件的楼层顶高，如果刚拷贝上来时发现构件高度没有调整，可以使用“视图”菜单下的“高度自调”功能来调整构件高度。调整后的二层模型如图 3-63 所示。

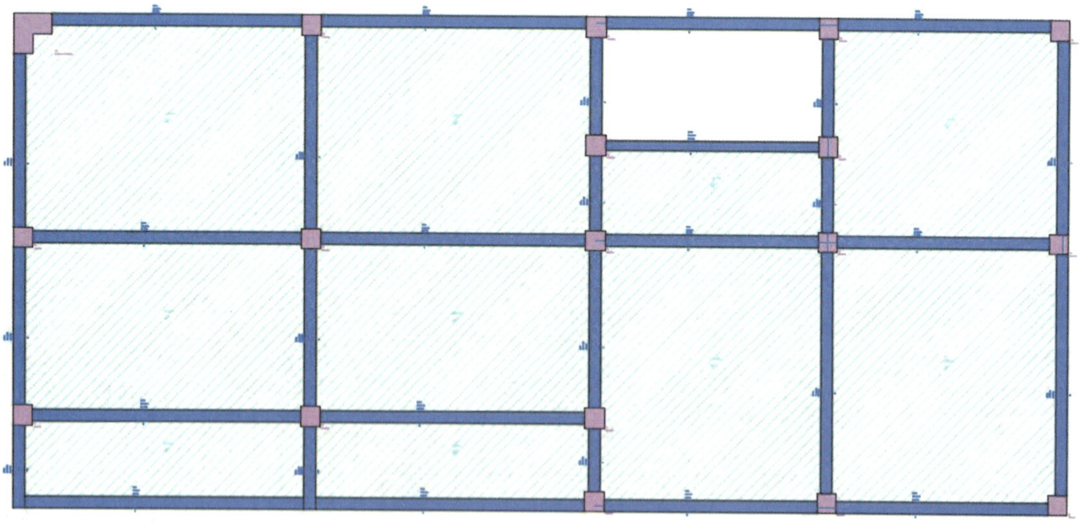

图 3-63 二层模型

任务七 顶层结构工程

一、柱构件截面尺寸修改

将楼层切换到“出屋顶层”，用“拷贝楼层”功能，将三层的轴网和柱子拷贝到顶层，然后按照结施 -16（出屋顶楼层柱结构平面图），删除多余的柱构件。按照施工图要求，顶层的柱子截面尺寸为 400 mm × 500 mm，而拷贝过来的柱子都是 500 mm × 500 mm 的截面，此时可使用构件菜单下导航器中的“编号”，进入“定义编号”对话框，对柱子的截面进行修改。

二、坡屋顶布置

布置屋面板在屋面布置之前或之后都可以进行，为了方便观察坡屋面的布置情况，实例是将屋面布置在屋面板之前。

（一）屋面布置

1. 绘制辅助线

参考建施 -05（坡屋顶平面图），在布置坡屋面之前，先做一下准备工作，在已经布置好的梁墙构件中，将坡屋面的边沿线、脊线和斜脊线等图形用 CAD 绘制到界面中，便于后面布置坡屋面时按照绘制的线条描画。图形绘制好后就可以进行坡屋面布置了。

2. 绘制坡屋面

在菜单栏“装饰”中选择“屋面”，根据建筑说明上的“屋 2”定义屋面编号，在“定义编号”对话框中定义已知参数，其余选项保持默认，如图 3-64 所示。设置完成后，单击“布置”按钮退出对话框，在任务栏中提示“点内部生成 < 退出 > 或 [矩形布置（B）/ 手动布置（D）/ 手画坡屋面（N）/ 角度布置（O）/ 选墙布置（K）/ 选板布置（Q）]”，选择手画坡屋面，光标先沿着坡屋面的外轮廓线描画一圈，封闭后单击鼠标右键；根据命令栏提示绘制屋顶的脊线，完了再次单击鼠标右键；按命令栏提示将坡屋面的阴阳角斜脊线绘制出来，单击鼠标右键之后弹出“屋面高度设置”对话框，如图 3-65 所示。对话框中选择“绝对标高”，根据图纸“脊线高”为“20.500”，边线高为“18.000”，设置完成后，单击“确定”按钮，屋面就生成了，其效果如图 3-66 所示。

温馨提示

绘制脊线、斜脊线时，当线没有绘制完之前不要单击鼠标右键，一条斜脊线默认起点与终点，终点绘制完，可以接着绘制下一条斜脊线，直到斜脊线绘制完毕时才可以单击鼠标右键。

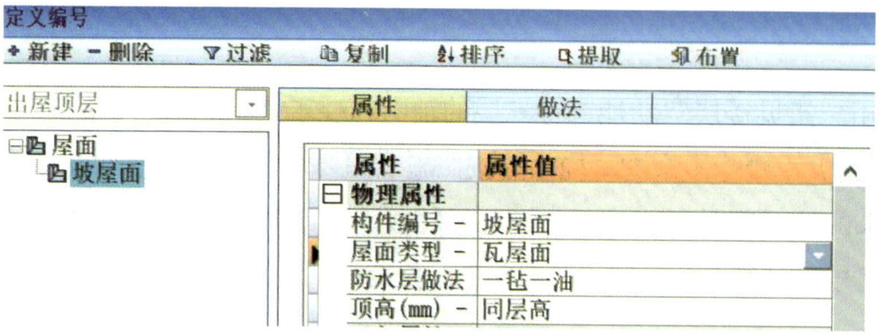

图 3-64 坡屋面定义参数

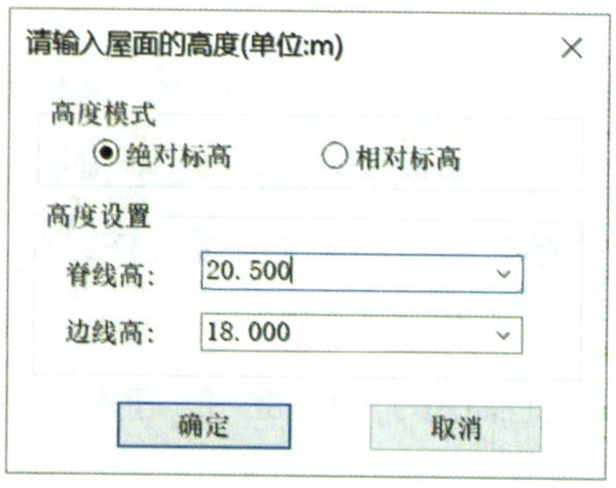

图 3-65 屋面高度设置

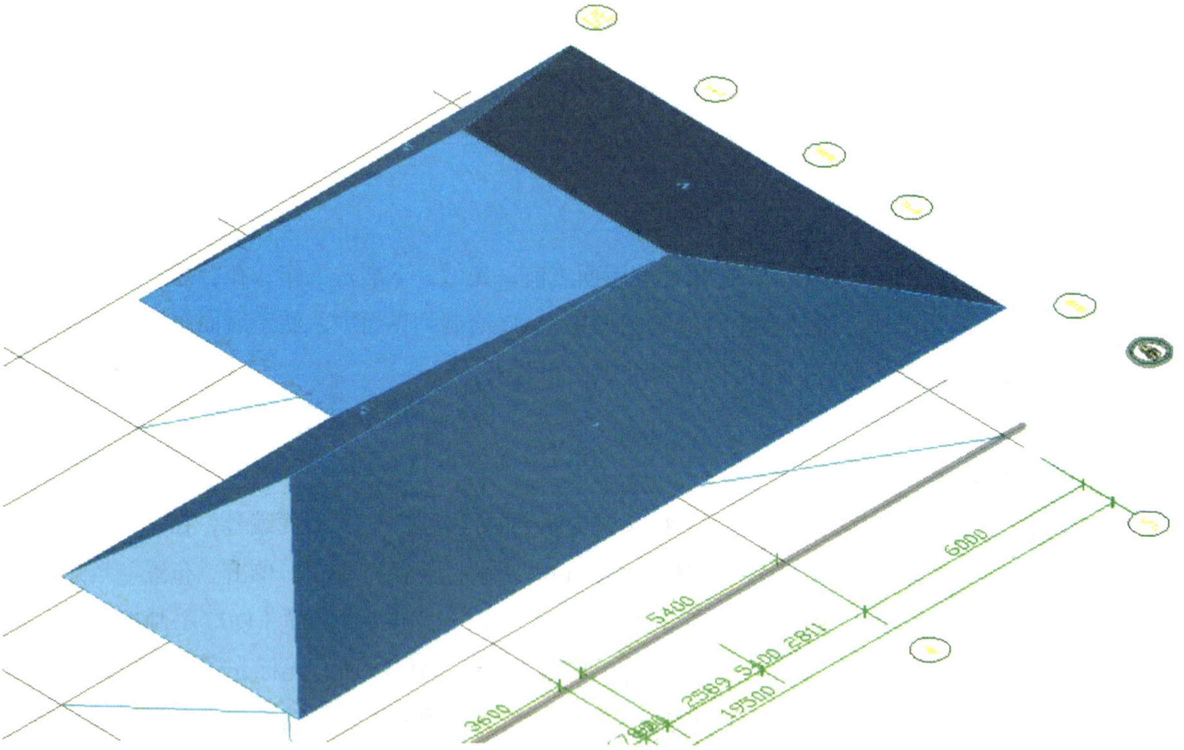

图 3-66 坡屋面效果图

屋面输出的内容有“屋面面积”和“脊线长（包括斜脊线）”。由于屋面脊线在定额中要另列项目计算，而软件默认只是输出屋顶的平脊线，所以在给脊线挂接做法时应该将属性中的斜脊线加入计算表达式中。对于屋面有保温层的做法挂接，保温层的单位一般为立方米，可以用屋面面积乘以保温层厚度组合计算式。

（二）屋面板布置

屋面布置完成之后，接着布置屋面板。

首先在菜单栏“板体”中选择“现浇板”，调出板的“定义编号”对话框，定义屋面板编号，设置“结构类型”为“屋面板”，“砼强度等级”为“C30”，“板顶高”为“同屋面”，“板厚”为“120”，如图 3-67 所示。计算项目参照地下室楼板章节。

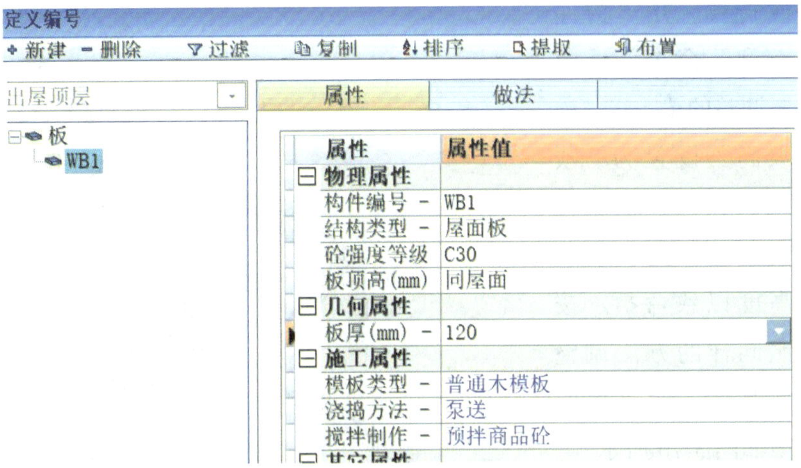

图 3-67 屋面板定义属性

主界面进入板布置，首先将界面上所有图形和构件都隐藏，只留下屋面，选择“智能布置”功能，在每块屋面区域内单击生成屋面板，布置的所有屋面板就会自动调整到与屋面一样的斜度和高度。其三维效果如图 3-68 所示。

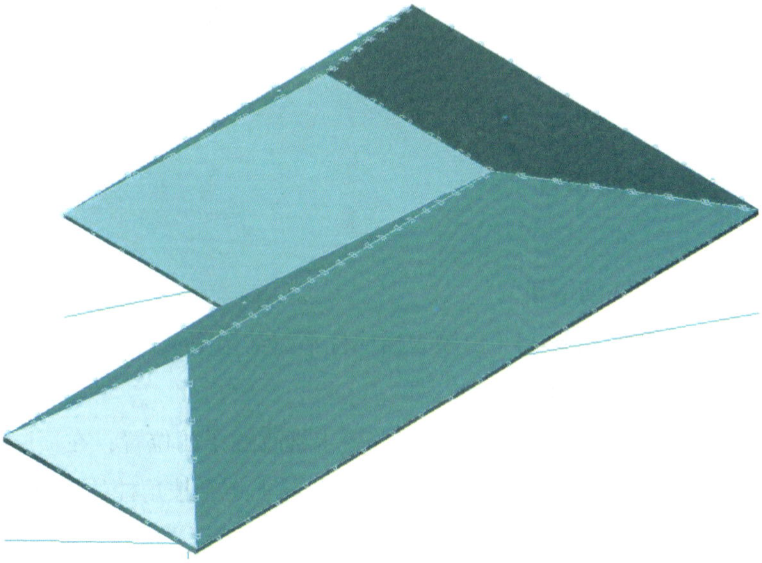

图 3-68 屋面板布置效果图

三、折梁编辑

（一）梁构件布置

根据结施 -11（屋面梁结构图）定义梁的编号，然后采用“手动布置”的方式在图上绘制，注意边梁要与柱外边平齐。布置完的效果如图 3-69 所示。

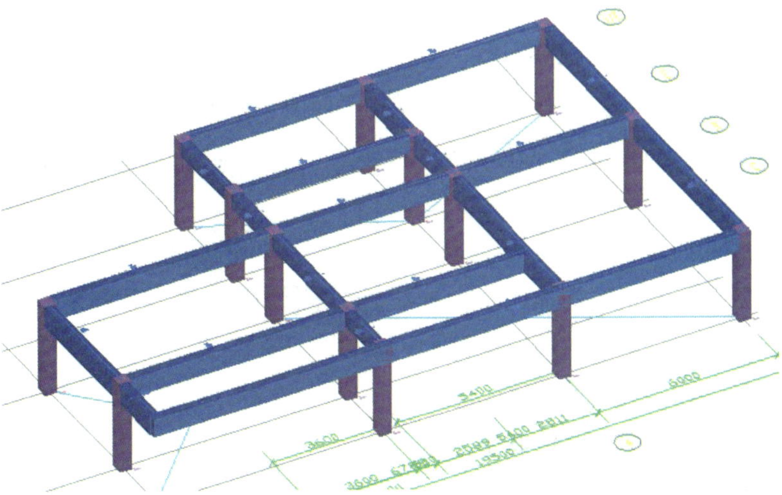

图 3-69 顶层梁布置图

（二）折梁编辑

前面布置的屋面梁都是平的并且同层高。实际上有些屋顶层梁是斜的，要与屋面和斜板结构相适应，这里需要对梁进行编辑调整，使之变成斜梁或折梁。用“构件查询”命令，选中要调整的梁，将“梁顶高”设置为“顶同板顶”，就能自动调整梁的斜度和高度以致弯折。按照同样的方法调整柱高度，调整后的梁如图 3-70 所示。

梁钢筋的布置按照地下室或首层梁筋布置方式即可。

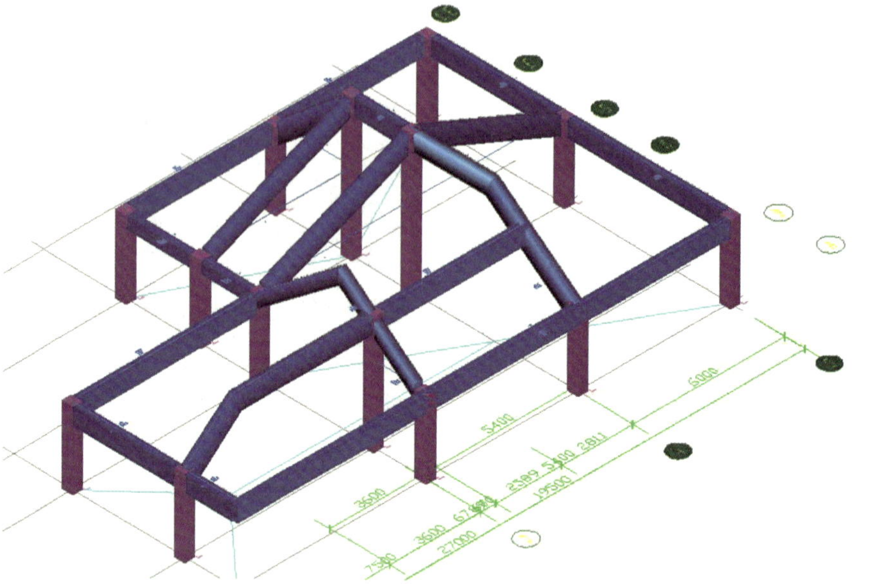

图 3-70 折梁编辑

四、钢筋布置

（一）柱筋编辑

参考图纸结施 -14（出屋顶楼层柱平面结构图）顶层柱的钢筋构造有特殊要求，如边柱和角柱的外侧纵筋需锚入梁内等。

执行“钢筋布置”命令，按照要求修改柱子的位置，在顶层中，Z1 的平面位置有角柱，也有边柱，如果按角柱布置钢筋，则同编号的边柱上也会按角柱的钢筋计算，得出的钢筋工程量是不正确的。这个问题可以通过修改柱子编号来处理，即在“定义编号”对话框新建一个边柱的编号“Z1- 角”（可以在 Z1 编号节点上选择新建），使其与 Z1 的属性完全相同，然后在“构件查询”中将所有编号为 Z1 的边柱的编号改成“Z1-B”，再单独给 Z1-B 编号布置顶层边柱的钢筋即可。

（二）屋面板筋布置

依据施工图结施 -07（屋面结构平面图），顶层的斜屋面板配置双层双向钢筋。执行“钢筋布置”命令，在“布置钢筋”对话框中，选择“板筋类型”为“双层筋”，然后选择合适的板筋编号或录入板面筋和板底筋描述，如图 3-71 所示。本层的屋面板配筋相同，因此分别再点选各块斜板内部，双层双向钢筋就会自动按板边界布置到图面上了。

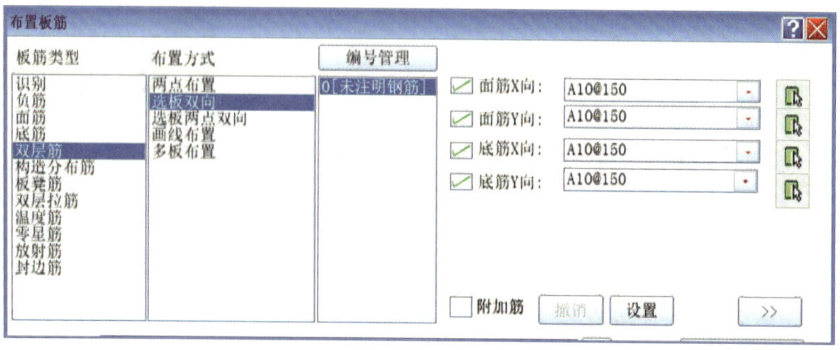

图 3-71 屋面板筋设置

打开板筋的明细线条显示，切换到三维视图查看板筋，如图 3-72 所示。从图上可以看出，板筋明细线条是沿着板边界分布的。

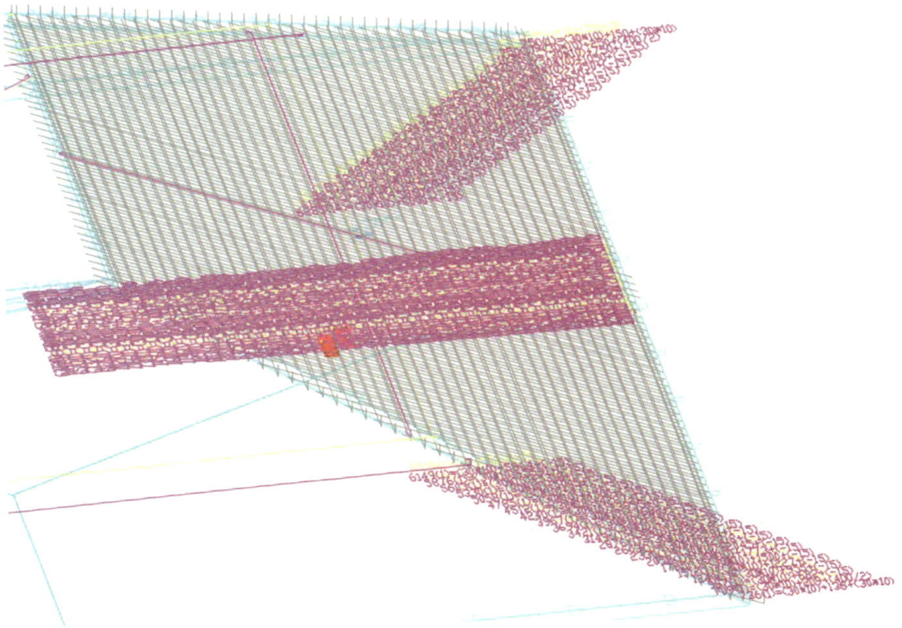

图 3-72　斜屋面板筋明细

通过多层组合，观察实例工程结构部分的效果图，如图 3-73 所示。

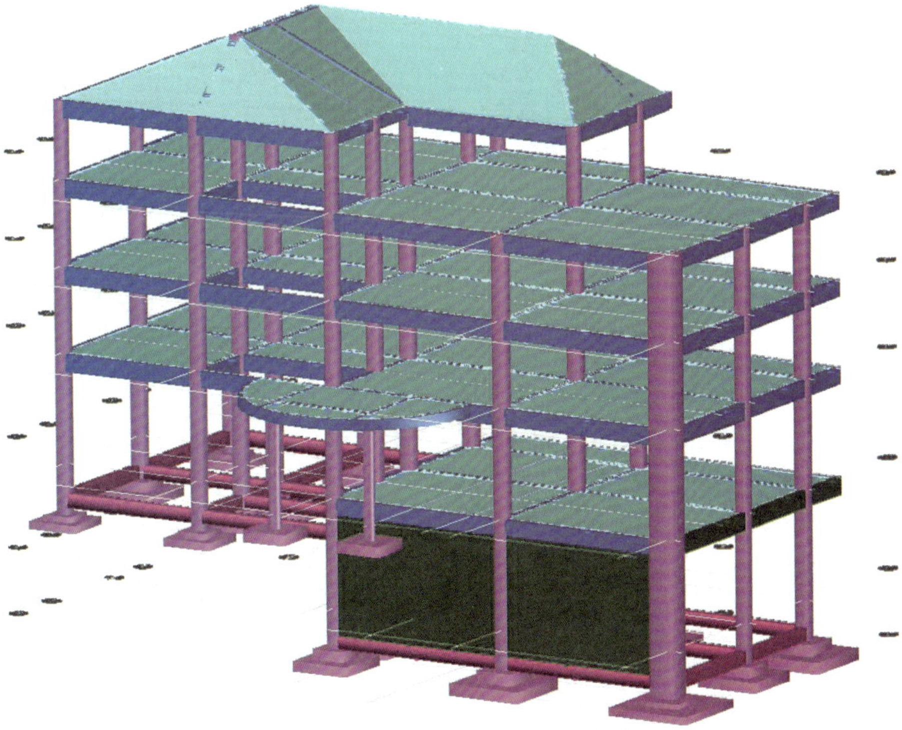

图 3-73　实例工程结构部分效果图

项目四　围护工程量计算

XIANGMUSI WEIHU GONGCHENGLIANG JISUAN

本项目围绕砌体墙工程和门窗洞口进行布置和处理。仍然按照楼层自下而上完成工程量计算。砌体墙中注意外墙、内墙之分以及墙体填充材料的设置。门窗除普通门窗的尺寸和布置高度之外，还要掌握飘窗和老虎窗的布置方式。通过本项目的学习，学生可以提升辨识砌体工程和门窗构造的能力，以及修正解决构件布置问题的能力，培养知行统一的职业道德。

任务一　砌体

首先将楼层切换至首层，砌体工程按照楼层自下而上完成工程量的计算。地下室砌筑墙体参照首层进行布置。

一、砌体墙的属性设置

在“墙体”菜单中选择“砌体墙”，在“定义编号”对话框中对砌体墙属性进行定义。

由于工程设置“建筑说明”中已对砌体材料和砂浆材料进行了设置，因此在砌体墙“定义编号”对话框中，无须对这两项内容进行额外处理。通常同一个工程，砌体墙构件之间的差异主要是厚度的差别，因此在新建砌体墙的构件编号时，可以参照现浇板定义方法，布置构件时在导航器中进行“厚度”的调整，用以区分不同厚度的砌体墙。同学们可自行尝试。

从建施 -02（建筑一层平面图）可以看出，一层的墙体共有三种厚度：120 mm、180 mm、300 mm，按这三种墙厚，分别定义三个砌体墙编号，材料为“空心砖”。做法参照地下室墙体的计算项目挂接。

二、砌体墙的图元布置

布置之前，用“显示”功能隐藏板构件，同时修改砌体墙的“底高（mm）”和“平面位置”。需要注意的是，由于砌体墙的作用是填充框架的空隙，特别是上下梁体之间的空隙，因此在地梁顶部上的外墙需要向下延伸到地梁顶部，而其余砌体墙的底高位于本层层底即可。

（一）布置外墙

外墙厚均为 300 mm，且有③～⑤轴间部分墙体需要延伸到基础顶，注意调整墙体底高为“同基础顶”。使用“手动布置”的方式，选择“上边”为定位点，在导航器中设置“平面位置”为“外墙”，“高度”为“同梁底”，以轴线交点为参考点，画出所有外墙。

（二）布置内墙

布置墙厚为 180 mm 的内墙，可以用“选梁布置”的方式，将 C 轴和 3 轴、D 轴上在梁下的内墙快速地绘制出来，然后用“手动布置”的方式，将高度改成“同板底”，绘制出其他直接到板底的墙段。用同样的方法，布置 120 mm 厚的墙，这样首层的墙体就布置好了。

温馨提示

在实例工程中，内墙在平面图中的位置有一部分与轴线间存在距离标注，但也有一部分没有任何具体位置的距离标注。对于没有距离标注的，应先测量出它与最近轴线的距离。纸质图纸需要利用比例尺量取它的距离，而电子版图纸需用到软件中的标注距离或测量距离的功能(如 AutoCAD 中的标注命令 dli 和测量距离命令 dist 均可量出所需距离）。有了相对位置距离的数据后，就可以绘制对应位置的辅助线，进而布置内墙构件了。

砌体墙布置完成后的效果图，如图 4-1 所示。

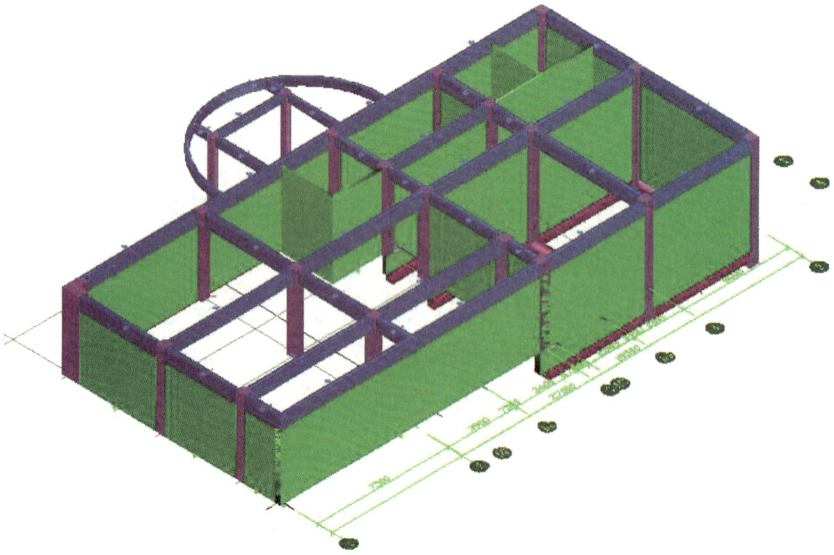

图 4-1 首层砌体墙布置完成后的效果图

（三）布置女儿墙

根据建施－04（出屋顶楼层平面图），女儿墙为厚 240 mm、高 1 120 mm 的砌体墙。在“砌体墙”中新建一个墙编号，将其定义为“女儿墙”。

用“手动布置”的方式，切换定位点，女儿墙与柱外边缘对齐，调整墙位置为“外墙”，以 3 轴的柱子端点为起点，绘制出女儿墙，如图 4-2 所示。

> 温馨提示
>
> 为了使女儿墙与 3 层的外墙平齐，在绘制女儿墙之前，建议先分别绘制偏移 1 轴 200 mm 和偏移 A 轴 250 mm 的两条辅助轴线。

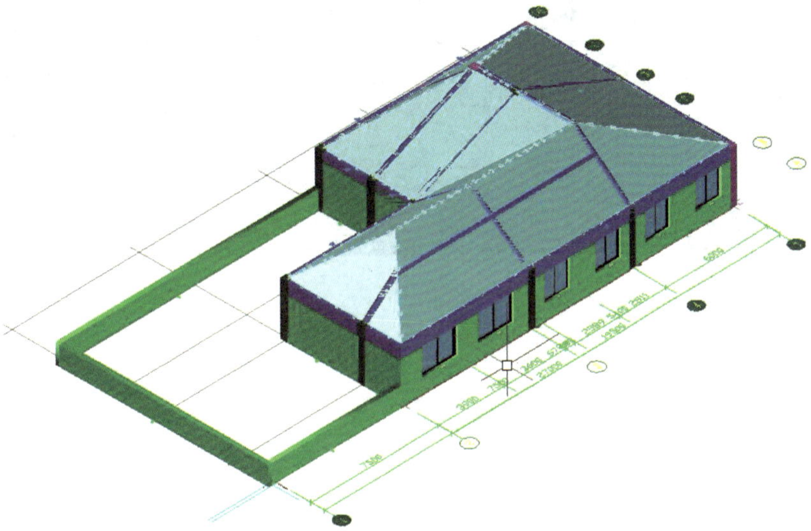

图 4-2　女儿墙布置效果图

三、砌体加筋

按照实例工程结构设计说明，砌体墙与混凝土构件的连接处应设拉结筋。在软件中，砌体墙拉结筋采用自动布置的方式实现。

在任务栏中选择“自动砌体拉结筋”，弹出“布置楼层砌体墙拉结筋”对话框，如图 4-3 所示。由于墙厚最宽为 300 mm，则可设置“0＜＝墙宽＜500”，拉结筋描述为“A6@500”，排数为“2”，单击“布置”按钮，拉结筋就会自动布置到砌体墙与混凝土构件的连接处。

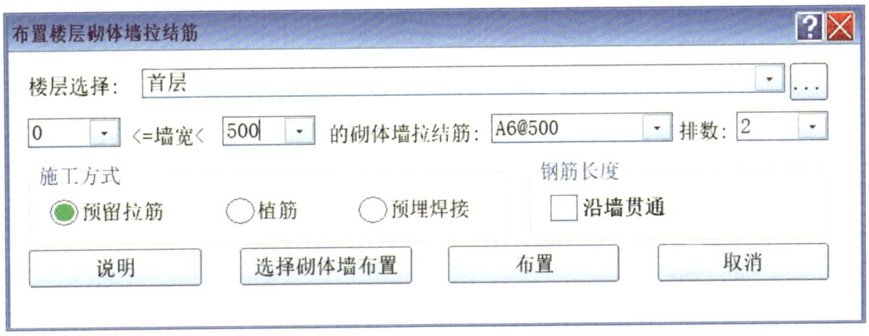

图 4-3　“布置楼层砌体墙拉结筋”对话框

选中查筋的构件，单击鼠标右键，选择“核对钢筋”，弹出“墙筋核查”对话框，如图 4-4 所示，可以查看砌体墙拉结筋。在图中可以看到，砌体墙拉结筋沿柱分布，数量与强度均符合设计要求。

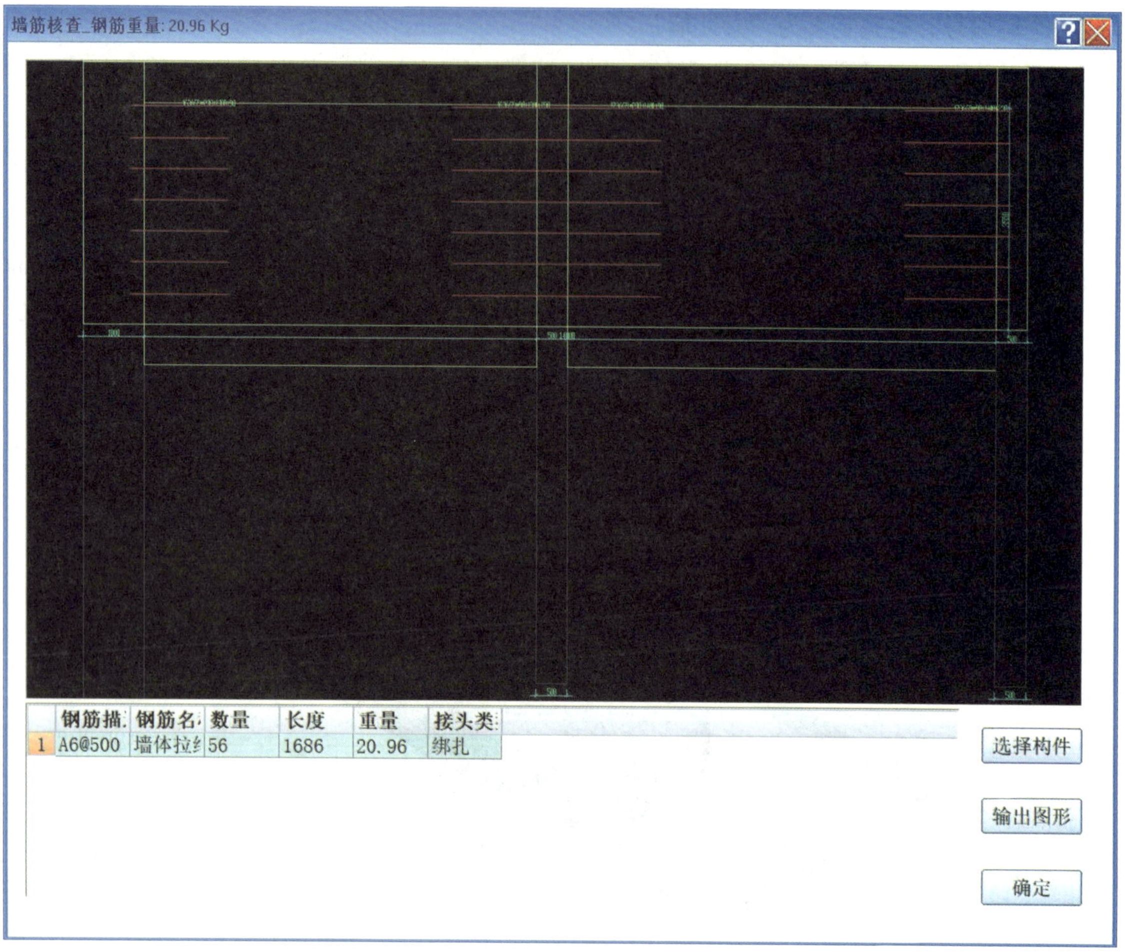

图 4-4 “墙筋核查”对话框

温馨提示

砌体墙拉结筋锚入混凝土构件的长度默认为 La，伸入砌体墙内的长度默认为 100 mm，这些值可以在“钢筋选项”的“基本设置”页面中的“砌体加固”中设置。

任务二 门窗工程

一、普通门窗

以首层为例，介绍普通门窗的布置方式。

（一）门窗定义

依据 J-2（建筑一层平面图）、J-10（门窗详图即门窗表），首层的门编号为 SM-2433、SM-1824、SM-1524、M3-0920，窗编号为 SC-1524、SC-1224、SC-0924、SC-2124。单击左侧屏幕菜单栏中的“门窗洞口”，选择“门”，弹出对应的导航器，进入“定义编号”对话框，可以对门、窗进行属性定义。

在“定义编号”对话框中，门窗表的“设计编号”内容输入为“构件编号”，“洞口尺寸”输入对应的宽和高，并根据备注描述的门窗材质修改材料类型，如图 4-5 所示。

此外，其余项的定义也可以自定义。例如“框材厚”与门扇的面积计算有关，“框材宽”的设置会影响到装饰工程量中洞口侧边的装饰量计算，假设实例工程取 100 mm 为框材宽。“开启方式”的设定是为了与定额一致，便于计价，SM-1824 是平开门。“后塞缝宽”的设置是为了满足有些地区计算门窗面积的规则需要，如果按洞口面积计算，就无须设置后塞缝宽；如果墙面扣减洞口，按门窗外围面积计算（可以在计算规则中设置），则须正确设置后塞缝宽。“立樘边离外侧距”关系到装饰工程洞口侧边的取值，在实例工程的建筑说明中，标明所有门窗均按墙中线定位，结合墙厚与框材宽，得出立樘边离外侧距为 100 mm。

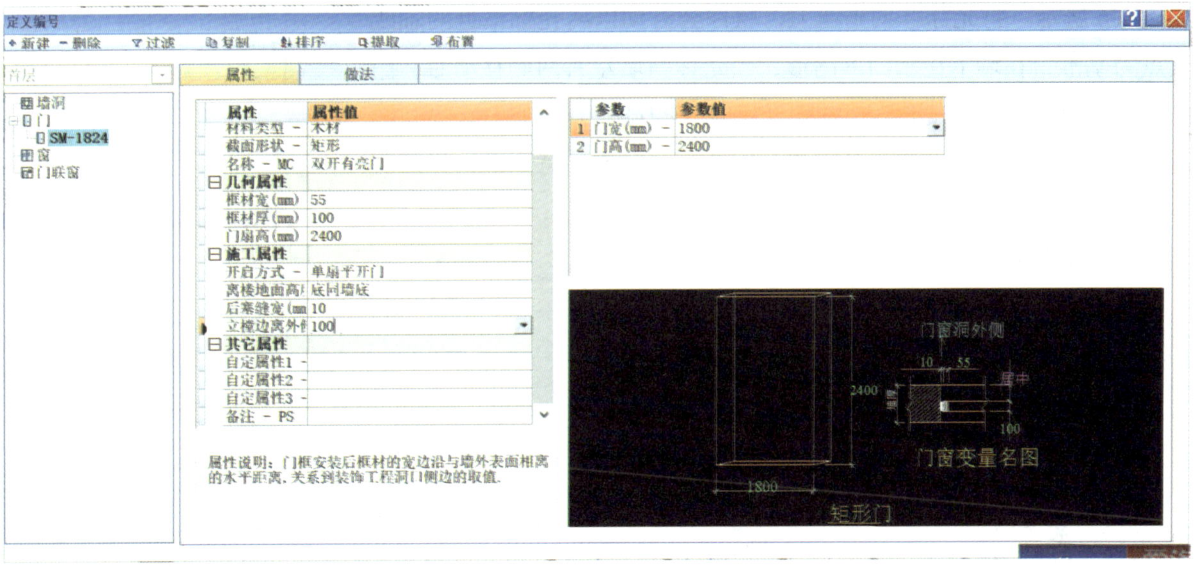

图 4-5 门“定义编号”对话框

依次定义好其他门窗编号。门窗的计算项目见表 4-1，按照这些计算项目挂接做法即可。

表 4-1 门窗的计算项目

构件名称	计算项目
门窗	门窗面积
	数量（樘）

对于门窗内还有其他的量要挂接做法，可以直接利用门窗的相关属性值来组合计算表达式，如门窗贴脸、门窗套、窗台板、窗帘盒、筒子板等，请同学们自行尝试。

（二）门窗布置

在布置门窗之前，还需要在导航器中修改对应的安装高度，在“离楼地面高度（mm）”属性栏中填写。根据 J-08（建筑 2-2 剖面图），不难得到各个门窗构件的具体安装高度。需要注意的是，默认的“门”“窗”构件“离楼地面高度（mm）”为“底同墙底”。由于首层的墙体需要填充地下框架梁和楼层框架梁之间空隙区域，按默认设置“底同墙底”布置构件，将会使门窗从地梁顶部开始布置，显然与实际不符，因此为避免后期反复修改的麻烦，在首层的门窗中，“离楼地面高度（mm）”的信息输入栏中不应出现以“底同墙底”作为高度设置的内容。例如 M1824 的距离楼地面高度为 0，而窗构件 SC-1524 的安装高度为 0.9 m，则“离楼地面高度（mm）”为“900”。

系统默认的门窗布置方式是“墙上布置”，或在功能菜单栏中单击“墙上布置”按钮，激活布置方式。在命令栏中，根据“墙上布置 <退出> 或 [精确布置（Q）/ 墙垛距布置（J）/ 任意布置（D）/ 轴网端点布置（T）]”的提示，通过设置门窗边沿到轴网交点的距离来布置门窗。

以 SM-1824 为例，门边距轴线的距离是 580 mm，则在导航器下端“偏移”处填写“580”，“离楼地面高度（mm）”设置为“0”，如图 4-6 所示。将光标移动到墙上，软件会自动以离光标最近的轴线交点为基准，在墙上显示门的图形，当光标向墙左右两侧移动时，门的开启方向会随之改变，且门图形上的箭头也随着开启方向改变，该箭头所指方向是门外装饰面的方向，因此布置时要注意正确选择箭头方向。在墙上选取一点，门就布置到墙上了。

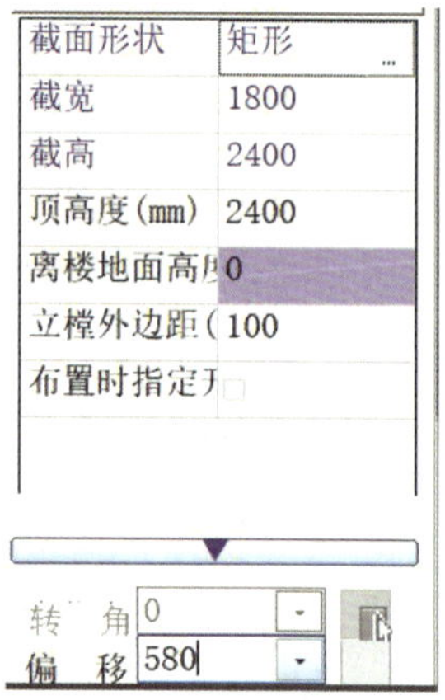

图 4-6 门窗布置导航器设置

利用这些操作方法，完成其余门窗的布置。

> **温馨提示**
>
> 在实际工作中，手动布置门窗构件时，为了保证效率，一般不需要严格遵照图纸上的位置，绘制辅助线来布置门窗构件，只需要在大致的位置上布置即可。因为门窗的计量单位为 m^2 或樘，无论是以哪个作为它的计量单位，都不依赖所处位置的墙体或者其他构件，即便门窗布置的位置稍微有所偏差，对于余下墙体的面积计算也没有影响。但要注意的是，由于门窗位置往往需要额外布置过梁，因此在门窗布置时，两侧应留有一定空间，方便布置过梁。

二、飘窗

飘窗布置
视频讲解

首层在 1 轴上有两个飘窗，首先要参考图纸建施 -10（门窗详图及门窗表）和建施 -02（建筑一层平面图）定义飘窗编号。

（一）飘窗布置

在“门窗洞口”菜单下面“飘窗”中新建一个飘窗编号，然后依据门窗图中的飘窗详图，设置飘窗的各项属性参数，如图 4-7 所示。在几何属性中，不是所有的参数都需要设置，其中洞口宽 2、外悬宽 2、梯形斜边角度等参数都是针对其他样式的飘窗，在设置飘窗参数时应参照幻灯片上的参数代号来设置，就不容易出错。

实例工程中的飘窗没有左右栏板，因此“左板厚”和“右板厚”应设为“0”。“左边离洞口距离”和“右边离洞口距离”分别指的是飘窗左侧板、右侧板内侧离所依附洞口的距离。当飘窗没有左右板时，也可理解为水平板左右外边沿离洞口的距离。该值会影响窗扇面积的计算。飘窗的“立樘离外侧距”为 60 mm。飘窗属性设置如图 4-8 所示。

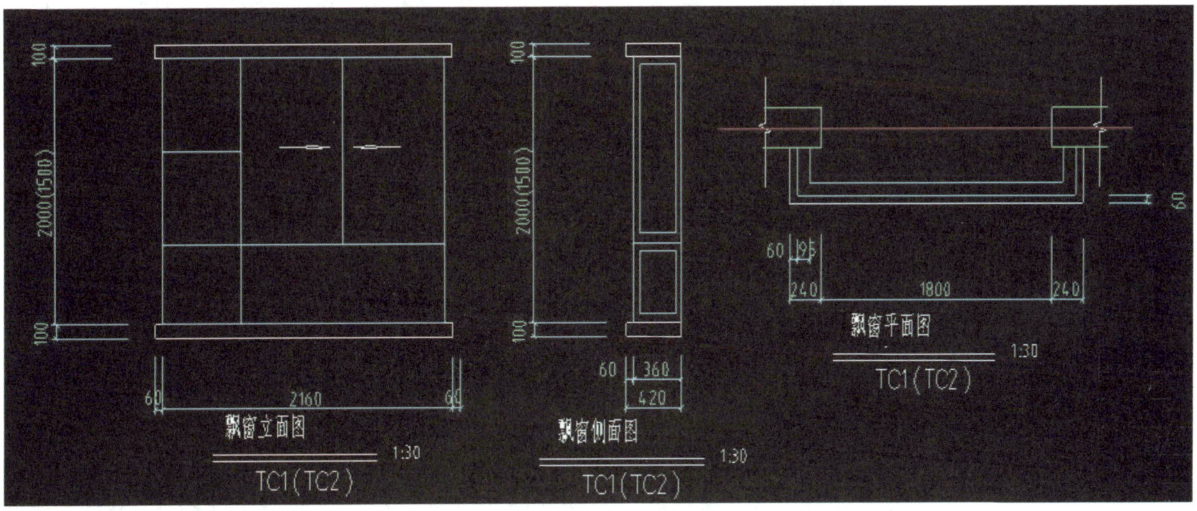

图 4-7　飘窗详图

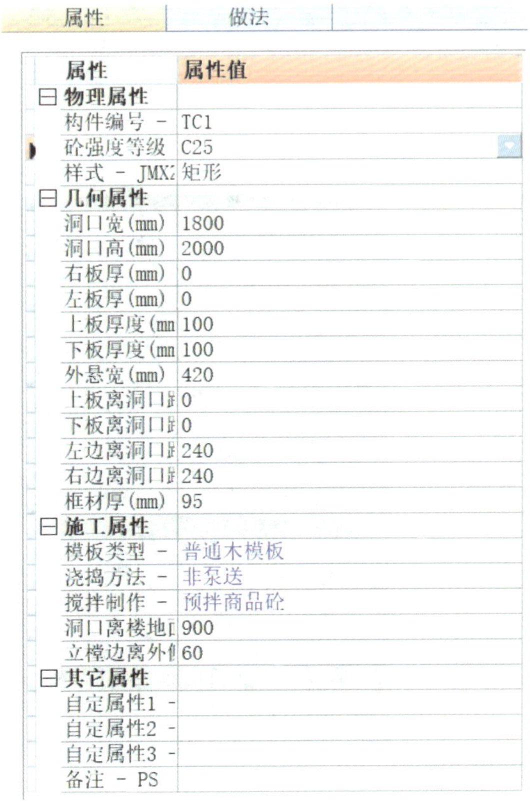

属性	属性值
物理属性	
构件编号 -	TC1
砼强度等级	C25
样式 - JMX	矩形
几何属性	
洞口宽(mm)	1800
洞口高(mm)	2000
右板厚(mm)	0
左板厚(mm)	0
上板厚度(mm	100
下板厚度(mm	100
外悬宽(mm)	420
上板离洞口距	0
下板离洞口距	0
左边离洞口距	240
右边离洞口距	240
框材厚(mm)	95
施工属性	
模板类型 -	普通木模板
浇捣方法 -	非泵送
搅拌制作 -	预拌商品砼
洞口离楼地面	900
立樘边离外侧	60
其它属性	
自定属性1 -	
自定属性2 -	
自定属性3 -	
备注 - PS	

图 4-8　飘窗属性设置

（二）飘窗做法

飘窗常用的计算项目见表 4-2，参照这些计算项目可以挂接做法。如果还有其他的计算项目，可以从飘窗属性中选择相应的变量来组成计算式。实例工程的飘窗没有左右板，因此无须挂接竖板做法。

表 4-2　飘窗常用的计算项目

构件名称	计算项目
首层飘窗	飘窗板体积
	上下挑板模板
	左右竖板模板
	窗扇面积
	数量（樘）
	窗外装饰面积

（三）飘窗板钢筋

根据结施-07（坡屋面结构平面图）中飘窗板钢筋详图，如图4-9所示，钢筋使用“钢筋布置”命令来执行。执行“钢筋布置”命令后，选择要布置钢筋的飘窗，弹出对话框，如图4-10所示。单击“简图钢筋”右侧的下拉菜单，弹出可以选择的钢筋简图样式，如图4-11所示。根据图纸，选择“样式一”，则在“编号配筋”的右侧出现钢筋样式，直接在图中对钢筋进行编辑。由于飘窗没有左、右板，则相应钢筋位置填写“无”，属性定义如图4-12所示。设置完成后，单击“退出”，则飘窗板钢筋布置完成。

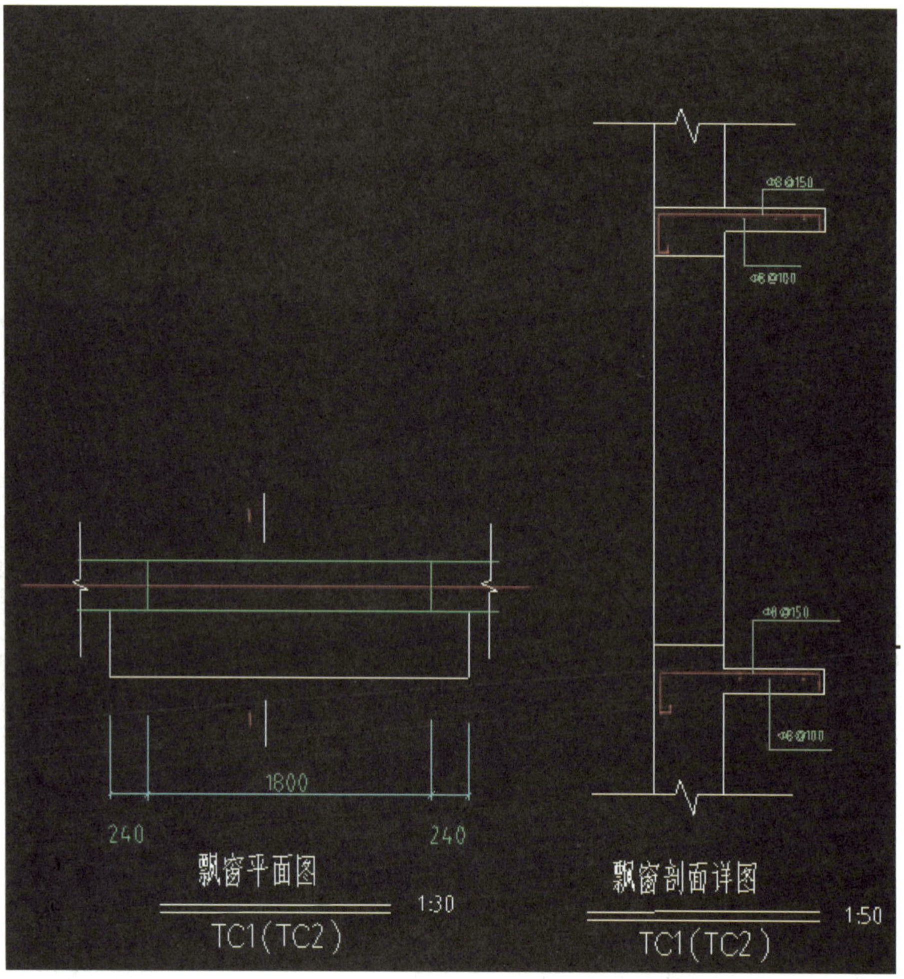

图4-9 飘窗钢筋详图

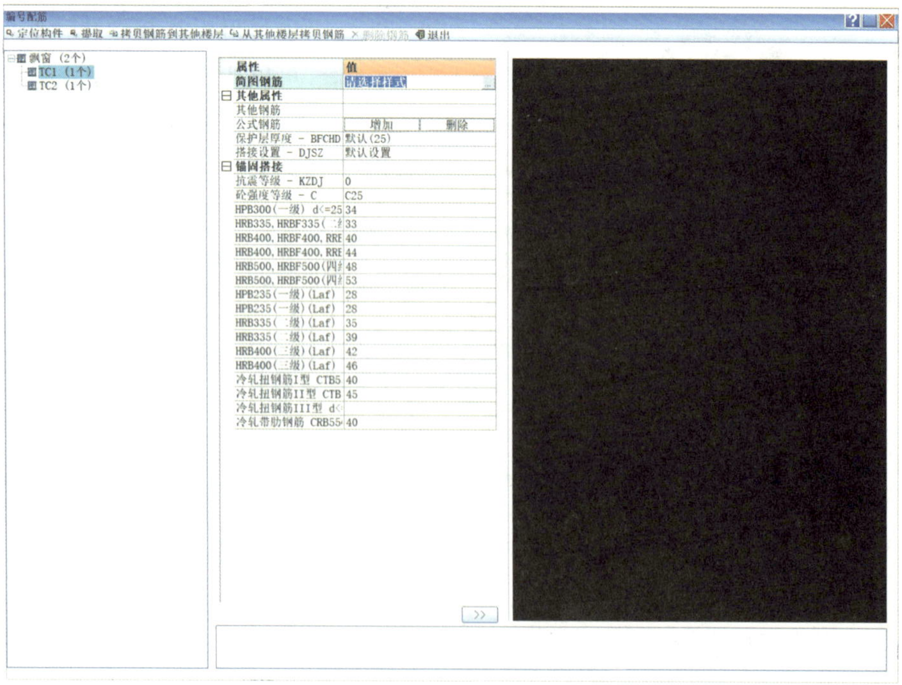

图4-10 “编号配筋”对话框

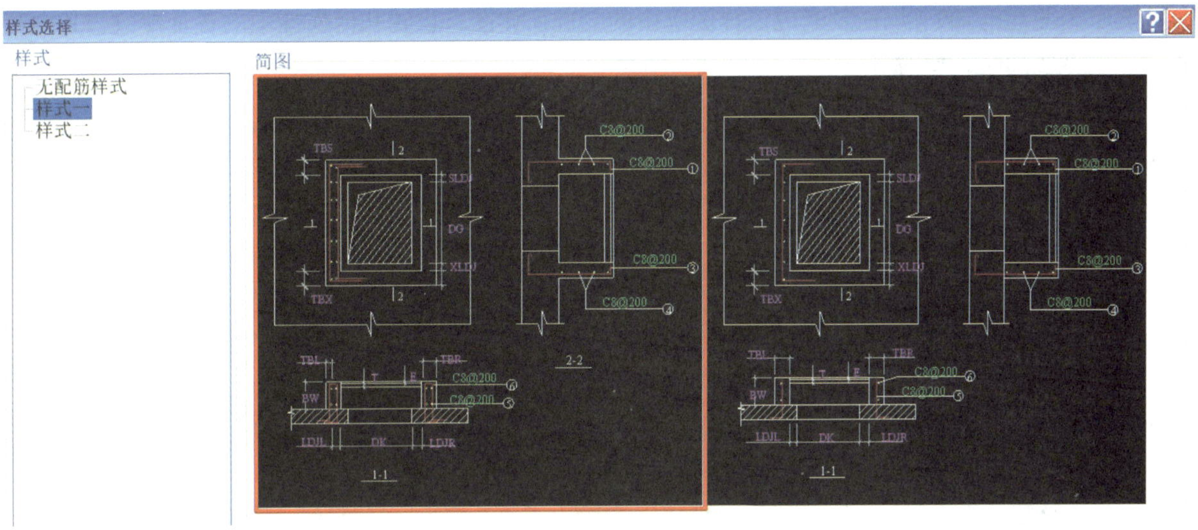

图 4-11　“样式选择”对话框

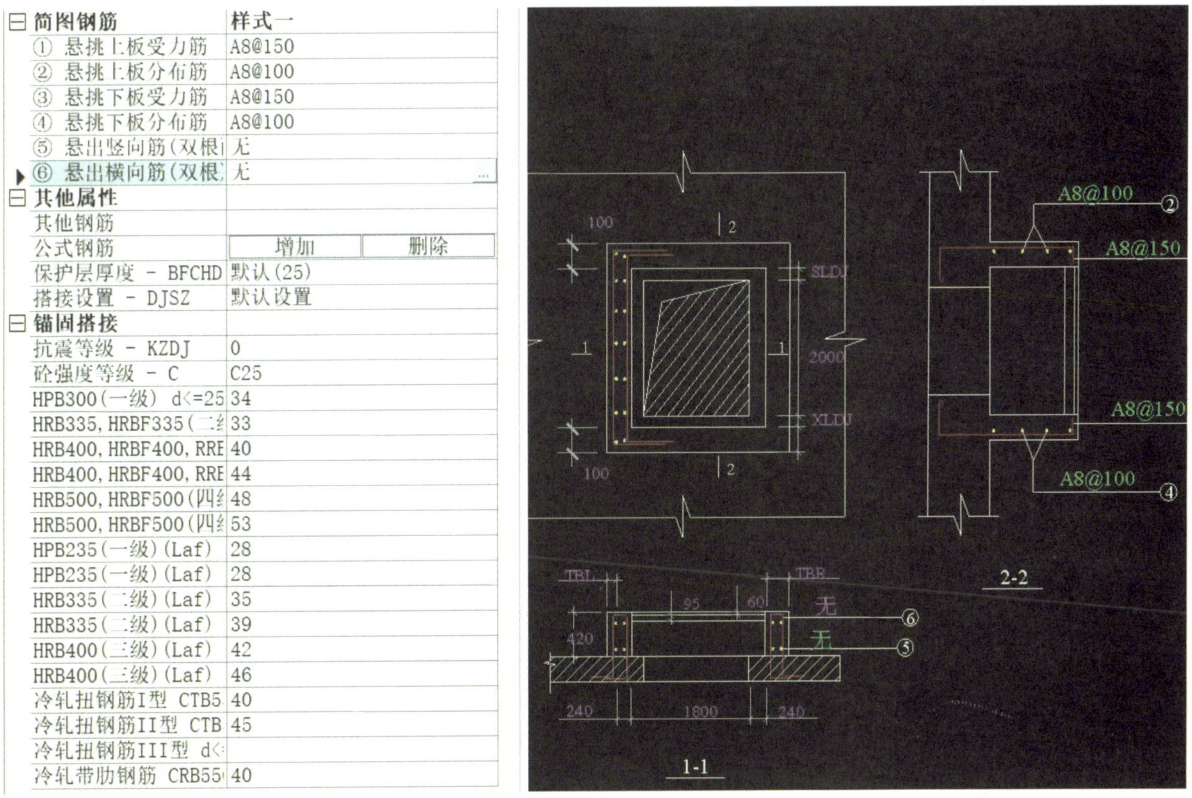

图 4-12　“编号配筋”飘窗板定义

三、老虎窗

在坡屋顶上还有两个老虎窗需要布置。将楼层切换至“出屋顶层”，在“门窗洞口”菜单下面“老虎窗”中新建一个老虎窗编号。由于老虎窗类型和窗形状不同，所显示的几何属性也不相同，因此在设置“几何属性”参数前，先设置“施工属性”，“类型”为“两面坡”，“窗形状”为“拱顶形窗”，属性的设置如图 4-13 所示。

然后参照建施 -09（厕所及老虎窗详图）中的老虎窗详图，设置几何属性中的各种参数，其中几何属性的设置如图 4-14 所示。

施工属性	
类型 - LX	两面坡
墙体属性类	砼结构
墙体材料 -	C20
板属性类型	砼结构
板材料 - BC	C20
窗材料类型	铝合金
窗形状 - JN	拱顶形窗
天棚装饰材料	混合砂浆
屋面材料 -	琉璃瓦
内墙装饰材料	混合砂浆
外墙装饰材料	混合砂浆

图 4-13　老虎窗施工属性

属性	属性值
物理属性	
构件编号 -	LHC1
几何属性	
面坡度 - PI	0.06
脊坡度 - TI	0
墙厚度(mm)	240
顶板厚度(mm	100
出山长(mm)	100
出檐长(mm)	360
面墙高(mm)	890
面墙宽(mm)	1680
后塞缝宽(mm	50
立樘边离外侧	50

图 4-14　老虎窗几何属性定义

在右侧的参数窗口中输入洞口的尺寸参数。“门宽”设置为“1 200”，“门高”设置为“540”，“顶高”设置为“460”。

定义好老虎窗的编号后，进入老虎窗导航器。老虎窗只有“点布置”一种方式，在需要布置老虎窗的板上取一点即可。布置好的老虎窗如图 4-15 所示。

图 4-15　老虎窗布置效果

老虎窗的计算项目见表 4-3，可以参照这些项目给老虎窗挂接做法。

表 4-3　老虎窗的计算项目

构件名称	计算项目
老虎窗	板体积
	板模板
	墙体积（砼墙）
	墙模板

表 4–3（续）

构件名称	计算项目
老虎窗	窗面积
	窗数量（樘）
	外墙装饰面积
	内墙装饰面积
	窗屋顶装饰面积
	屋面板窗内顶面积

项目五 其他钢筋混凝土构件工程量计算

XIANGMUWU QITA GANGJIN HUNNINGTU GOUJIAN GONGCHENGLIANG JISUAN

有一些钢筋混凝土构件虽然不能构成建筑物的主要承力构件，但也是建筑物不可或缺的一部分，比如构造柱、过梁、楼梯等。构造柱、过梁主要根据规范进行布置，首先要调整好基本设置，用“自动布置”的方式就可以完成。楼梯是各种构件的组合，复杂但不困难。通过本项目的学习，让学生明白一个人的作用，对于革命事业来说，就如一台机器上的一颗螺丝钉。机器由许许多多的螺丝钉的连接和固定，才成了一个坚实的整体，才能够运转自如，发挥巨大的工作能量。对于学生来说，应培养兢兢业业、干一行爱一行、全心全意为人民服务的“螺丝钉”精神。

任务一 构造柱

构造柱的布置采用“自动布置”的方式，布置前无须对构造柱编号进行定义。

选择左侧屏幕菜单栏中“柱体”下的“构造柱”，进入“定义编号”对话框，由于图纸中没有过多介绍构造柱的情况，这里数据保持默认。单击“布置”按钮退出对话框，在功能菜单中单击“自动布置”按钮，弹出“设置自动布置的参数”对话框，如图 5-1 所示。

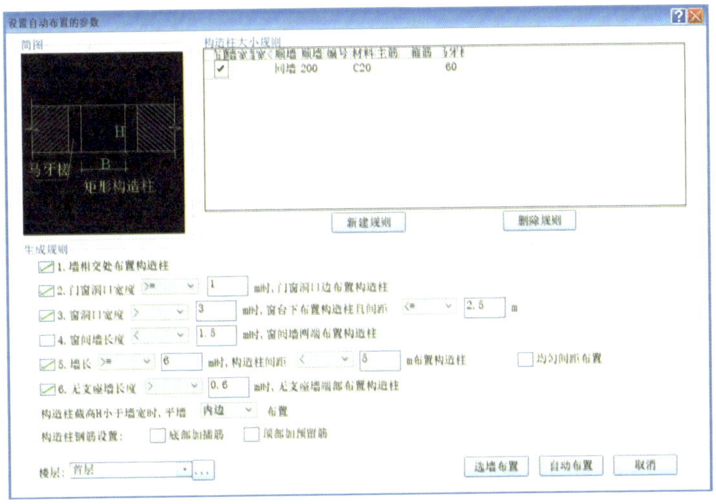

图 5-1 “设置自动布置的参数”对话框

在弹出的“设置自动布置的参数”对话框中，利用手动输入、勾选或调整下拉选项框等操作方式，设置各项参数。

如果在弹出的对话框的“构造柱大小规则”中未出现任何信息，则可以单击对话框下方的新建规则进行新建，在新出现的规则信息栏中，利用手动输入或调整下拉选项框等操作方式调整各参数，选择刚才设置的构造柱编号。

此外，还可调整应用的楼层范围，一次性完成所有楼层的构造柱布置。单击对话框下方 ... ，在弹出的菜单中，可以选择需要布置的楼层。检查所有设置完成后，可单击“自动布置”按钮，软件会按照设置好的参数规则自动布置构造柱。

温馨提示

在总说明中没有对门窗侧边布置构造柱的说明，可以将门窗宽的条件设置到足够大，这样在软件进行条件搜索时就会认为不符合该条件，就不会在门窗侧边布置构造柱了。

任务二　过梁

一、过梁布置

依据结施 -06 施工图中的过梁详图，定义过梁编号。然后根据结构总说明中“过梁两端各伸出洞口 250 mm”的要求，布置过梁。

单击左侧菜单栏中“梁体”下的“过梁”按钮，弹出导航器，进入“定义编号”对话框，新建 GL1、GL2。完成定义构件操作后，关闭对话框。由于有门窗洞口的位置才可布置过梁，因此使用“自动布置”功能。

在导航器中，左、右挑长都设置成 250 mm。单击功能菜单栏中的“自动布置”按钮，弹出“过梁表”对话框，过梁表用于保存过梁的自动布置条件。按照详图要求，小于或等于 1 500 mm 宽的门窗布置 GL1，大于 1 500 mm 宽的门窗布置 GL2。首先录入过梁编号 GL1，通过手动输入的方式，在“洞宽＞”中录入“500”，然后在“洞宽＜”中录入“1 500”，这就表示洞宽大于或等于 500 mm 小于 1 500 mm 的门窗洞口需要布置 GL-1。继续录入 GL-2 的布置条件，在“洞宽＞＝”中录入“1 500”，在“洞宽＜”中录入“4 000”，墙宽根据建筑墙宽范围定为“100 ~ 370”，同时将钢筋的内容也进行录入，如图 5-2 所示。之后单击“布置过梁”按钮，门窗洞口上的过梁就会依据设置的条件一次性进行布置。

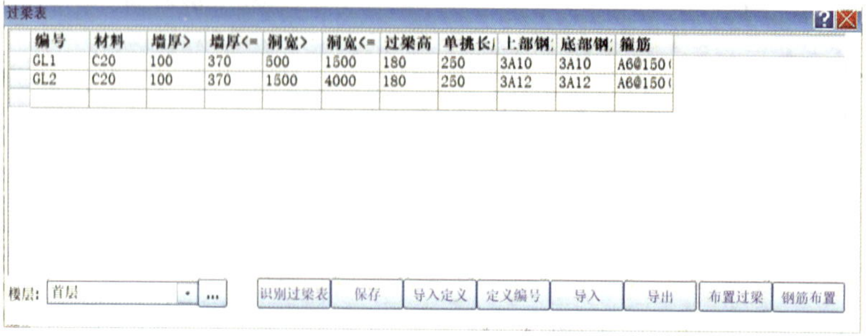

图 5-2　“过梁表”对话框

相应构件布置完的效果图，如图 5-3 所示。

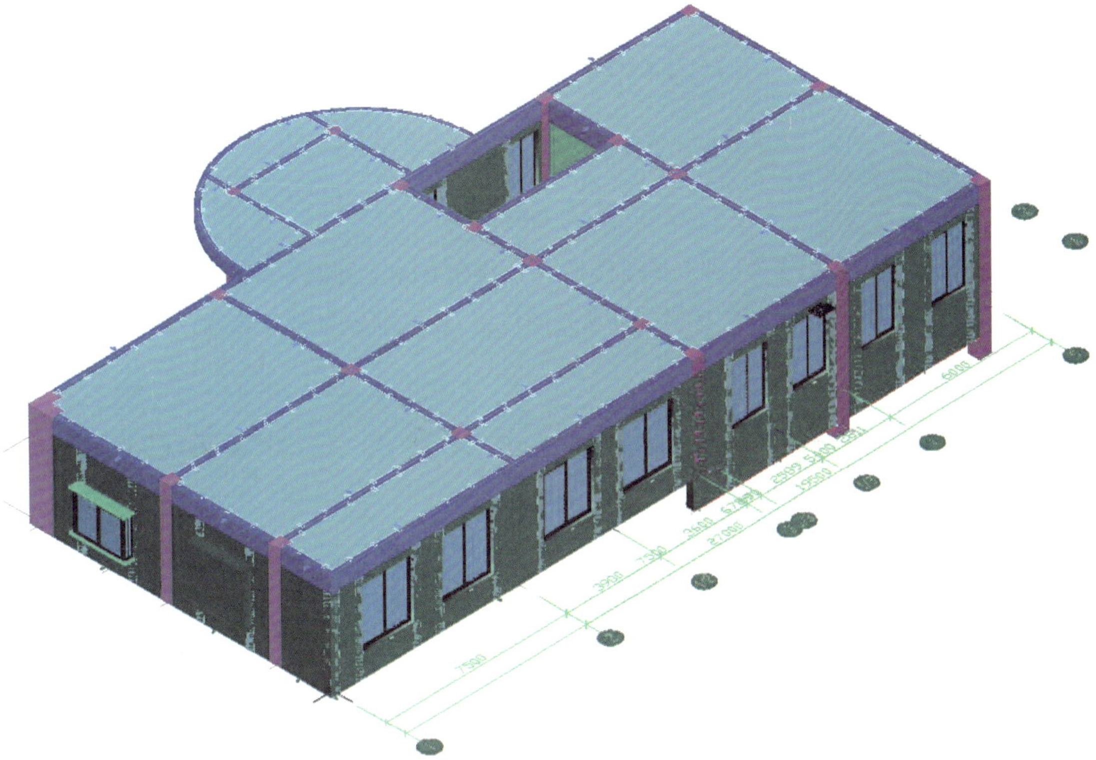

图 5-3 首层效果图

二、首层飘窗过梁布置

根据结施 G-07 飘窗详图表示，其飘窗的顶板和底板的根部有梁压在墙体内，其定义方法同前述过梁定义。布置方法：将过梁的编号定义好后，单击“布置”按钮，回到主界面，光标选择飘窗之后单击鼠标右键，在弹出的菜单中选择“构件分解”命令，将飘窗进行分解；在导航器标号栏中选择好布置的梁编号，以“选洞口布置”方式，布置飘窗顶梁时，将梁底标高设为“梁底同洞口顶”，光标选择分解后的飘窗洞口，顶梁就布置上了；布置飘窗底梁时可以先将梁也布置成顶梁的高，之后进入“构件查询”对话框，直接将梁顶高设为窗的“离楼地面高度”值即可。通过“三维着色”观察，飘窗的顶和底过梁布置后如图 5-4 所示。

图 5-4 飘窗过梁布置效果图

任务三 楼梯

一般建筑物的楼梯为双跑楼梯(即双梯段楼梯)。斯维尔BIM三维算量软件将楼梯分为上下梯段、梯梁、平台板以及梯柱四大部分,其中梯梁根据所处的位置,还可细分为梯口梁、平台梁以及平台口梁,如图5-5所示。

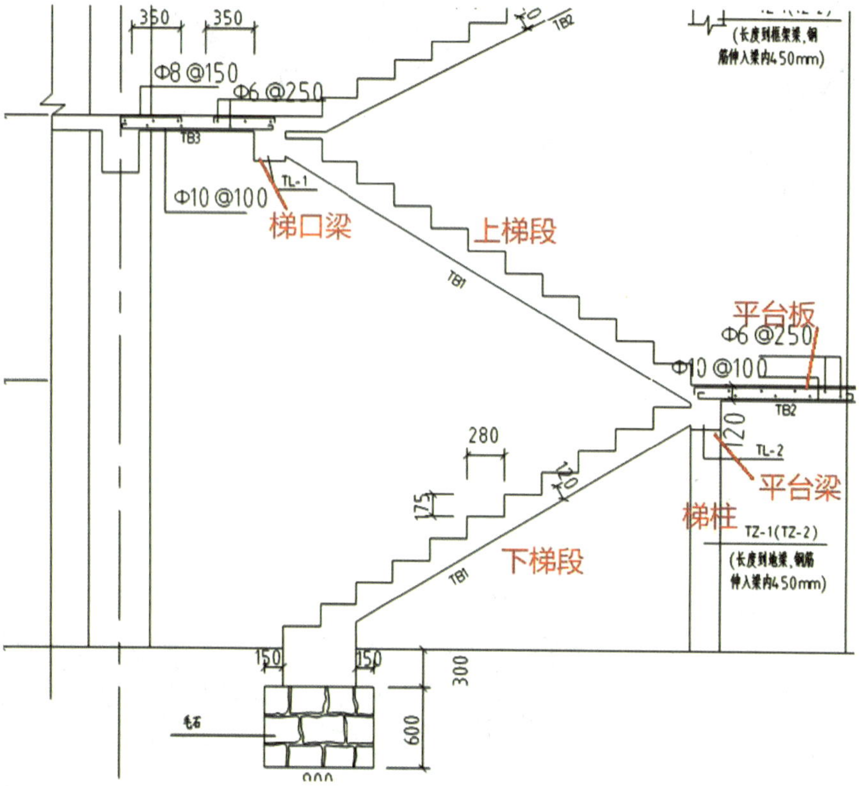

图5-5 楼梯组成图

基于楼梯组成的复杂性，软件在设置时，采用若干构件组合完成的方式来解决楼梯布置的问题。只需将楼梯的各个部分对应的构件先定义设置完毕，再利用楼梯的组合功能，就可以进行楼梯整体构件的布置操作。需要注意的是，由于梯柱的起止位置往往需要根据设计要求单独进行设置，因此软件没有将梯柱组合到整体楼梯当中，需要另行布置。

一、楼梯柱

依据楼梯结构图结施-15（楼梯结构图），在左侧菜单栏中“柱体”下的“柱体”中建立两个梯柱编号TZ-1与TZ-2，截面参数分别为210 mm × 300 mm、300 mm × 180 mm，混凝土的等级为C20。

在布置梯柱之前，首先要绘制辅助轴线以确定定位点。结合 J-11 楼梯详图，梯柱与楼梯梁 TL-2 对中布置，而楼梯梁中心线离 4 轴的距离可以算出为 1 560 mm。选择“轴网”菜单下的“平行辅轴”功能，选中 4 轴为参考轴线，以 4 轴左侧为偏移方向，在命令栏内输入偏移距离“1 560”，按 <Enter> 键确认后，按 <Esc> 键退出即可。

执行柱体布置命令，选择 TZ-1，设置柱高度为“同梁底”，施工图中说明 TZ-1 应该布置在 E 轴上，选择 E 轴与刚才绘制的辅轴的交点作为插入点，TZ-1 就布置好了。切换到编号 TZ-2，用相同的方法将它布置到图面上。

TZ-1、TZ-2 的钢筋布置和做法，按照前面柱构件的布置方法即可。

二、楼梯的组合

楼梯的组合
视频讲解

单击左侧菜单栏中“楼梯”下“楼梯”，弹出导航器，新建楼梯，在“定义编号”对话框中对属性进行定义。由于未进行任何操作，对话框内暂时没有任何数据，如图 5-6 所示。从图中可以看出，在“定义编号”对话框中，可以对梯段、梁、板、扶手、栏杆进行新建，并定义属性。

单击“新建”，可以在楼梯下面创建一个名为“LT1”的构件。该构件就是可用于组合梯段、梯梁以及平台板的楼梯构件。这里选择默认名称，因为还没有进行各个构件的组合，所以右侧属性栏中很多数据都是空白的，如图 5-7 所示。

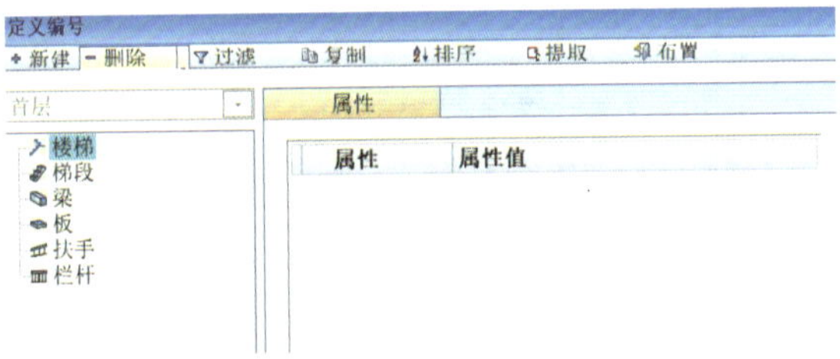

图 5-6　楼梯“定义编号”对话框

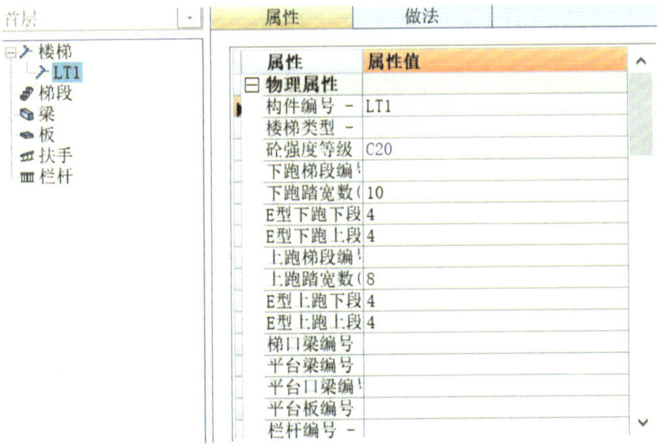

图 5-7　新建楼梯属性定义

（一）新建楼梯梯段

选择“梯段”进行“新建”，软件自动创建一个名为“AT1”的梯段，并在右下方出现类型的缩略图。根据结构图将“构件编号”改为“TB1”，软件提供了多种梯段类型，在属性的结构类型中可以选择，并且每一种梯段类型都有对应的示意图。在这里选择不带平台板的 A 型梯段。根据 TB1 的图纸，如图 5-8 所示，对属性进行修改，“踏宽数”为“11”，“踏步高度”为“175”，“踏步宽度”为“280”，“梯板厚”为“120”，“梯段板宽”为“1 380”。具体属性定义，如图 5-9 所示。按照同样的方式可以定义 TB2。

温馨提示

在物理属性中，“踏宽数”指的是纯踏面数，不包含楼梯梁，软件按踏步数目计算梯段高度。在选择 E 型梯段时“下段踏步数”与“上段踏步数”需要设置，这里不需要修改。

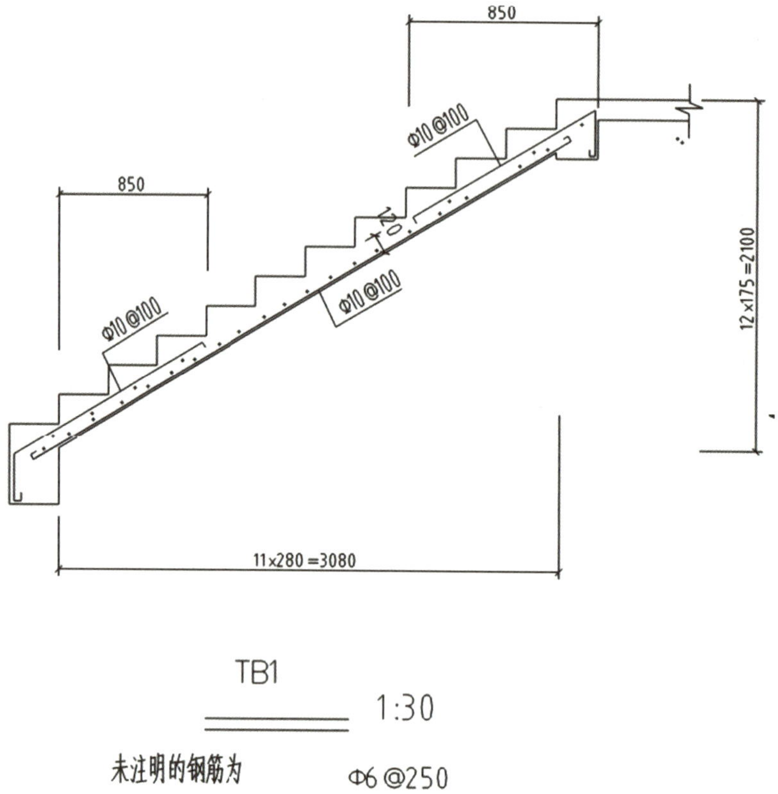

(a)

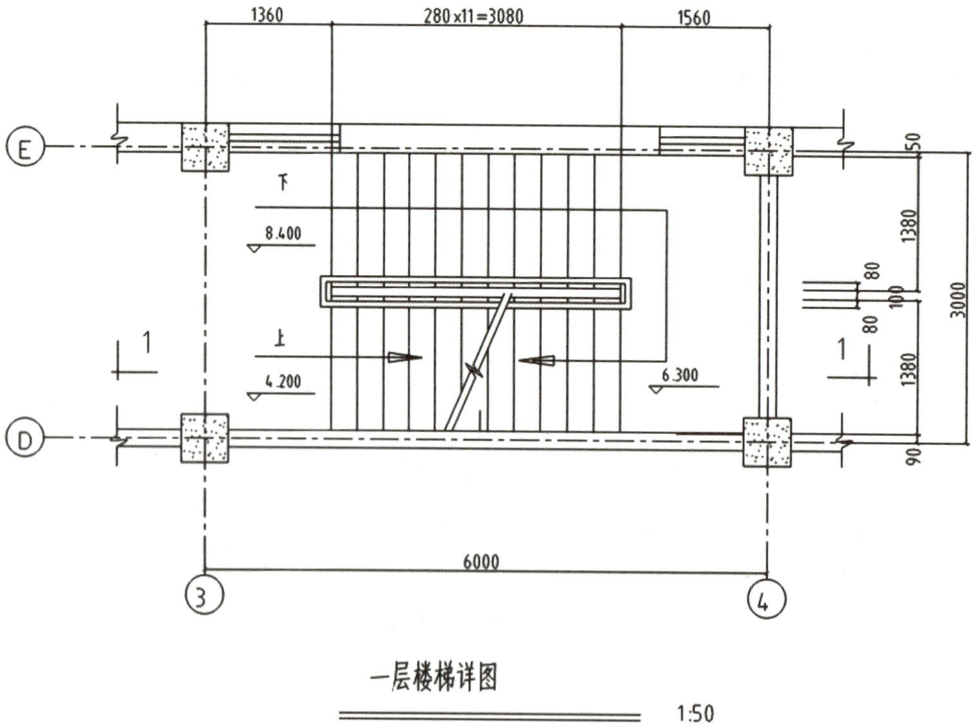

(b)

图 5-8 楼梯建筑、结构图

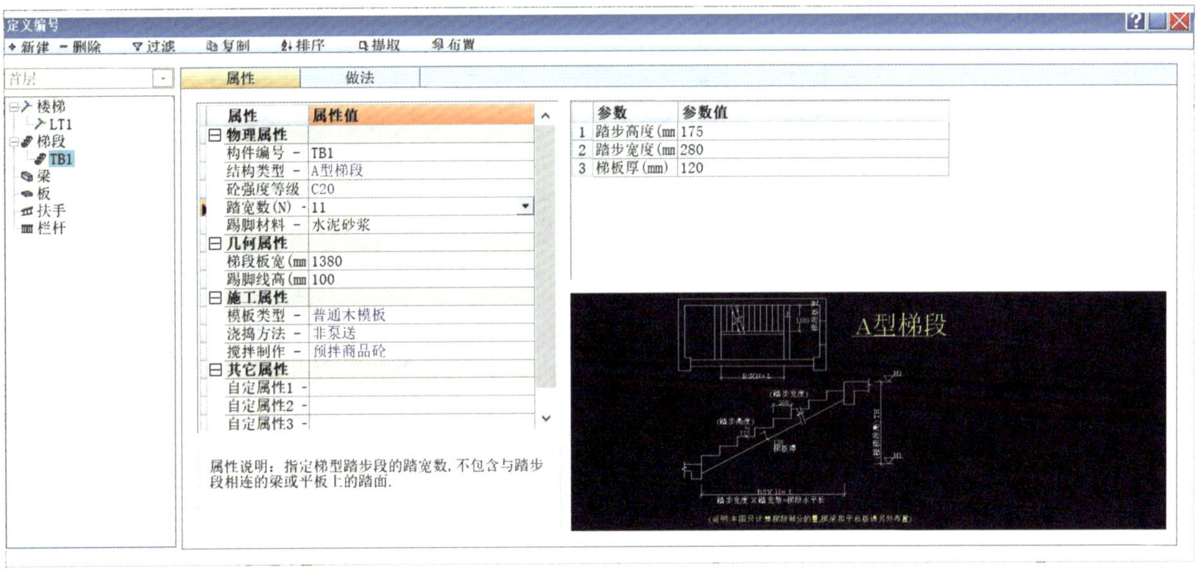

图 5-9　TB1 梯段属性定义

梯段的计算项目见表 5-1，可以参照这些计算项目挂接做法。

表 5-1　梯段的计算项目

构件名称	计算项目
首层楼梯	投影面积（清单）
	混凝土体积
	模板面积（水平投影面积）

（二）楼梯梁

依据图纸新建 TL-1 和 TL-2 两个楼梯梁，将梯梁的结构类型设为楼梯梁，截面参数为“210 × 350”，如图 5-10 所示。

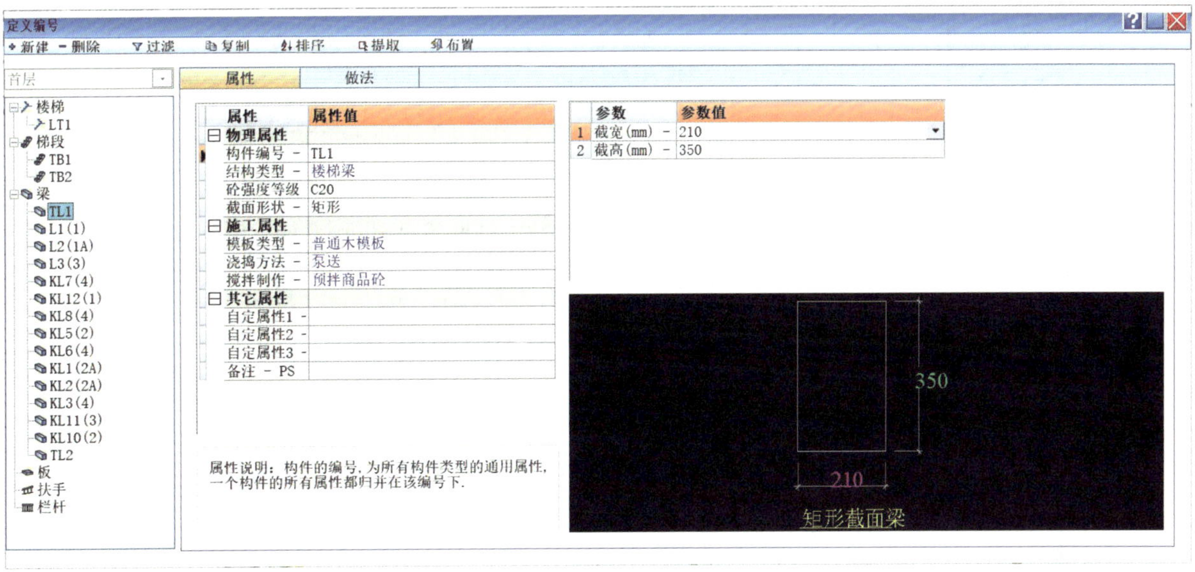

图 5-10　楼梯梁属性定义

楼梯梁的计算项目见表 5-2。

表 5-2　楼梯梁的计算项目

构件名称	计算项目	工程计算式
首层楼梯梁	投影面积（清单）	SDI
	混凝土体积	V

楼梯梁挂接做法如图 5-11 所示。

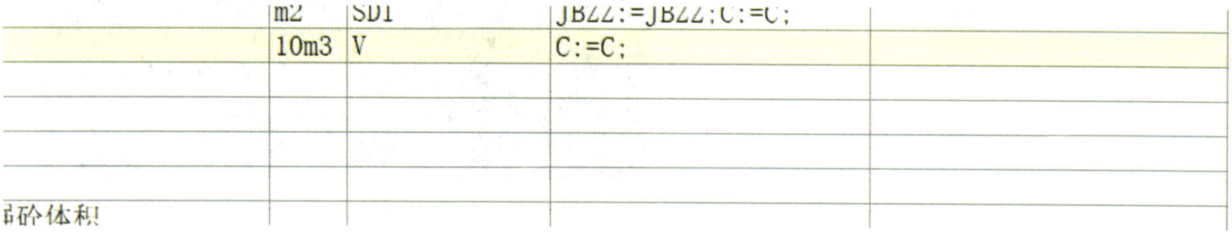

图 5-11　楼梯梁挂接做法（参考）

按照清单计算规则，楼梯工程量按施工图示尺寸以水平投影面积计算，其中包括楼梯梁、平台板的面积，因此在给楼梯梁挂接清单时，应挂接楼梯清单，并取梁底面积为工程量计算式。楼梯梁的模板也是按楼梯模板以水平投影面积计算。

（三）平台板

平台板厚为 120 mm，结构类型为楼梯平台板。按照施工图定义好平台板的编号 PTB2（对应图纸平台板 TB2）、TB3、TB6。平台板的计算项目见表 5-3。

表 5-3　平台板的计算项目

构件名称	计算项目	工程计算式
楼梯平台板	投影面积（清单）	SD（板底面积）
	混凝土体积	V
	模板面积	SD

按照计算规则，楼梯工程量应包含中间平台板的投影面积，但不包含与楼板相接的平台板面积，因此在给平台板挂接清单时应注意 TB2 应挂接楼梯清单，且取板底面积作为工程量计算式。而与楼板相接的 TB3 仍按楼板清单计算。楼梯平台板的模板也是按楼梯模板以水平投影面积计算。

（四）楼梯扶手

根据图集 11ZJ401，在扶手的“定义编号”对话框中新建一个扶手编号，定义属性如图 5-12 所示。

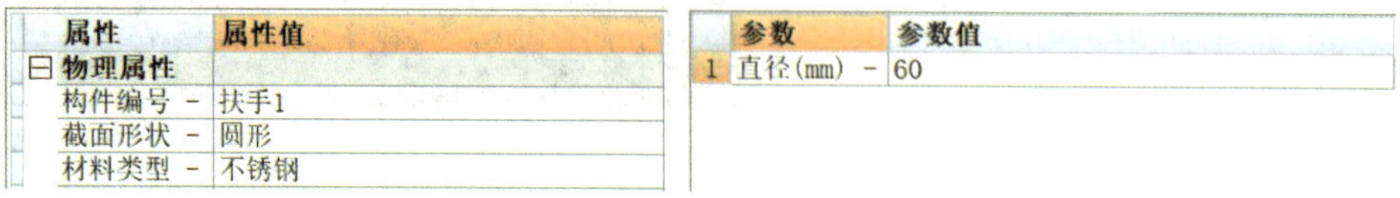

图 5-12　扶手属性定义

扶手的计算项目见表 5-4。

表 5-4　扶手的计算项目

构件名称	计算项目	计算式
楼梯扶手	扶手长度	L

按照清单计算规则，扶手、栏杆的工程量以扶手中心线长度计算，因此将栏杆的做法也挂接到扶手编号中，如图 5-13 所示。

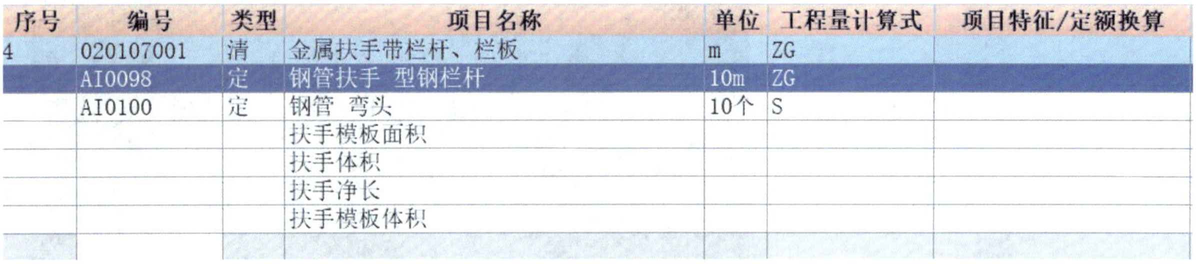

序号	编号	类型	项目名称	单位	工程量计算式	项目特征/定额换算
4	020107001	清	金属扶手带栏杆、栏板	m	ZG	
	AI0098	定	钢管扶手　型钢栏杆	10m	ZG	
	AI0100	定	钢管　弯头	10个	S	
			扶手模板面积			
			扶手体积			
			扶手净长			
			扶手模板体积			

图 5-13　扶手、栏杆挂接做法

（五）楼梯栏杆

根据图集 11ZJ401，在栏杆的“定义编号”对话框中新建一个栏杆编号，定义属性如图 5-14 所示。

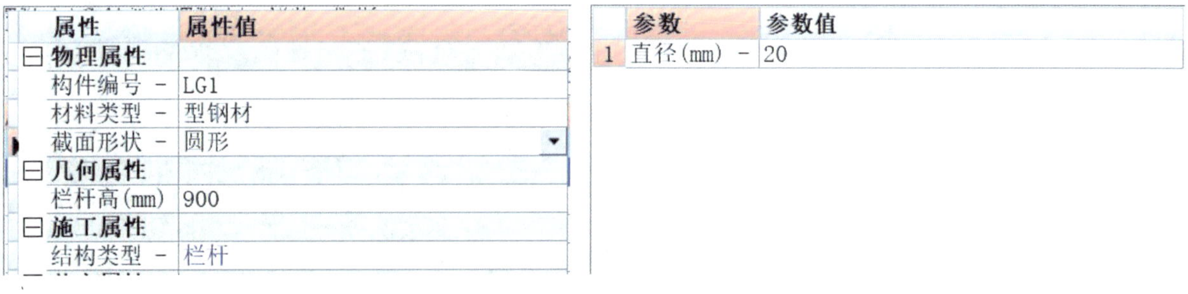

属性	属性值
⊟ 物理属性	
构件编号 -	LG1
材料类型 -	型钢材
截面形状 -	圆形
⊟ 几何属性	
栏杆高(mm)	900
⊟ 施工属性	
结构类型 -	栏杆

	参数	参数值
1	直径(mm) -	20

图 5-14　栏杆属性定义

（六）楼梯组合

选择新建的 LT1，组合楼梯的各个构件。“楼梯类型”设置成“上 A 下 A”型，即一个双跑楼梯的两个梯段都由软件设置的楼梯类型中的 A 型梯段组成。这样，在原本空白的预览区中就出现由上下梯段组成的楼梯缩略图。以首层为例，上（下）跑梯段编号均为“TB1”。这里“砼强度等级”已按之前设置完毕的内容自动调整为 C20。梯口梁编号选为 TL1，平台梁编号为 TL2，平台板编号为 PTB2。选择之后，楼梯的几何属性基本自动生成，但是还要对“平台板宽”和“楼梯范围踢脚线宽”两个参数进行定义，分别为“1 000”和“100”，其属性定义如图 5-15 所示。

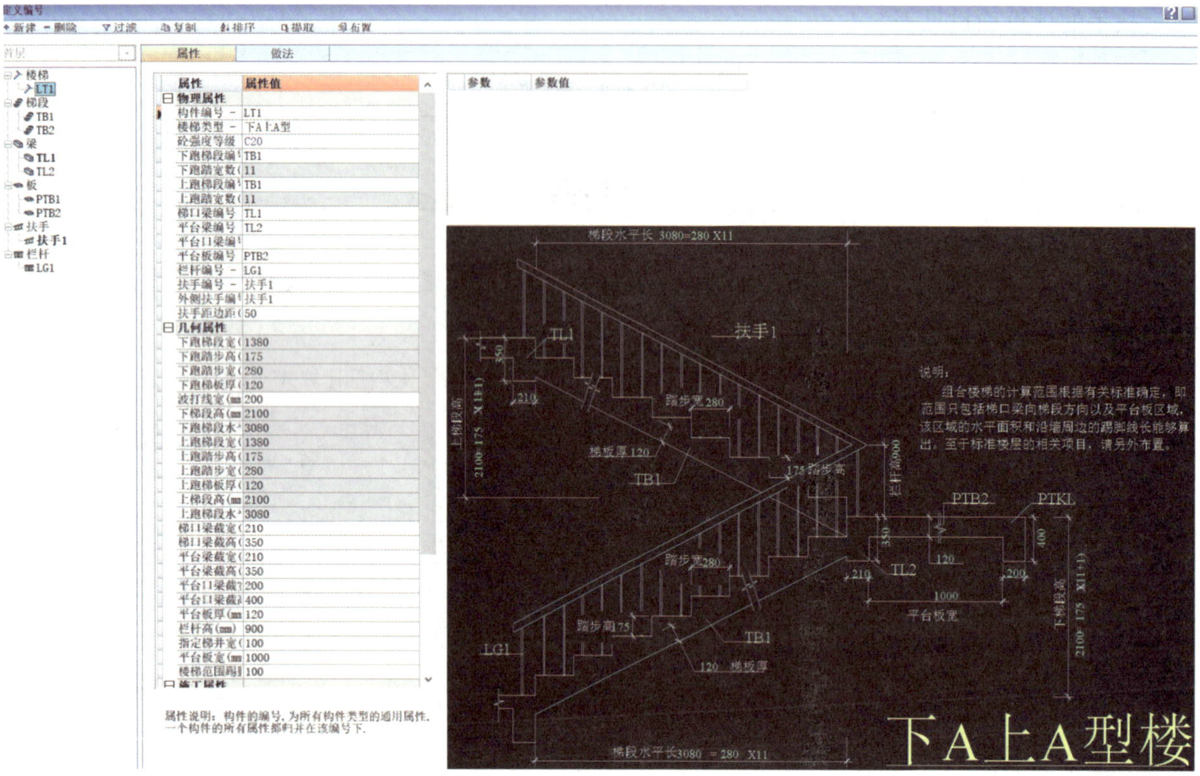

图 5-15 楼梯整体属性定义

定义完后退出“定义编号”对话框。在导航器框中，选择楼梯类型为标准双跑逆时针，外侧布置栏杆和外侧布置扶手的选项都去掉勾选。设置转角为 270°，确定布置插入点，在界面上单击需要布置楼梯的对应插入点，就将整个楼梯布置完成了，如图 5-16 所示。模型中还有一块休息平台没有布置上去，可以用板布置的方式将 TB3 的平台板补绘上去。

图 5-16 楼梯布置效果图

三、楼梯钢筋设置

楼梯由梯段、梯柱和楼梯平台板组成。梯柱、梯梁、梯板的钢筋布置实际上就是按照框架柱、梁、板的布置方式进行。那么楼梯钢筋设置最主要的就是楼梯段的钢筋设置。

以首层的 TB1 梯段为例，单击“钢筋布置”按钮，根据命令栏中出现的提示“选择要布置钢筋的构件”，选中“TB1”梯段构件，弹出梯段“编号配筋”对话框，如图 5-17 所示。

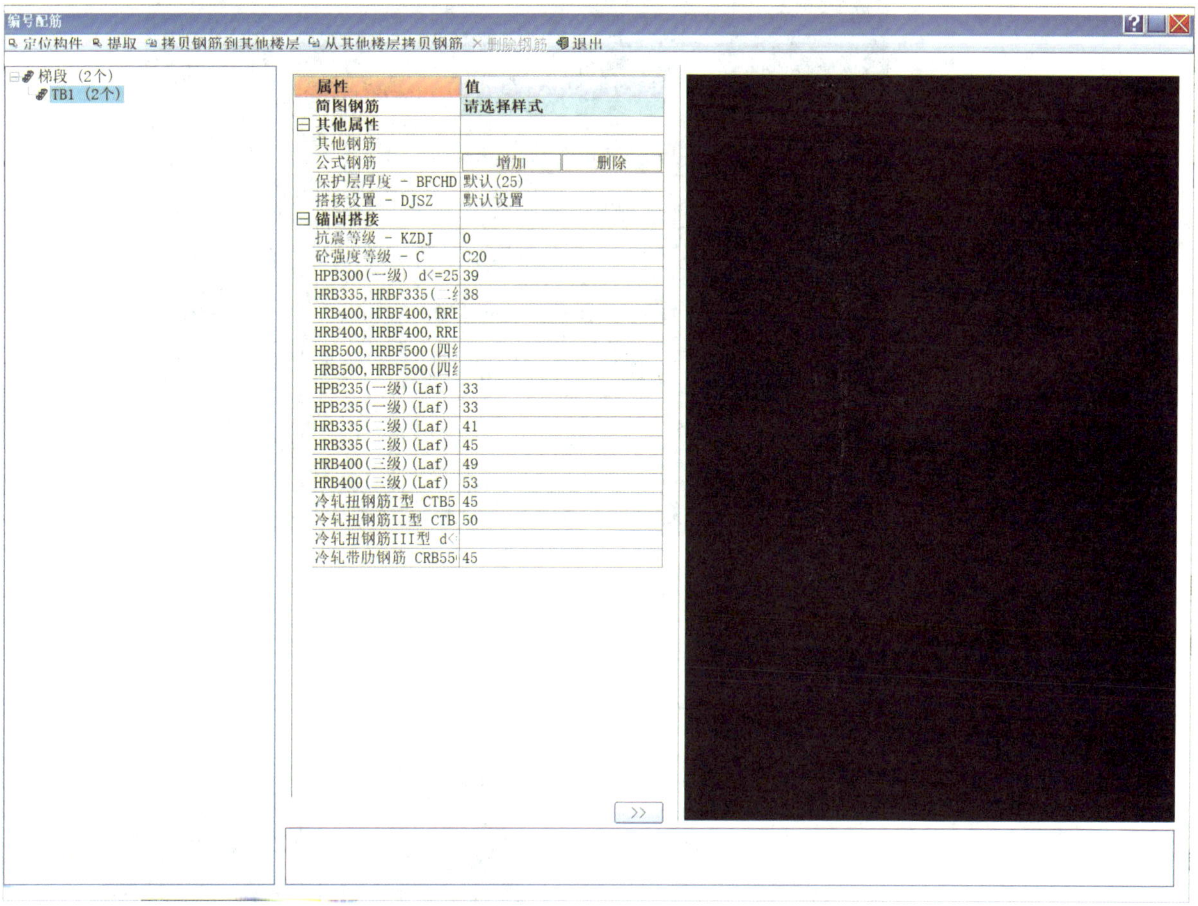

图 5-17　梯段“编号配筋”对话框

单击对话框信息输入栏中第一行“简图钢筋”的“请选择样式”位置，再单击右侧出现的下拉按钮，弹出“样式选择”对话框，如图 5-18 所示。根据楼梯钢筋详图，双击选择“样式一”，则“编号钢筋”对话框中“简图钢筋”一栏被修改为“样式一”，同时配上了钢筋信息，并在右方预览区自动生成了该梯段的截面钢筋预览缩略图。

根据图纸，手动输入修改配筋信息，完成钢筋的布置，如图 5-19 所示。这里的信息输入栏和缩略图中的内容是相互对应的，可以根据个人录入的习惯完成配筋信息的修改。完成钢筋的布置后，在对话框的构件列表中“TB1”编号字体会加粗，且左侧梯段的图标也会变色。

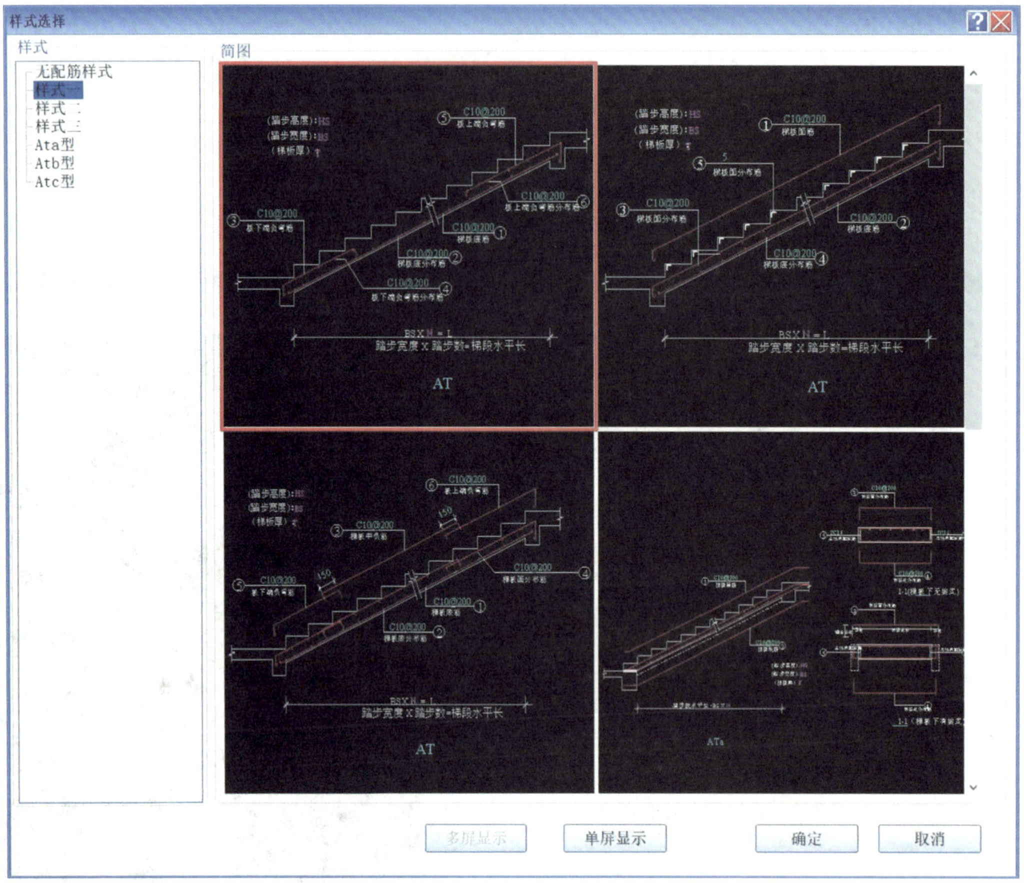

图 5-18 “样式选择”对话框

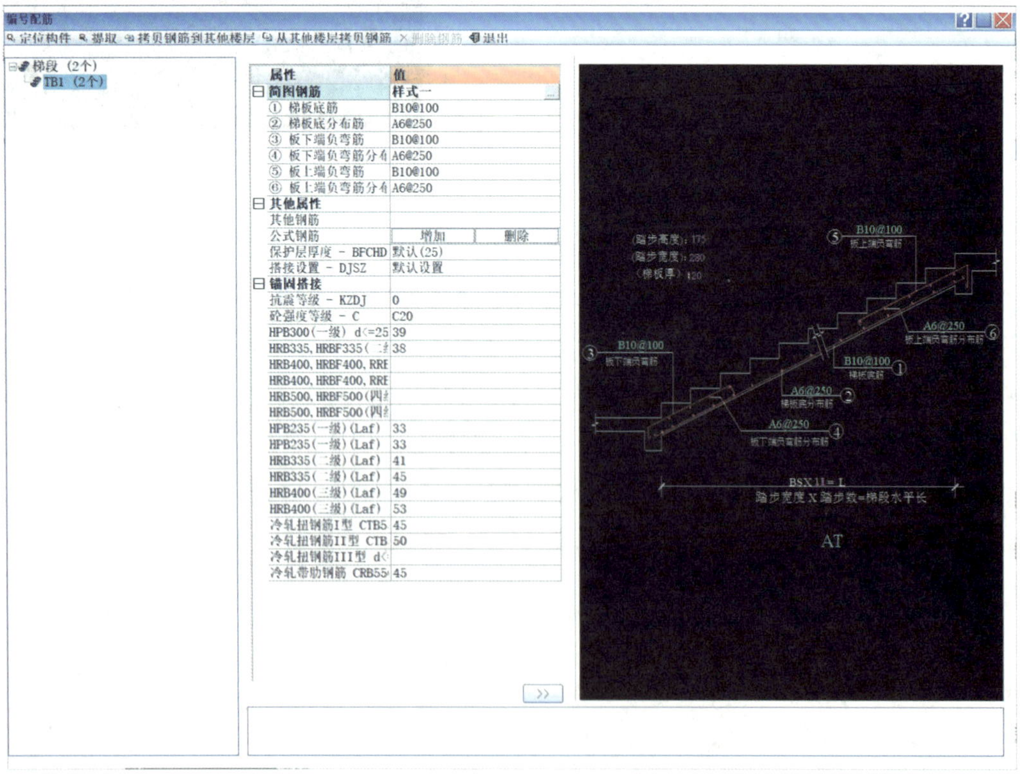

图 5-19 梯段编号钢筋设置

项目六　建筑物附属工程的工程量计算

XIANGMULIU JIANZHUWU FUSHU GONGCHENG DE GONGCHENGLIANG JISUAN

建筑物附属构筑物有台阶、雨篷栏板、散水、女儿墙压顶、脚手架等。在基本构件布置完成之后逐层检查建筑物附属构筑物是否布置完成，对比图纸逐一进行完善。本项目要求学生有较强的识图能力和观察能力，同时有较熟练的软件应用能力，因此强调在软件学习理论基础上进行大量的实践练习。经过本项目的学习，可以培养学生精益、专注的“工匠”精神。

任务一　台阶

将楼层切换到首层，首层圆形大雨篷底下是一条台阶，单击左侧菜单栏中“其他构件”下“台阶”，在弹出的导航器中，通过“编号”进入“定义编号”对话框。根据标准图集做法和图纸要求，定义好台阶的相关参数，如图 6-1 所示。

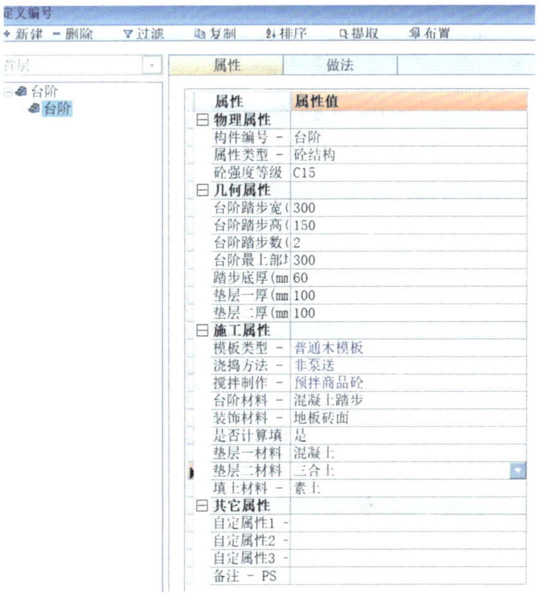

图 6-1　台阶“定义编号”对话框

由于台阶是沿着圆形雨篷投影布置的，布置台阶的方法可以参考圆形梁的布置方法，在“平行辅轴”右侧的下拉菜单中，选择“绘制轴线”，根据命令栏提示操作，绘制弧形的轴线。

布置前，需要使用键盘 <Tab> 键，调整构件布置的定位点，并修改定位点上方的“顶高度（mm）”为“0”，单击功能菜单栏中的“手动布置”，沿着绘制的弧形辅轴绘制出台阶。绘制过程中，注意观察下方任务栏中的命令，当提示“请输入直线终点 <退出> 或 [弧线（A）/ 平行（P）]：”时，选择“弧线（A）”。照这样的方法，其余的台阶便不难完成，需要注意的是，对于配有坡道的台阶，只能绘制到坡道边缘。台阶布置完成的效果如图 6-2 所示。

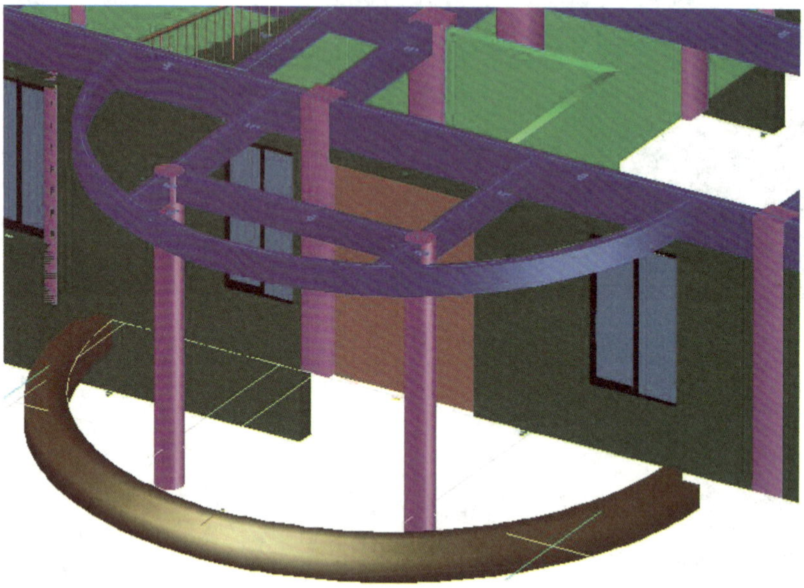

图 6-2　圆形台阶布置效果图

任务二　雨篷栏板

实例工程中首层前门弧形雨篷下的吊挂板是用软件内的栏板构件来布置的。首先按照结施工 -06（二、三层结构平面图）中雨篷详图定义栏板编号。在左侧菜单栏中“其他构件”下“栏板”的“定义编号”对话框中新建一个栏板编号，栏板的厚度为“120”，高度为“800”。

定义好编号后，开始布置栏板，进入栏板导航器。

按照施工图，栏板的顶高与弧形梁底相接，由此计算出栏板的底高应该是 2 970 mm，修改“底高”为“2970”。为了能沿着弧形梁外边绘制栏板，定位点切换成“下边”，用手动布置的方式，按照下面命令栏中的命令进行具体操作。

手动布置 <退出> 或 [框选轴网（K）/ 点选轴线布置（D）/ 选线布置（L）]：（选择圆形梁右侧起点）

请输入直线终点 <退出> 或 [弧线（A）/ 平行（P）]：（选择 A，切换到绘制圆弧状态）

请输入弧线上的点 <退出> 或 [直线（L）]：（选择弧上任意一点）

请输入弧线的终点 <退出> 或 [直线（L）]：（选择圆形梁的左侧点作为终点）

栏板布置后的效果如图 6-3 所示。

图 6-3 栏板的布置效果图

任务三 散水

以首层为例，将楼层切换至首层，地下室散水的做法按照下述介绍的操作步骤不难完成，请同学们自行布置。

单击左侧菜单栏中的“其他构件”，在展开的选项中选择“散水”，在弹出的导航器中单击“编号”按钮，进入散水的“定义编号”对话框。根据图纸 J-02（建筑一层平面图）中的要求，将散水的宽度修改为“800”，其余内容的设置如图 6-4 所示。

属性	属性值
⊟ 物理属性	
构件编号 -	SS1
属性类型 -	砼结构
砼强度等级	C20
截面形状 -	坡形

	参数	参数值
1	散水宽(mm)	800
2	垫层厚(mm)	60
3	坡度 - C	0.01

图 6-4 散水属性定义

单击“定义编号”对话框上方的“布置”按钮，返回主界面。布置前，导航器下方的属性栏数据保持默认数值，单击绘图区域上方的功能菜单按钮栏中的“手动布置”，激活该功能，并确保状态栏中“对象追踪”处于打开状态，按照图纸沿着建筑物两面布置。注意布置时，应在台阶、坡道、过道位置断开，而在有柱体突出墙面的位置不应绕过柱体，应平行于墙面布置，打开“对象追踪”对这项操作将非常有帮助。散水布置效果图如图 6-5 所示。

通过“三维着色”检查散水布置高度是否符合要求，若不符合图纸要求，则可通过“构件查询”对话框，对不满足要求的地方进行修改。

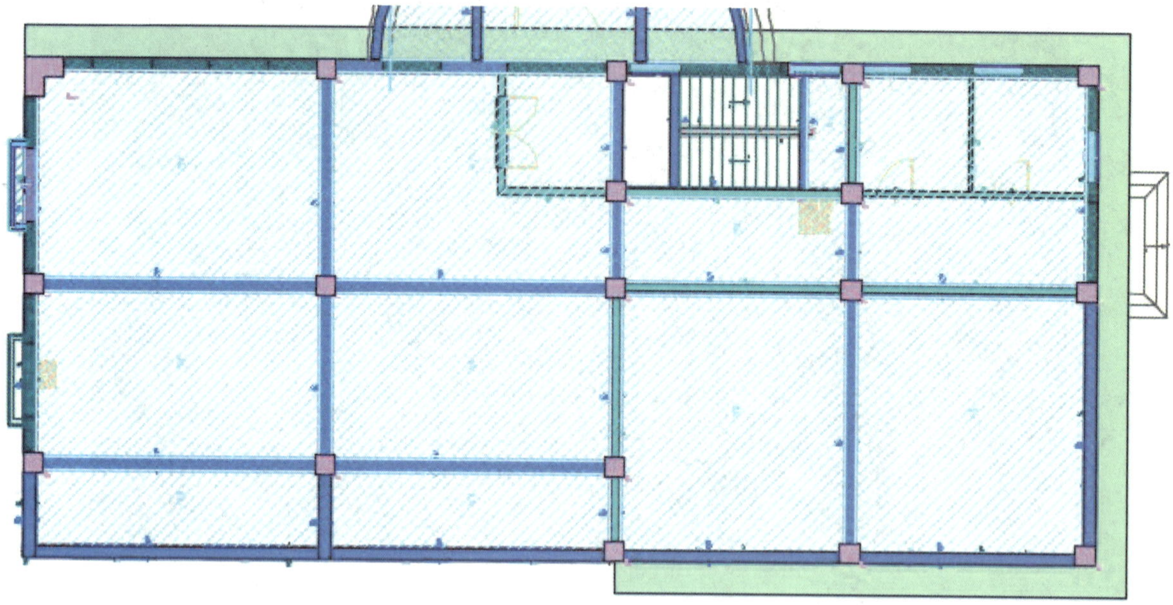

图 6-5 散水布置效果图

任务四 女儿墙压顶

一、压顶的布置

根据图纸建施 -04（出屋顶楼层平面图），出屋顶层女儿墙上设计有截宽 × 截高＝墙宽 ×80 的混凝土压顶。单击左侧菜单栏中“其他构件”下“压顶”，进入压顶“定义编号”对话框，新建一个压顶编号，修改截面尺寸“截宽”为“240”，“截高”为“80”，“砼强度等级”为“C20”。属性设置如图 6-6 所示。

属性	属性值
⊟ 物理属性	
构件编号 -	YD1
属性类型 -	砼结构
砼强度等级	C20
截面形状 -	矩形

	参数	参数值
1	截宽(mm) -	240
2	截高(mm) -	80

图 6-6 压顶属性定义

退出对话框，在构件导航器下方属性栏中将压顶底高设为“1120”，使压顶正好与女儿墙顶面相接，然后在功能菜单栏中选择“选墙布置”，根据命令栏提示，选择需要布置压顶的女儿墙，这样压顶就布置在女儿墙上了。布置完成的效果如图 6-7 所示。

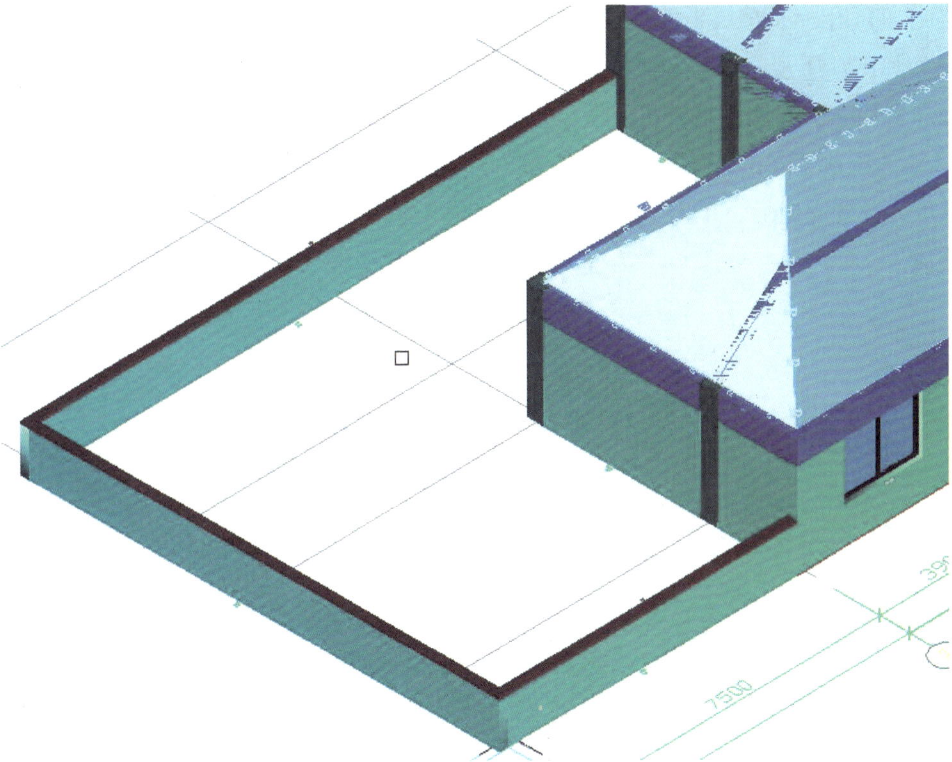

图 6-7　压顶布置效果图

二、压顶的配筋

执行“钢筋布置”命令，选择压顶，确认后弹出“编号配筋”对话框，如图 6-8 所示。

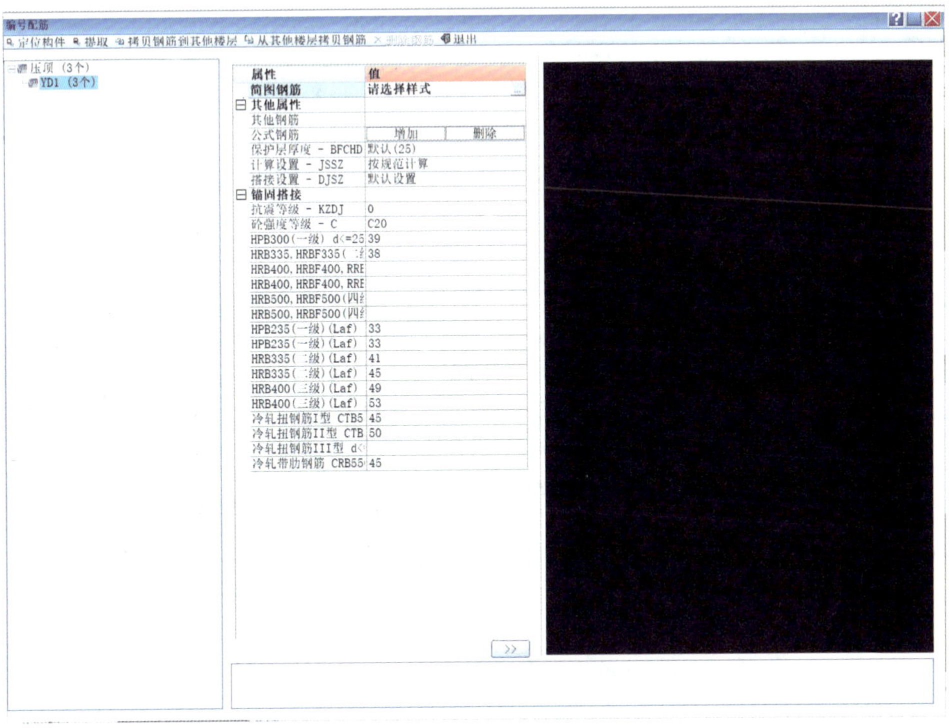

图 6-8　压顶“编号配筋”对话框

对应建施 -04（出屋顶楼层平面图）中压顶详图，在“简图钢筋”的样式选择中，选择“样式二”，则属性中自动弹出“压顶主筋”和“压顶宽向拉筋”的默认钢筋布置方式，同时在右侧预览区显示对应的钢筋布置简图。对照图纸，将“压顶主筋”设置为“2A8”，“压顶宽向拉筋”设置为“A4@200”，如图 6-9 所示。设置完成后，单击“退出”，则压顶钢筋布置完成。

属性	值
⊟ 简图钢筋	样式二
① 压顶主筋	2A8
② 压顶宽向拉筋	A4@200

图 6-9　压顶钢筋属性定义

任务五　挑檐天沟

一、挑檐天沟布置

根据建施 -05（坡屋顶平面图）施工图，坡屋顶外围有一圈檐沟，需要用软件的挑檐天沟构件来布置。单击左侧菜单栏中“其他构件”下“挑檐天沟”，进入挑檐天沟“定义编号”对话框，新建一个挑檐天沟编号，按照详图，定义属性如图 6-10 所示。

属性	属性值
⊟ 物理属性	
构件编号 -	TG1
结构类型 -	挑檐天沟
砼强度等级	C20
截面形状 -	反L形

	参数	参数值
1	截宽(mm) -	450
2	截高(mm) -	200
3	截宽1(mm) -	80
4	截高1(mm) -	80
5	截高2(mm) -	120

图 6-10　挑檐天沟属性定义

为了能让挑檐沿着建筑外围布置，需要调整定位点为左下“端点”，在示意图中可以看到定位点已经调整到左下角点。按照施工图，挑檐底标高为 18.000 m，因此挑檐顶面离本层楼地面的高差为 3 200 mm（层高 + 挑檐栏板高），录入“定位点高”栏中。用“手动布置”的方式，以 5 轴上的柱端点为起点，沿着出屋顶楼层建筑外围绘制出挑檐的布置路径，最后使路径闭合，挑檐就布置好了，如图 6-11 所示。

图 6-11　挑檐布置效果图

二、挑檐天沟钢筋布置

根据施工图G-07(屋面结构平面图)中挑檐钢筋详图，执行“钢筋布置”命令，在命令栏的提示下，选择挑檐，确认后弹出“编号配筋”对话框。在“简图钢筋”中选择“样式一”，录入“悬挑受力筋”为“B8@150”，然后录入檐底分布筋。在软件中，挑檐底板钢筋需要录入分布筋描述，而施工图中没有给出分布间距，只是给出悬挑底板有3根钢筋，这里可以先录入一个分布筋描述“A6@100”，此时要通过对话框左下方 ≫ 展开计算明细栏，将原数量公式删除，输入钢筋数量3，这样软件就能正确计算底板钢筋量了。最后录入“檐边筋”为“1A6”。挑檐所有钢筋录入完后如图6-12所示。单击“退出”便可以完成挑檐钢筋的布置。

属性	值
⊟ 简图钢筋	样式一
① 悬挑受力筋	B8@150
② 悬挑底板分布筋	A6@100
③ 檐边筋	1A6
④ 下部筋	无
⑤ 悬挑折板分布筋	无

图6-12 挑檐钢筋属性

任务六 建筑面积

建筑面积在建筑工程中是一个很重要的数据，需要单独进行设置。完成建筑物构件的布置后，将楼层切换至地下室层，从地下室逐层设置建筑面积。此处以首层为例进行讲解。

在左侧菜单栏中“其他构件”下方“建筑面积”中，创建一个建筑面积编号。在构件导航器下方属性和“定义编号”的计算属性中只有一个设置项，即建筑面积的折算系数，共分为“全面积”“1/2全面积”以及“扣减面积”三个选项设置，如图6-13所示。本实例工程中，有顶盖的外墙所围护的区域均考虑全面积计入建筑面积中，而过道和通道虽有顶盖但只有栏杆、无完整的围护结构的，只考虑1/2面积计入建筑面积中，而楼台、室外台阶、坡道等位置均不计入建筑面积。

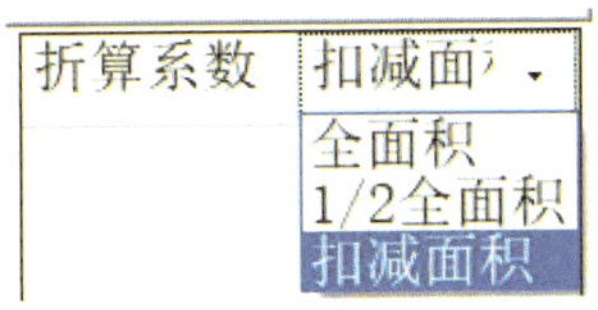

（a）位于导航器

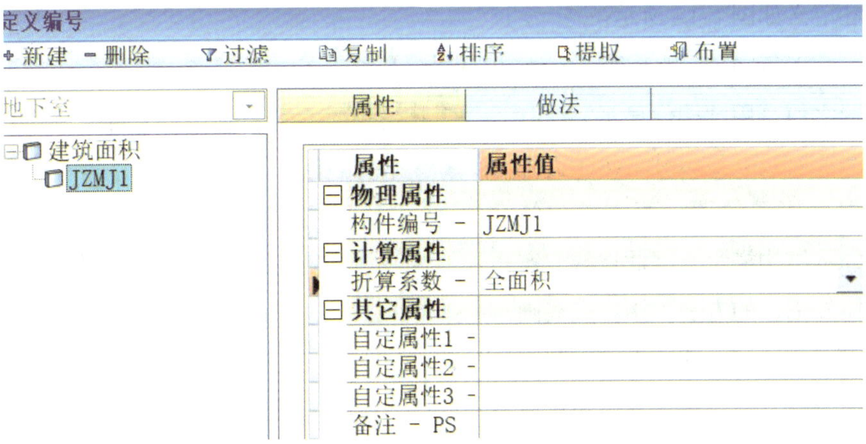

（b）位于对话框

图6-13 建筑面积的“折算系数”

利用构件的显示与隐藏功能，隐藏首层外部台阶、坡道、栏杆、扶手等构件以及过道位置内所有构件，并确认导航器属性中建筑面积的折算系数已设置为“全面积”。退出对话框，在功能菜单栏中选择“智能布置”下的“实体外围”，围着建筑物外墙以外，任意画一个多边形线框，将首层的外墙全部包裹其中，首层外墙以内的区域就完成“建筑面积”的布置了。

对于首层过道位置布置 1/2 建筑面积的情况，首先在导航器中将构件属性折算系数调整为“1/2 全面积”，可以在展开选项中，单击“矩形布置”完成该区域的建筑面积布置。

对于一些外形复杂或外部附属物较多的建筑物，在使用“智能布置”效果不佳时，还应考虑使用“手动布置”来完成。激活“手动布置”，沿着考虑建筑面积的外边线绘制一圈即可完成。

结合上述方法，便不难完成其他楼层的“建筑面积”布置。

任务七 脚手架

脚手架工程作为施工技术措施内容，也需要利用软件建模来完成工程量的计算。建筑物脚手架工程需要根据施工组织设计方案要求以及当地计价定额规定进行设置。本节讲述综合脚手架、满堂脚手架和砌筑脚手架的布置方法，同学们可根据工程对应资料的实际情况和所在地定额的要求，对脚手架计算的种类进行取舍。

一、综合脚手架

在左侧菜单栏中“其他构件”下方“脚手架”中，新创建一个脚手架编号，在“定义编号”对话框中，将构件编号名称修改为“综合脚手架”。由于是外脚手架，搭设需要从室外地坪开始搭设，因此底层脚手架的“底高度”设置成“- 300”，其他楼层的底高度设置成“0”。地下室的脚手架属性定义如图 6-14 所示。

下面布置脚手架。在布置之前，用“构件显示”功能在图面上只显示柱和梁。进入脚手架导航器，要沿着建筑外围结构搭设，因此选择“实体外围”的方法，用多义线画出一个线框，使地下室被包围在线框之内，单击鼠标右键使多义线闭合的同时，脚手架就沿着建筑外围布置上去了。

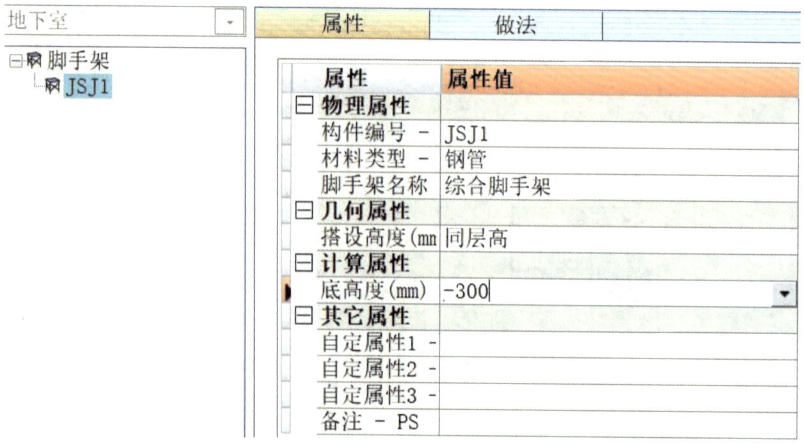

图 6-14 地下室脚手架属性定义

二、满堂脚手架

在脚手架的“定义编号”对话框中，单击“新建”按钮，创建一个新的构件。该脚手架的名称修改为“满堂脚手架”，其余属性保持默认即可。布置满堂脚手架前，用“显示”功能，隐藏房间内部的梁、柱；用“智能布置”的“点选内部生成”功能，在房间内部取一点，满堂脚手架就布置在房间内了。

三、砌筑脚手架

砌筑脚手架并不需要创建构件单独进行布置，只要修改“输出工程量”选项即可。单击快捷菜单栏中的“算量设置”按钮，如图 6-15 所示，弹出“算量选项”对话框。在对话框中，选择“工程量输出”标签，“定额”选项，在“砌体墙”构件中“输出工程量”页面，添加“砌墙脚手架面积”为输出内容，则该选项栏的颜色发生改变，如图 6-16 所示。这样，在工程量输入时，就可以查看“砌筑脚手架”的工程量数据了。

图 6-15　算量设置快捷键

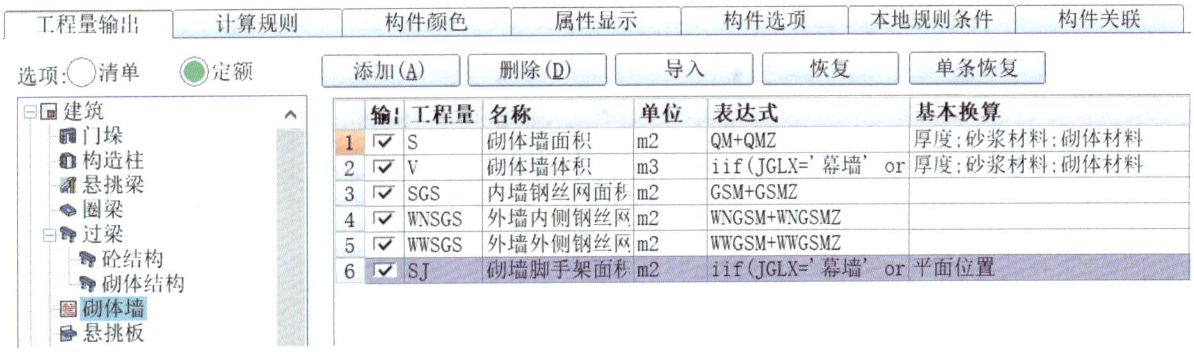

图 6-16　脚手架工程量统计

项目七 装饰工程的工程量计算

XIANGMUQI ZHUANGSHI GONGCHENG DE GONGCHENGLIANG JISUAN

房屋的装饰可以分为内装饰、外墙装饰、零星装饰和屋面装饰等，其布置方式根据图纸的装饰要求，在“定义编号”对话框中进行设置。在本项目的学习中，强调装饰和结构之间、装饰和装饰之间的系统性，体现装饰工程布置中协作的重要性。通过本项目的学习，可以引导学生认识到团队协作和互利共赢的重要意义，培养爱岗敬业的精神。

任务一 内装饰工程

在软件中，房间内装饰的计算采用装饰构件的布置来实现，例如装饰菜单中的“地面”“天棚”“墙面”“踢脚”和“墙裙”等布置内容。为了方便布置，软件还提供了“房间布置”功能，可以像楼梯组合一样同时布置一个房间内的地面、天棚、墙面和踢脚等所有装饰，如图 7-1 所示。

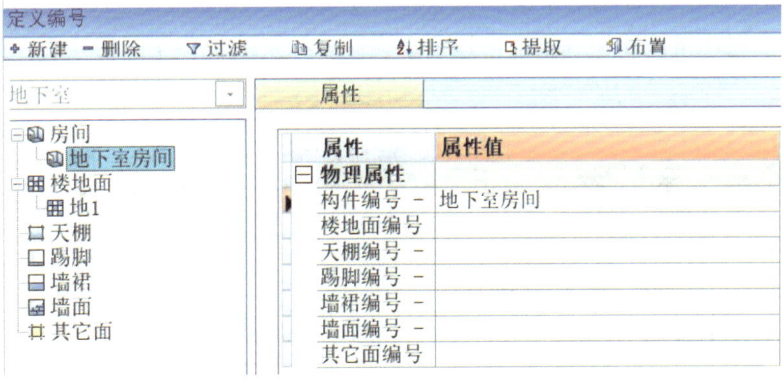

图 7-1 房间属性定义

不同的房间，其装修做法差别较大，需要严格依照建筑设计总说明中的装饰内容进行设置。这里以地下室和首层为例进行说明。

一、地下室内装饰

（一）地下室地面

首先定义地面的编号。单击左侧菜单栏中“装饰”下的“地面”，在弹出的导航器中单击“编号”按钮，进入地面的“定义编号”对话框。根据建筑说明，将编号改成“地1”，软件中提供了非常详细的地面属性，可以对材料和安装方式进行定义。对已知的“垫层厚”“找平层厚”“卷边高”“面层厚”“房心回填高度”进行修改后，其余未知内容保持默认，地面的属性定义如图7-2所示。

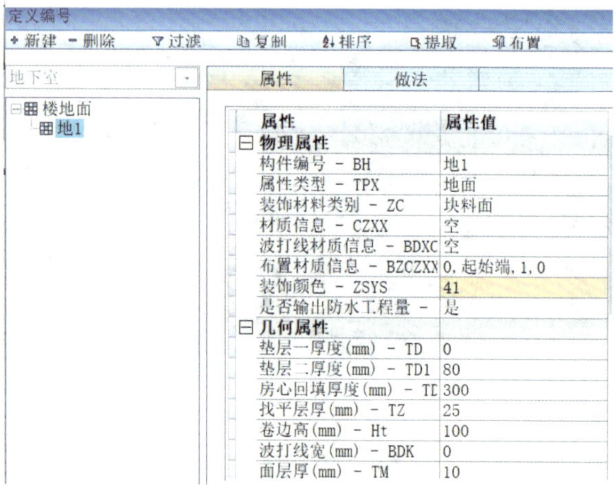

图7-2 地面属性定义

（二）天棚

实例工程的天棚有两种，在定义天棚装饰时，可以同时将两个编号都定义好，后面选用即可。

单击左侧菜单栏中“装饰”下的“天棚”，新建两个天棚编号，依据建筑设计总说明，天棚1和天棚2的属性设置如图7-3和图7-4所示。

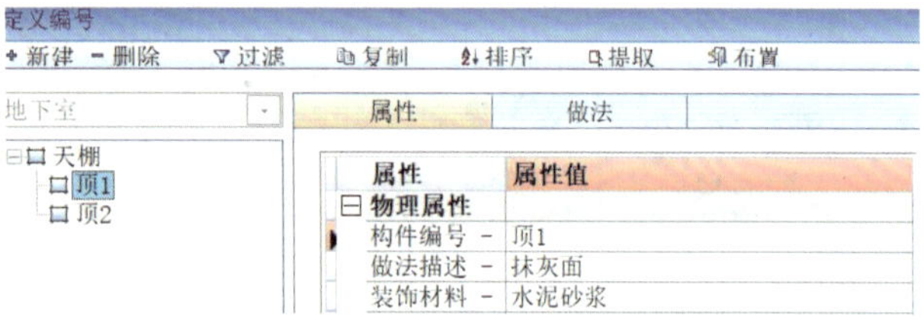

图7-3 顶1属性定义

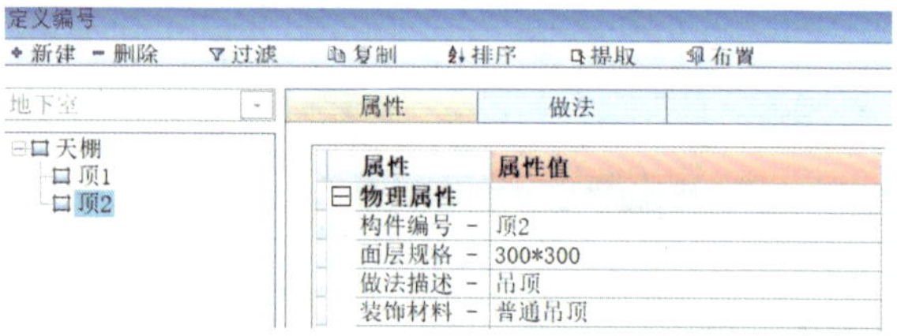

图7-4 顶2属性定义

在做法描述中，软件提供了“抹灰面”与“吊顶”两种类型，分别对应不同的计算规则，必须依据建筑说明正确指定。地下室天棚是抹灰面，顶1的做法套用，如图7-5所示。

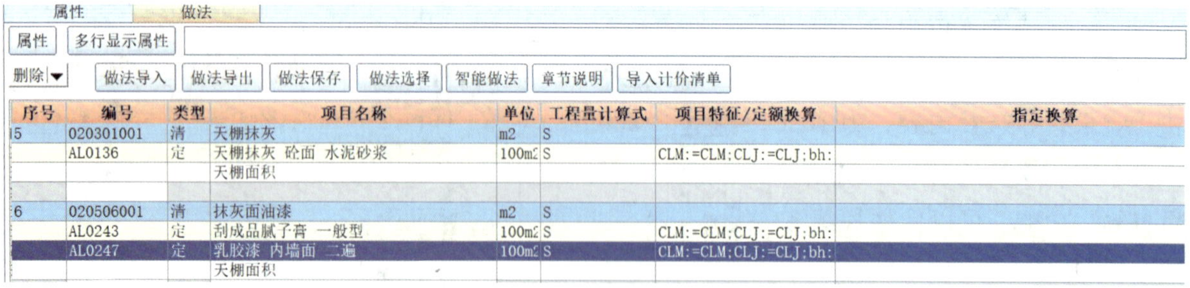

图7-5 顶1的做法

（三）踢脚、墙裙、墙面

按照建筑总说明的要求，分别对踢脚、墙裙、墙面这些装饰面新建各自的编号和属性定义，其定义属性分别如图7-6至图7-8所示。

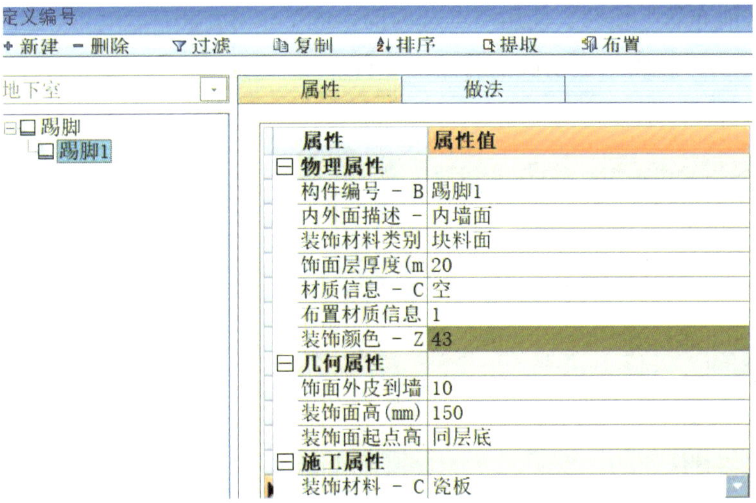

图 7-6　踢脚属性定义

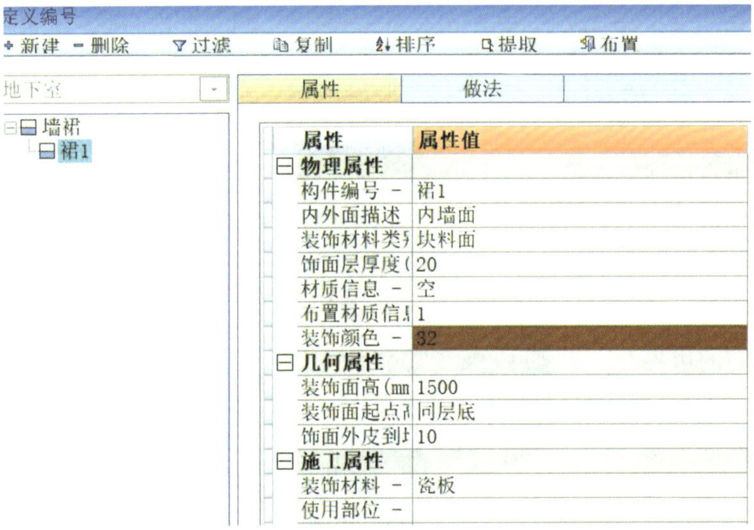

图 7-7　墙裙属性定义

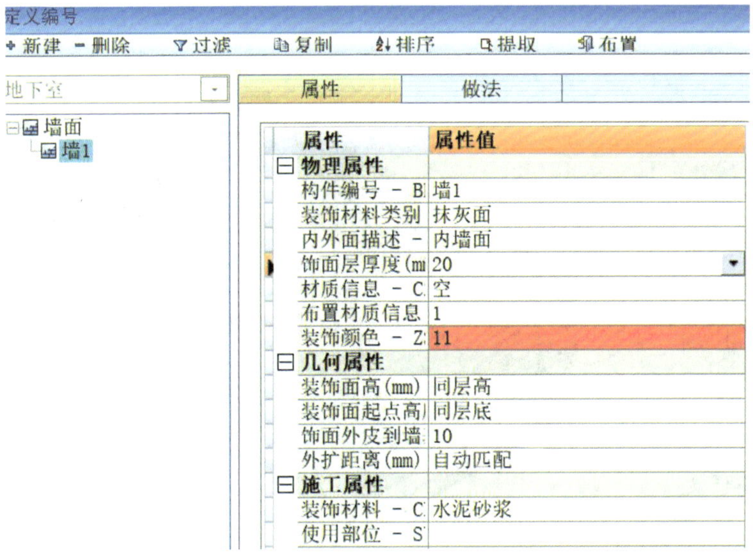

图 7-8　墙面属性定义

（四）房间布置

定义好地面、踢脚、墙裙、墙面和天棚的编号后，下面就可以组合房间编号了。

进入“装饰”菜单下的“房间”，在“定义编号”对话框内的房间节点下新建一个编号，编号直接按建筑设计总说明的房间名称即可，如将地下室的构件编号设为“地下室”。

在房间编号下的各属性值单元格内单击下拉按钮，会展开前面定义好的装饰编号，如在“墙面编号”属性值栏中单击下拉按钮，展开的就是已定义好的“墙 1”，当然定义了多少就会展开多少。在展开的内容中选择一个对应的编号，依次将一个房间的楼地面、天棚、踢脚、墙裙、墙面编号定义好，由于地下室没有墙裙，故不布置墙裙。地下室的房间定义如图 7-9 所示。

房间的做法已经包含在它的各个分项构件的定义中，因此房间无须再挂接做法。定义好房间编号后，便可以进行布置了。在房间布置导航器中，不仅可以选择需要布置的构件类型，还可以对每一类构件的尺寸参数进行修改。例如将“侧壁”和“天棚”的对勾去掉，便只可以布置房间中的地面，在右侧的“值”栏目中可以修改地面的装饰高度。

单击“房间”布置下的任务栏“智能布置”按钮，使用“点选内部生成”命令，在命令栏提示下在房间区域内单击，就将组成房间的各编号构件布置到房间内了。

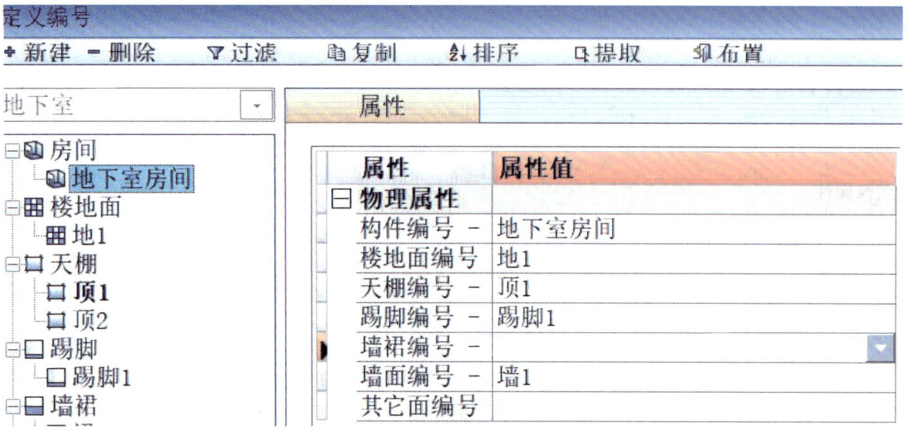

图 7-9 房间属性定义

图 7-10 房间布置导航器

可以将房间的组成内容如地面、天棚、侧壁（墙面、墙裙、踢脚）分开来进行布置，要将房间元素分开，只需在图 7-10 中，取消“布置地面”“布置侧壁”“布置天棚”对应的复选框勾选，在布置时就不会产生这个构件。单独布置地面、天棚稍有区别，因为它们的边界轮廓不同。布置地面、天棚的方法与板类似，只需在图面上显示墙和柱，其他构件全部隐藏起来。

布置好的房间装饰如图 7-11 和图 7-12 所示，显示为土黄色的便是装饰构件。

图 7-11 带天棚的装饰效果

> **温馨提示**
>
> 当出现侧壁工程量分析为 0 或者偏小时，可能由以下原因引起：侧壁没有贴紧墙面，与墙面之间有一定的距离。布置侧壁时，如果在房间中显示了比墙宽的梁，则使用“CAD 搜索布置或智能布置”方法布置的侧壁便会沿着梁边界绘制，而不是贴着墙面，这样软件便无法分析出墙面面积。

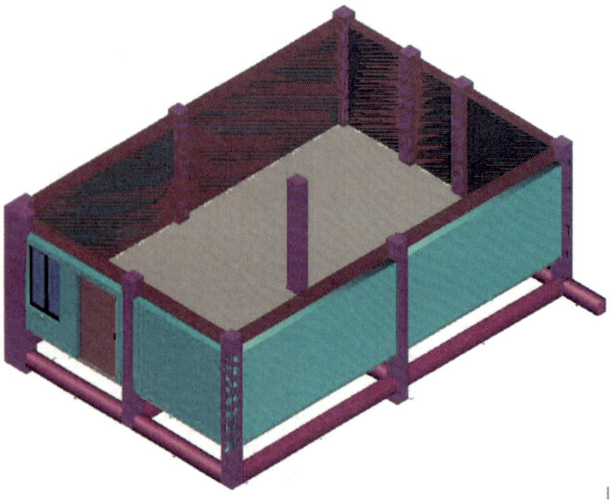

图 7-12 不带天棚的装饰效果

通过定义房间编号来布置房间装饰的方法不适用于房间内装饰做法较复杂的情况，例如实例工程首层中走道的地面做法分为两种，就不能在房间布置时统一布置地面，而需要单独用地面布置处理。

二、首层内装饰

从一层平面图可以看出，首层的房间有餐厅、厨房、楼梯间和卫生间，需要分别布置这四个房间的装饰。由于实例工程是一个吊脚楼，因此首层的地面做法比较特殊，以 3 轴为界，3 轴左边的地面在混凝土楼板上，而右边的地面在地坪上，在定义和布置地面时，应有所区分。首先进入房间布置的“定义编号”对话框，在定义房间编号之前，先定义楼地面编号。

依据建筑说明的装饰做法说明建立地面编号，首层的餐厅以及楼梯间中 3 轴左边的部分地面做法是“楼 1”，在地面节点中建立一个“楼 1”编号，其编号属性如图 7-13 所示。其余装饰构件的属性根据建筑设计总说明，通过在“定义编号”对话框中把地下室的装饰定义和做法复制到首层即可。

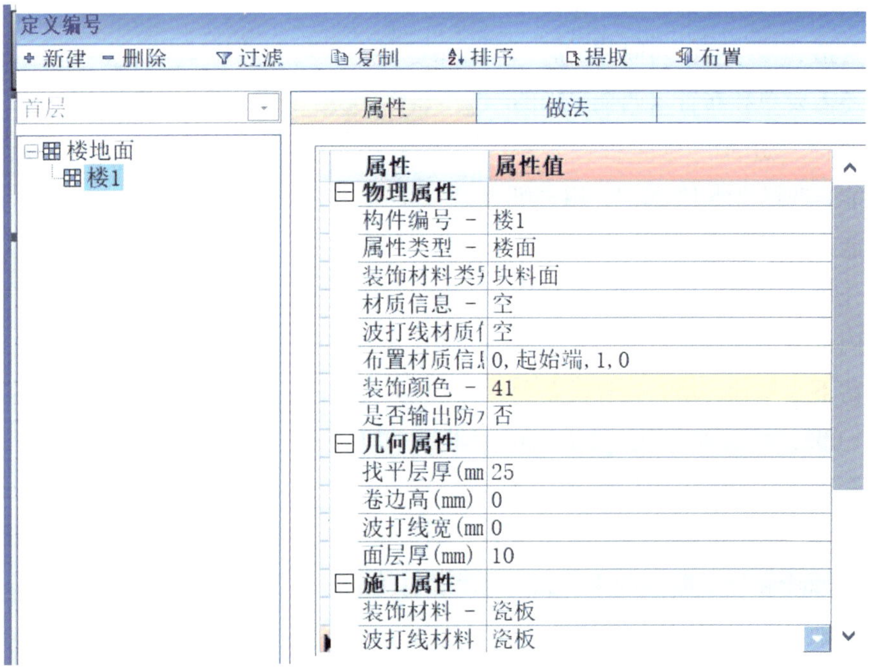

图 7-13　楼 1 属性定义

在房间节点下新建房间编号，这里以餐厅走道房间为例，其编号属性定义如图 7-14 所示。由于餐厅走道的地面做法有两种，且不能与房间中的其他装饰统一布置，需要分别处理，因此这里暂时不选择楼地面编号。同理，楼梯间也需要这样处理。

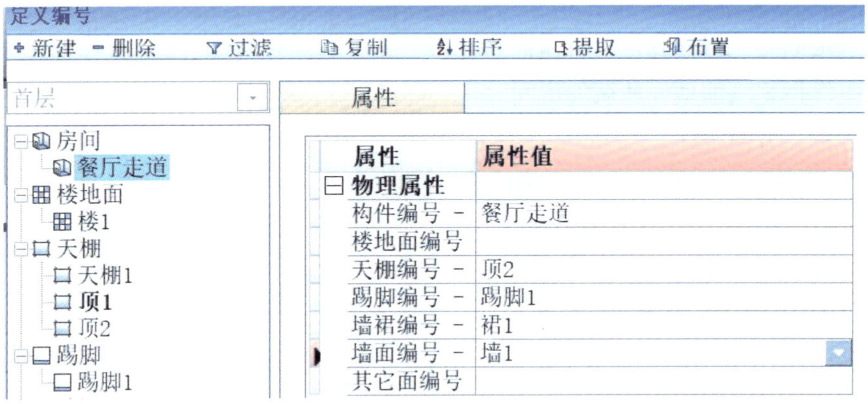

图 7-14　餐厅走道组合属性定义

用同样的方式，参照建筑设计总说明，建立厨房、卫生间以及楼梯间的房间编号。其装饰组合分别如图 7-15 至图 7-17 所示。

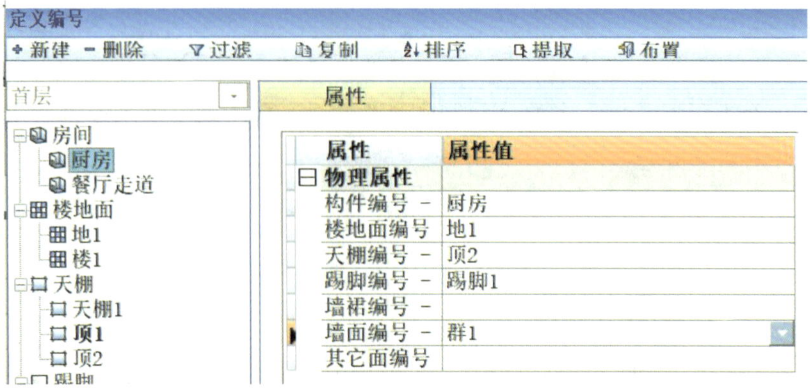

图 7-15　厨房装饰组合

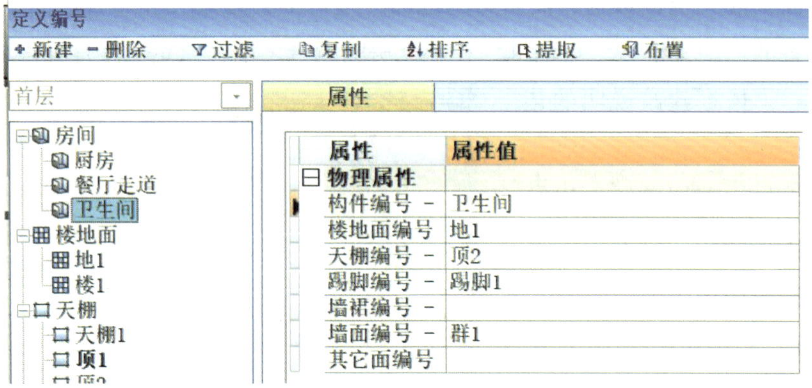

图 7-16　卫生间装饰组合

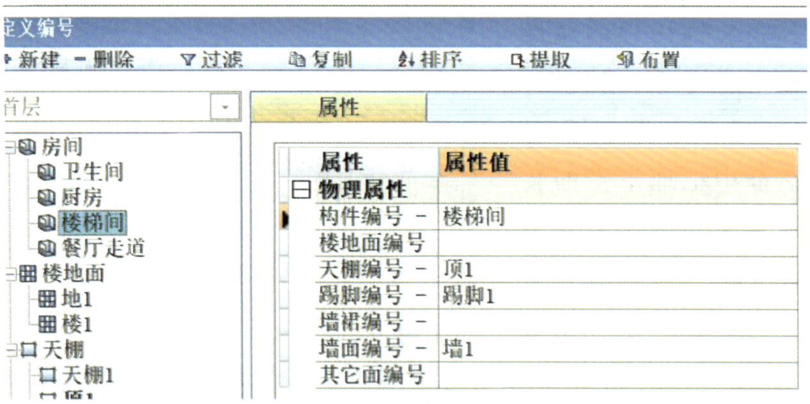

图 7-17　楼梯间装饰组合

定义好各类装饰编号后，就可以布置房间装饰了。在布置之前可以用“显示”功能只显示柱、墙、门窗和轴网，然后进入“房间布置”功能，分别在房间的封闭区域内布置上相应的房间装饰。布置完餐厅走道和楼梯间的房间装饰后，还需要单独布置这两个房间的地面。进入“地面布置”功能，选择“楼 1”编号，用“智能布置”的方式进行布置。首先用“隐藏构件”功能将餐厅内部的轴网以及边柱隐藏，只留下 3 号轴，增大延长误差到 1 000，然后将地面“楼 1”布置到餐厅中。下面切换到“地 1”编号，同样将走道中的 4 号轴线和柱子隐藏起来，以 3 号轴为界，将“地 1”布置到走道中。按同样的步骤，布置完楼梯间的两种地面。可以进入地面的“构件查询”对话框中，指定当前地面所属的房间名称，方便统计。

温馨提示

部分房间顶棚采用吊顶。一般情况下，施工图并不会直接给出吊顶安装高度，而是需要结合所在房间的梁体高度进行具体设置，通常吊顶高度贴梁底安装。在导航器属性中修改“天棚高（mm）”中的对应数值，即可完成吊顶安装高度的修改。

三、独立柱装饰

独立柱的装饰应该另外定义一个编号单独布置，可以在房间定义时新建一个“独立柱”编号，再将踢脚、墙裙、墙面进行组合，布置时只布置侧壁即可。选择功能菜单栏中“智能布置”下拉菜单中的“选柱布置”，在绘图区域中采用单击或框选的方式选中图中需要布置的柱子，该柱子就会布置对应的装饰构件。

独立柱装饰挂接做法如图 7-18 所示。

序号	编号	类型	项目名称	单位	工程量计算式	项目特征/定额换算
17	020202001	清	柱面一般抹灰	m2	St	
	AL0009	定	水泥砂浆 独立柱(梁)面 异形柱(梁)面 其它面面积	100m2	St	CLM:=CLM;BH:=BH;

图 7-18　独立柱装饰挂接做法

四、房间不封闭的装饰处理

实例工程中有部分区域没有墙体等构件，使得该区域无法形成完整的闭合状态。这样的情况下无法直接使用“智能布置”中的“点选内部生成”。

单击左侧屏幕菜单栏中的“自定义构件”按钮，在展开的选项中单击“自定义线”，在弹出的导航器中默认生成一个名称为“X1”的构件，如图 7-19 所示。该构件无须进入“定义编号”对话框中进行任何修改，按已创建的默认属性即可。用手动布置的方式沿着“上层建筑投影线”进行绘制。这样，因为有“自定义线”构件的存在，在该区域就会形成一个在平面上完整的由实体构件分隔的闭合区域。此外，由于采用的是“自定义线”的方式，不形成一个实体的面，因此墙面和踢脚装饰等面构件不会在此处布置，符合实际情况。

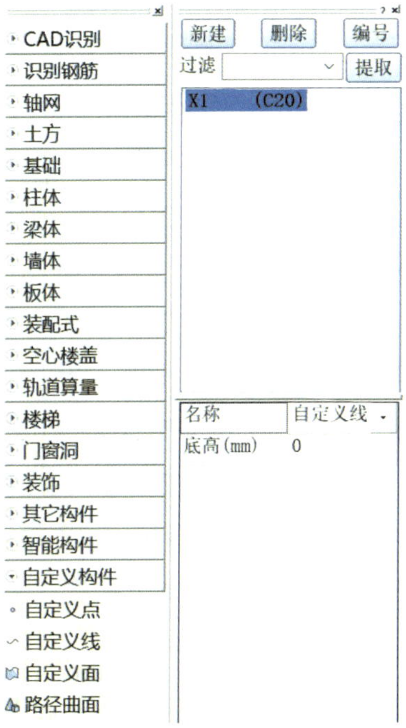

图 7-19　导航器中自定义线“X1”构件

任务二　外墙装饰工程

外墙装饰工程主要包括外墙面和勒脚面。根据工程项目的特点，主要使用墙面、墙裙以及踢脚等装饰构件来完成，外墙装饰构件同样使用内装饰构件，其新建和定义与室内装饰大体一致，但在布置方式上会有所不同。以地下室为例进行说明。

根据图纸建施 -01（建筑设计总说明）和建施 -07（建筑立面图），在“装饰”菜单下“墙面”内新建一个墙面编号，将其编号改为“外墙 1”，内外墙描述指定为“外墙面”。属性定义如图 7-20 所示。在地下室和一层外墙的底部有一圈 400 mm 高的花岗岩勒脚，在“装饰”菜单下“墙裙”内新建一个编号为“勒脚”的装饰面，其属性定义如图 7-21 所示。

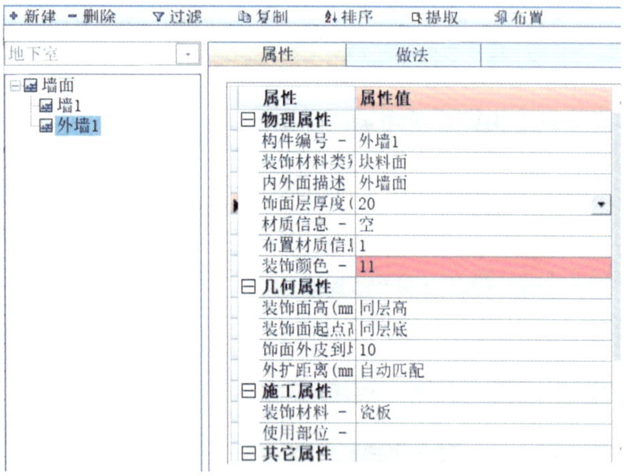

图 7-20　外墙属性定义

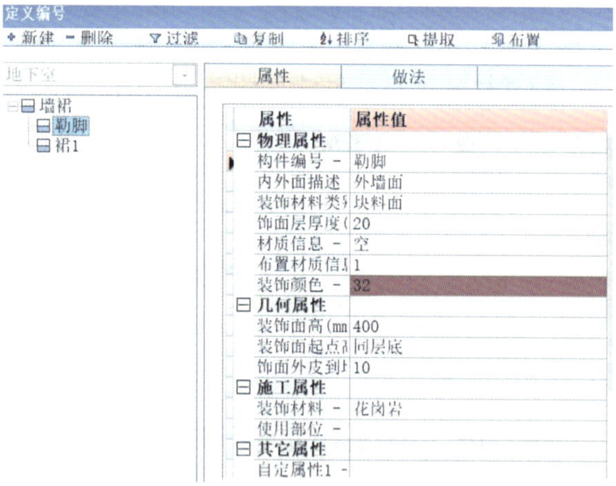

图 7-21　勒脚属性定义

由于本实例的地下室外墙底部还有一个勒脚，需要在“房间”菜单下组合一个编号为“带勒脚外墙面”的装饰编号。组合时不要组合楼地面和天棚的编号，如图 7-22 所示。组合完后布置到外墙面上即可。地下室只有两面外墙需要做外装饰，3 轴和 E 轴上的墙是挡土墙，与土壤相接无须做外装饰。这里用“手动布置”的方式，沿着外墙外边沿画出两面外墙的侧壁轮廓，单击鼠标右键确认，即可生成外墙装饰面。

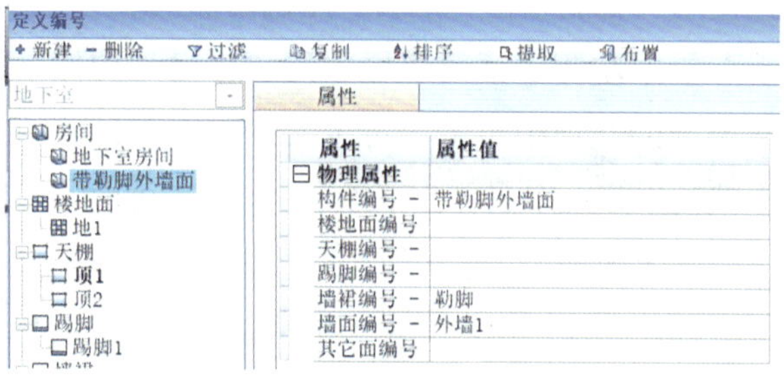

图 7-22　带勒脚外墙面属性组合

地下室外墙勒脚花岗岩的挂接做法如图 7-23 所示。

序号	编号	类型	项目名称	单位	工程量计算式	项目特征/定额换算
9	020204001	清	石材墙面	m2	Sft	
	AL0047	定	水泥砂浆粘贴装饰石材　墙面	100m2	Sft	CLM:=CLM;BH:=BH;
			非砼面墙裙一面积			
			砼面墙裙面积			
			非砼面墙裙二面积			
			非砼面墙裙三面积			

图 7-23　地下室外墙勒脚花岗岩挂接做法

地下室外墙瓷板面挂接做法如图 7-24 所示。

序号	编号	类型	项目名称	单位	工程量计算式	项目特征/定额换算
9	020204003	清	块料墙面	m2	Sft	
	AL0030	定	素水泥浆　一遍	100m2	ZTCQMJ	CLM:=CLM;
			非砼墙面一面积			
			砼墙面面积			
			非砼墙面二面积			
			非砼墙面三面积			

图 7-24　地下室外墙瓷板面挂接做法

> 温馨提示
>
> 由于屋顶层有些墙面是斜的，其最高点有 5 500 mm 高，所以在定义楼梯间、卫生间和会议室的侧壁时，要将墙面的装饰面高设为“5 500”，即坡屋面屋脊的高度，这样软件才能正确分析出斜顶墙的装饰工程量。

任务三　零星装饰工程

在门口台阶上部、雨篷面、女儿墙等位置也需要考虑装饰做法。这些位置有的缺少墙体，有的缺少顶面，使得这些位置的装饰构件比较单一，因此布置装饰构件时，可以不需要使用“房间”组合各装饰构件的方式来完成，只需要使用对应装饰的构件单独布置即可。

一、台阶的装饰

在左侧菜单栏中选择“装饰”下的“地面”。在弹出的导航器中新建一个“用于台阶防滑地面砖地面”，“房心回填厚度”为“0”，其余保持默认状态。

通常设计图并不会对室外台阶顶面有具体的设计做法要求，因此可使用其中一种地面进行布置。由于是在室外，不可重复计算房心回填量，因此需要另行创建构件，将房心回填厚度设为“0”，不得利用已布置完毕的地面构件修改房心回填厚度。

选择功能菜单栏中“智能布置”下的“矩形布置”，在命令栏的指示下，沿着台阶上边缘端点向墙体沿对角线方向画一个矩形，这样对应的装饰构件就被布置上去了。

二、女儿墙装饰

女儿墙的装饰可分为女儿墙内装饰和外装饰两种，在“装饰”菜单下选择“墙面”，新建墙面构件，用功能菜单栏中“智能布置”下的“选墙”布置进行装饰的配备。调整导航器下方的属性“墙面装饰面高”为“同墙顶”，根据命令栏提示，选择女儿墙体内边线位置，确定后，女儿墙装饰构件就会布置完毕。

> 温馨提示
>
> 立面零星装饰构件布置时，需要注意构件布置的范围，否则将导致计算的工程量存在较大偏差。使用“手动布置”的方法是为了满足一些“智能布置”无法完成的情况。

任务四 屋面装饰工程

由于实例工程中三层顶的①~②轴和 A ~ B 轴之间区域与①~③轴和 C ~ E 轴区域是平屋面，为了屋面的排水畅通，一般平屋面会设计找坡，如果用简单的楼地面来做屋面，则计算不出找坡材料的体积，所以软件提供了专门计算平屋面的构件布置功能。首先将楼层切换到三层。

在“装饰”菜单中选择“屋面”，根据建筑说明上的“屋 1”定义屋面编号，该层屋面采用“上人屋面”做法。在“定义编号”对话框中新建一个构件，“构件编号”改为“屋 1”，然后定义参数，其余选项保持默认，如图 7-25 所示。

定义完属性后，回到主界面。在功能菜单栏中选择“手动布置”，按照命令栏提示在需要布置屋面的外轮廓上将屋面的外轮廓描画出来，接着从“屋面调整”的下拉菜单中选择“屋面编辑”，弹出“屋面编辑”对话框，如图 7-26 所示，将标签切换到“汇水”界面。

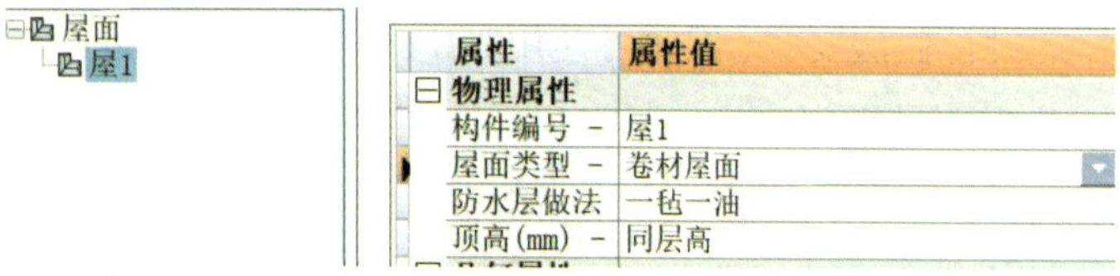

图 7-25 屋面属性定义

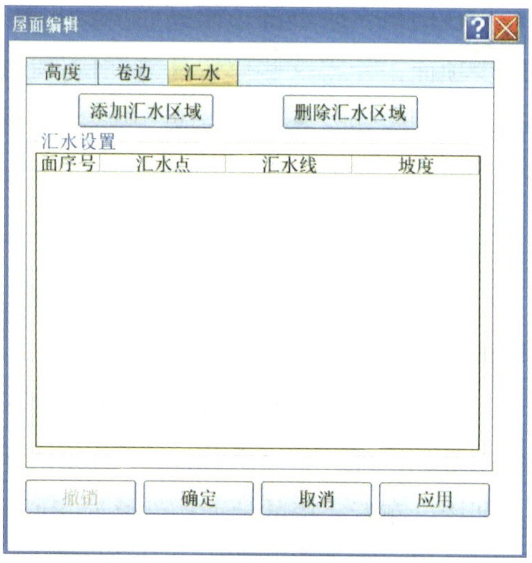

图 7-26 “屋面编辑”对话框“汇水”界面

单击对话框中的“添加汇水区域”按钮，光标回到绘制的屋面区域内，将一块一块的汇水区域再次描画出来（就是屋面上找坡的分块区域），直至所有的分块区域都描绘完毕。这时绘制的汇水区块会按绘制的秩序按“面序号”的形式列表在“汇水设置”的栏目内，根据汇水的方式，按“汇水点”或“汇水线”的方式分别单击单元格中的按钮。如果是汇水点（将周围的水汇到这个点），光标在界面中单击汇水点的地方，则汇水点就生成了，表示这个点是本块汇水区的最低点，四周的水将流向这里；如果是汇水线（水流方向线），则光标在需要设置的汇水区域内从高向低的方向画一条线，表示水流方向，设置好坡度，依次进行，直至全部汇水点或汇水线设置完成，检查无误后单击“确定”按钮，带坡度的平屋面就布置完成了。注意，一个汇水区域内不可以同时进行“汇水点”和“汇水线”的设置，只能取其中的一种。

平屋面的计算项目见表 7-1。

表 7-1　平屋面的计算项目

构件名称	计算项目
平屋面	保温隔热层面积
	保温层面积
	找平层面积
	卷材防水面积

平屋面挂接做法如图 7-27 所示。

序号	编号	类型	项目名称	单位	工程量计算式	项目特征/定额换算	
10	010803001	清	保温隔热屋面	m2	S		
	AK0133	定	屋面保温 加气砼块	10m3	XS	BH:=BH;	
	AI0014	定	找平层 水泥砂浆1:2.5 厚度20mm 在砼	100m2	S	MCCL:=MCCL;ZPOCL:=ZPC	
	AI0080	定	广场砖 水泥砂浆缝宽13mm	100m2	S	MCCL:=MCCL;ZPOCL:=ZPC	
			卷边面积				
			屋面面积				

图 7-27　平屋面挂接做法

项目八 检查、分析与统计及工程算量报表

XIANGMUBA JIANCHA FENXI YU TONGJI JI GONGCHENG SUANLIANG BAOBIAO

模型构件布置完毕后，便可以计算对应的工程量了。在输出工程量之前，为了避免出现错误，需要对模型构件进行逐一核查。经过软件计算得到的工程量数据是可以进行调整的。本项目介绍了工程量统计和钢筋工程量统计的方法。学习本项目，可以培养学生局部与整体的大局意识，从细节检查到局部核对，从局部计算到整体算量输出，再从整体报表中检查局部数据。此外本项目有助于引导学生认识事物和社会，厘清局部和整体之间的辩证关系，树立良好的世界观、价值观和人生观，培养严谨认真的工作态度。

任务一 工程量统计

模型建好并给构件挂接好做法后，便可以计算工程量了。在输出工程量之前，应对建筑模型进行检查，核对构件的模型是否有问题，还应对计算规则进行校验，避免工程量计算错误。

一、图形检查

图形正确与否，关系到工程量计算是否正确。在图形建立过程中，由于各种原因，会出现一些错漏、重复和其他一些异常的情况，将会影响工程量计算的准确性。可以利用图形检查功能对完成的图形进行检查，消除误差，保证计算数据的正确。

在系统菜单栏中的“算量辅助”展开的功能按钮中单击“图形检查”，弹出“图形检查”对话框，如图 8-1 所示。

对话框中“楼层”栏目可以选择需要检查的楼层，“检查构件”可以选择确定哪些构件来参与检查，在前面打钩表示这个构件参与检查。“检查方式”用于选择执行哪些检查项，项目前打钩表示执行该项检查。“全选”“全清”“反选”按钮表示全选、全清除或反向选中上栏目内的内容。单击“检查报告”按钮用于执行检查后查看检查结果。单击“执行检查”按钮用于按照选择的检查内容来执行检查。单击“取消”按钮用于退出对话框，什么都不做。

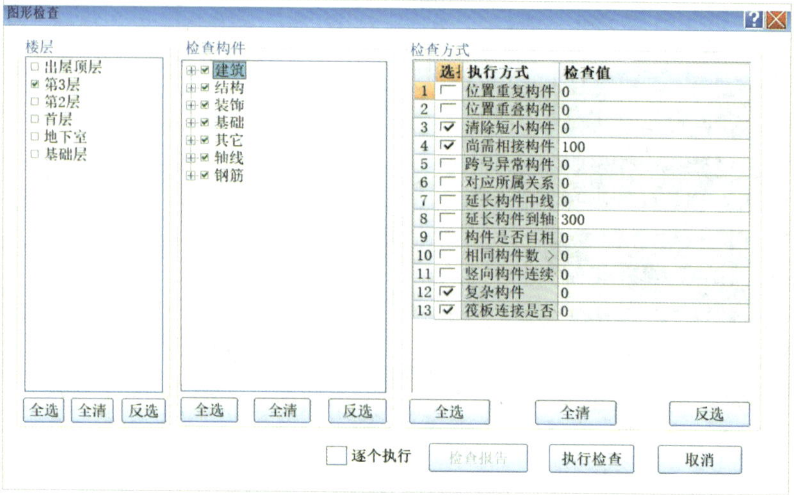

图 8-1 “图形检查”对话框

软件在“检查方式”中提供了 13 种检查方式。

（1）“位置重复构件”指相同类型构件在空间位置上有相互干涉的情况。检查结果提供自动处理操作。重复构件指在一个位置同时存在相同边线重合的构件。

（2）“位置重叠构件”指不同类型构件在空间位置上有相互干涉情况。检查结果提示颜色供用户手动处理。重叠构件指在一个位置两个构件相交重叠的构件，边线不一定重合。

（3）“清除短小构件”指找出长度小于检查值的所有构件。检查结果提供自动处理操作。

（4）“尚需相接构件”指构件端头没有与其他构件相互接触，仅限墙、梁构件。检查结果提供自动处理操作。检查值指设定的一个界定值，当所检查的构件端头与其相接构件的距离大于 0 且小于或等于该值时，被检测为尚需相接构件。

（5）“跨号异常构件”指找出跨号顺序混乱的梁，检查结果提供自动处理操作。同时程序默认梁跨方向从左至右、从下至上为正序。如果同一编号梁既有正序又有反序的，对钢筋计算会有一定的影响，检查结束后会将该编号梁的编号与跨号在屏幕上输出，用户可根据需要手动修改。

（6）“对应所属关系”指根据门窗洞口构件与墙的位置关系，将布置或识别时没有安置到邻近墙体的洞口构件就近安置，确保扣减准确度。检查结果提供自动处理操作。

（7）“延长构件中线”指根据柱和梁的位置关系，将梁的中线伸入柱构件的中点，达到延长梁构件的中线长的目的。

（8）“延长构件到轴线”指根据构件和轴线的位置关系，将线性构件延伸到与轴线接触。

（9）“构件是否自相交”用于检查构件是否自相交（板、筏板、天棚、坑槽）。

（10）“相同构件数＞ 1”用于检查相同构件数大于 1 的构件。

（11）“竖向构件连续性”表示竖向构件连续性只能单独执行，且默认全楼层，只检查柱与暗柱。

（12）“复杂构件”用于检查复杂的板、天棚、筏板：面积大于 5 000 m^2，或者点数大于 100 个。建议拆分，以便计算汇总的时候更快。

（13）“筏板连续是否错误”用于检查连接模型有错误的筏板。建议删除筏板连接，再重新连接，以便保证模型的正确。

根据自身要求，在图 8-2 所示的对话框中，在“楼层”“检查方式”“检查构件”各个选项中，确定需要检查的方式和构件后，其余选项保持默认，单击对话框下方的“执行检查”按钮，进行检查。

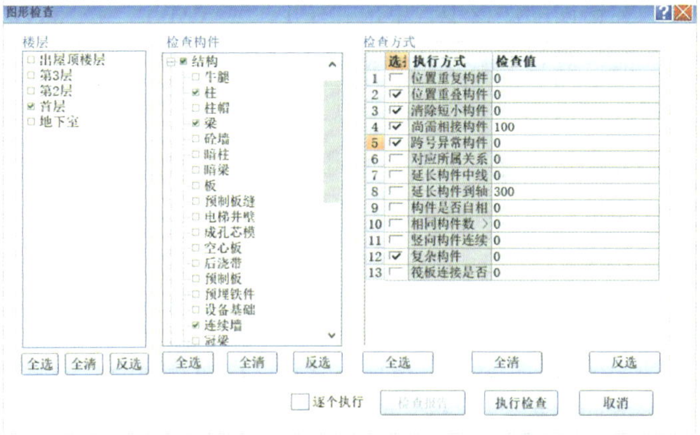

图 8-2　“图形检查”对话框

例如，可以检查首层的墙、柱和梁中短小的构件和尚需相接的构件，对于尚需相接构件，还需输入一个检查值，表示两个构件相隔多远时需要进行连接，这里软件默认按 100 mm 来检查。软件勾选的检查方式和检查构件如图 8-3 所示。单击“执行检查”按钮，等检查进度结束后，会弹出“图形检查结果”对话框，如图 8-4 所示。同时在下方文字提示栏中生成检查结果，如图 8-5 所示。根据提示，该层存在“尚需相接构件”共两处，可以在“图形检查结果”对话框中单击“修复”栏对应的按钮，软件则按照默认的方式快速自行处理错误。修复或忽略的构件则会相应地显示在“修复构件”或“忽略构件”标签下的列表。

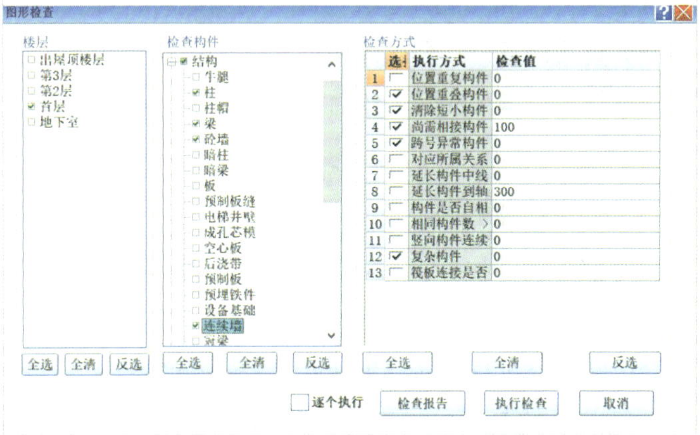

图 8-3　实例检查项目勾选内容

如果需要对构件逐一进行检查，则需要在“图形检查结果”对话框下方 □逐个执行 前打钩，则“执行检查”后，出现对应的检查处理浮窗，如图 8-6 所示。

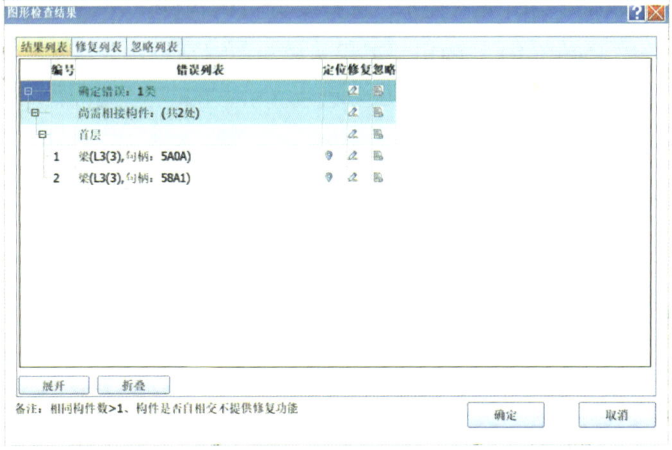

图 8-4　“图形检查结果”对话框

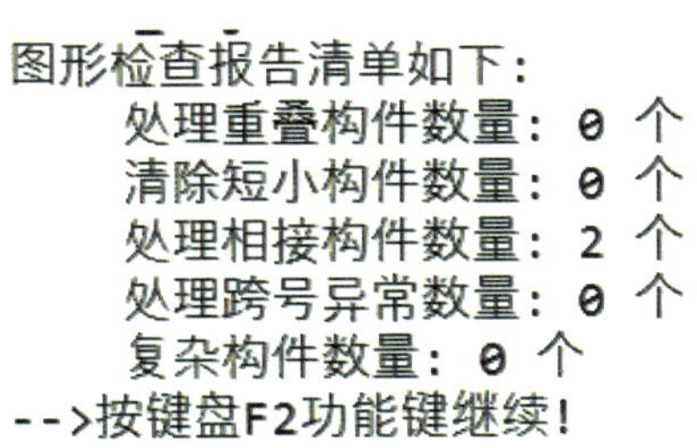

图 8-5　有错误时的文字提示栏显示情况

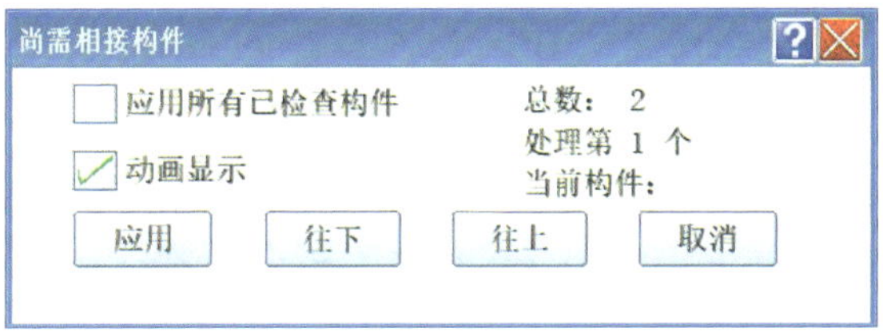

图 8-6　“尚需相接构件”的处理浮窗

在错误的浮窗中，单击“往下”或“往上”按钮，可以实现在多个同类错误构件之间进行切换，切换时，软件会快速定位到对应的错误位置。单击“应用”按钮，软件则按照默认的方式快速逐一自行处理错误；若软件的默认处理结果不合适，用户还可自行更改。

如果不想逐一修正，则可以勾选“应用所有已检查构件”左边的方框，再单击“应用”按钮，软件便可以一次性修正所有的异常构件。

在图 8-2 的 13 项检查方式中，“位置重复构件”和“已检查构件”“位置重叠构件”出现时，需要分析产生错误的原因，有时直接单击“应用”按钮，使用软件的默认处理方式并不合适，这时，可利用浮窗对应按钮，快速寻找错误的所在位置，根据情况进行修改；而“延长构件中线”执行与否，对于这些构件的计算结果并无影响；有时，执行“尚需相接构件”和“延长构件到轴线”检查时不分析情况，机械地执行还会造成不应有的错误。此外，在实际工作中，进行构件布置时，一旦出现“位置重复构件”和“位置重叠构件”的错误时，都会出现明显的红字提示，通常用户会及时更改，一般不会将错误遗留到全部构件布置完成后的图形检查阶段。其余检查方式直接执行软件默认的方式，其处理结果可满足实际工作的需要。

二、构件查量

对部分构件作分析的时候，既要看图形构件的几何尺寸，也要看该构件与周边构件的关系，用于确定扣减计算规则的设置。图形构件的几何尺寸及其布置情形，以及与之关联的扣减计算规则设置，都会影响构件工程量的分析计算。

以首层的 KL8（4）为例进行说明。单击快捷菜单栏中的“查量”按钮，如图 8-7 所示。根据命令栏出现的提示“选择要分析的构件”，选中 KL8（4），弹出“工程量核对”对话框，如图 8-8 所示。

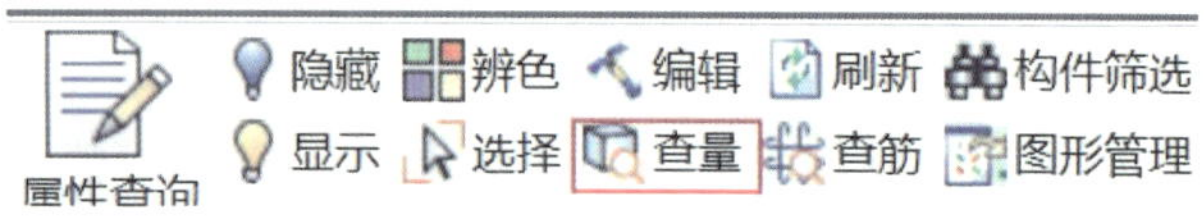

图 8-7 “查量”按钮

在“工程量核对”对话框中，其主要界面可分为计算式、扣减规则和效果缩略图界面三部分。在“计算式”界面中，计算的工程量可分为“输出工程量”和“属性工程量”两种。“输出工程量”是构件计算的关键，它的计算结果将直接体现在工程量数据报表和其他主要数据的应用操作中，同时为了与“属性工程量”进行区分，其数据部位零的计算式的字体采用了红色表示。“属性工程量”为“输出工程量”的组成部分，因为其数据与实际工作中所使用的数据关联不大，除单独使用“查量”等操作外，一般不会单独表现出来。

单击图 8-8 中“计算式”的任意位置，“工程量核对”对话框右侧就会显现对应的效果。单击“输出工程量”第 1 项工程量内容“S 梁模板面积（m^2）（SDi + SL + SR + Sq + Sz + SCZ）”右的计算式“2*0.3 < B > *5.5 < L > + 4*5.5 < L > *0.65 < H > + 2*0.3 < B > *7 < L > + 4*7 < L > *0.65 < H > − 7.5 <板> = 32.5”中任意位置，则在右侧“缩略图区域”中出现该计算式对应的构件的缩略图效果，如图 8-9 所示。按照同样的方法，单击第二行内容的计算式位置，并对缩略图上方“相关构件”左侧打钩，则对梁体积会有影响的相关构件也会一并显示出来，如图 8-10 所示。

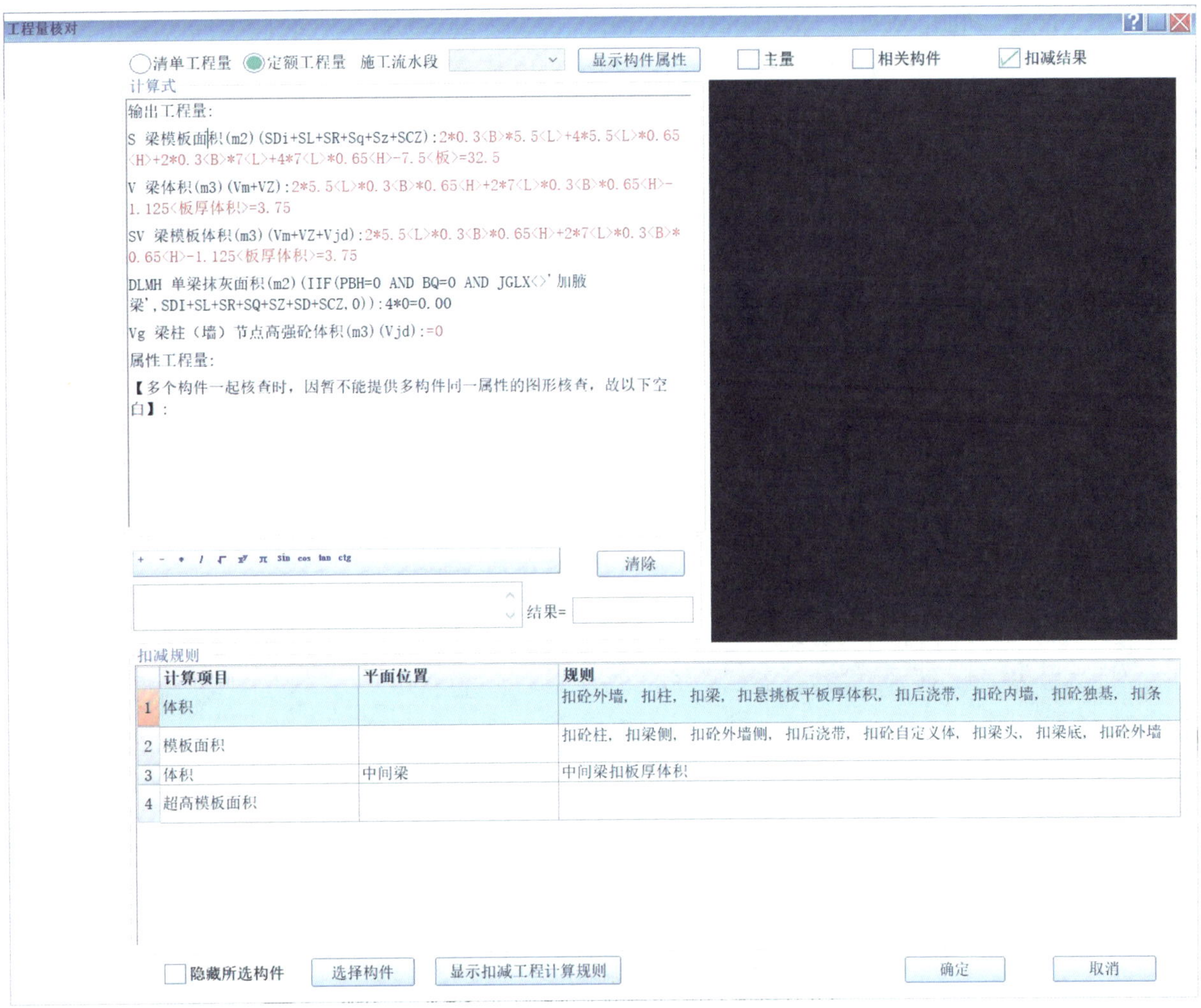

图 8-8　“工程量核对”对话框

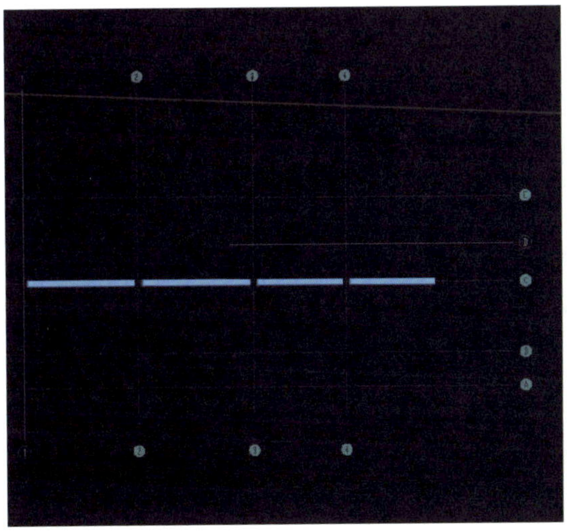

图 8-9　“梁模板面积”对应的缩略图效果

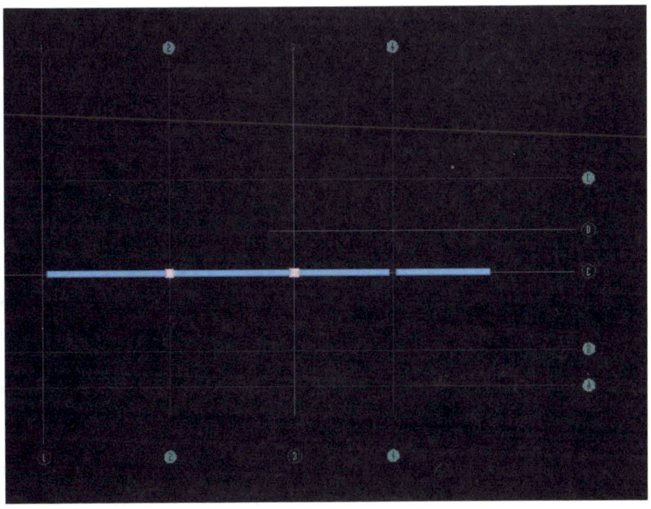

图 8-10　相关构件影响的梁构件缩略图效果

在下方的“扣减规则”界面显示对应计算项目扣减规则，提供清楚的扣减信息，绝大多数情况都不宜调整。此外，还可单击下方的“显示扣减工程计算规则”按钮，显示扣减规则对应的文字内容，如图 8-11 所示。

使用“查量”功能，还可以一次性选择多个构件，其结果显示为被选中多个构件的“输出工程量”汇总结果，但“属性工程量”只会显示为空白，如图 8-12 所示。

温馨提示

不同类型的构件不能同时查量，会出错误提示。并非所有的计算项目中的计算式都会显示对应的缩略图。

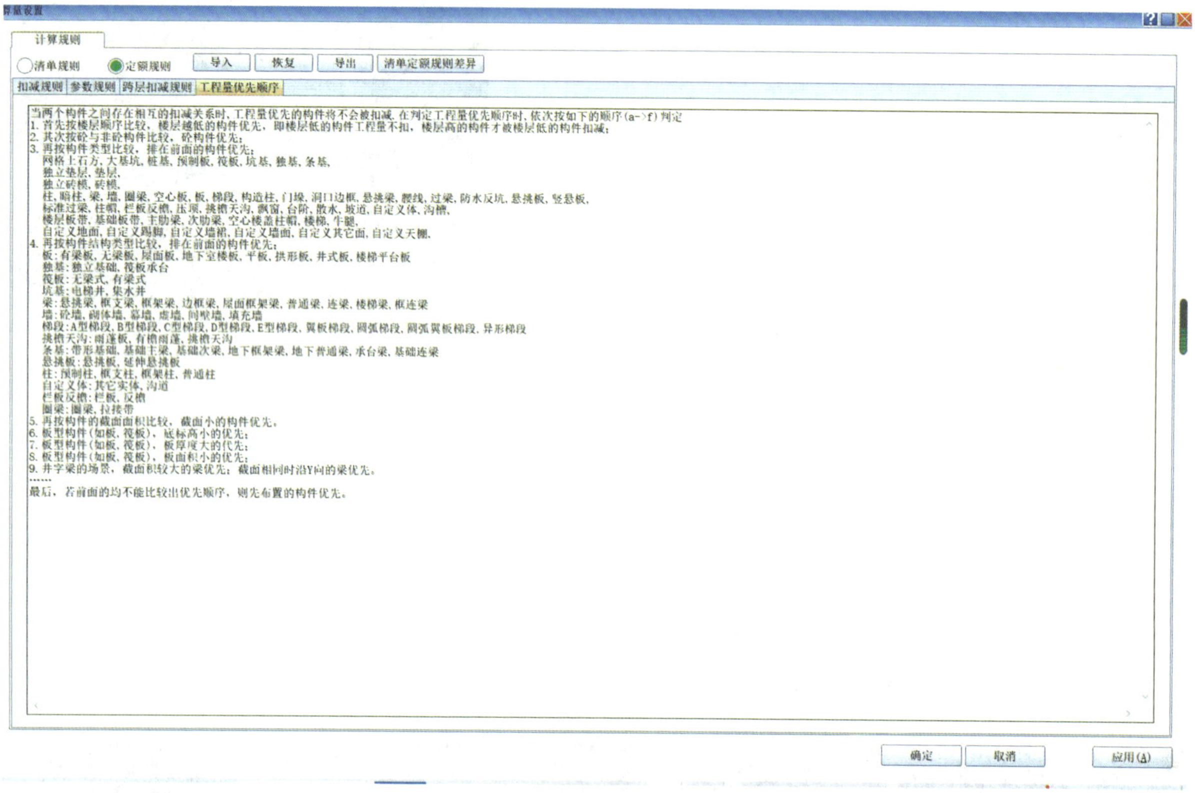

图 8-11 扣减规则对应的文字内容

输出工程量:

S 梁模板面积(m2)(SDi+SL+SR+Sq+Sz+SCZ):0.1719+0.716<L>*0.4<H>+0.7106<L>*0.4<H>+0.25<B>*0.4<H>+0.7093+2.8657<L>*0.4<H>+2.8603<L>*0.4<H>+0.3<B>*5.4986<L>+2*5.4986<L>*0.65<H>+0.3<B>*5.5014<L>+2*5.5014<L>*0.65<H>+0.3<B>*7<L>+2*7<L>*0.65<H>+0.3<B>*6.5<L>+2*6.5<L>*0.65<H>-0.3779<梁头>-0.1321<栏板头>-4.7991<板>-0.063<柱>-0.163<梯段>=37.5072

V 梁体积(m3)(Vm+VZ):0.6754<L>*0.25<B>*0.4<H>+2.825<L>*0.25<B>*0.4<H>+5.4986<L>*0.3<B>*0.65<H>+5.5014<L>*0.3<B>*0.65<H>+7<L>*0.3<B>*0.65<H>+6.5<L>*0.3<B>*0.65<H>-1.0406<板厚体积>=4.0869

SV 梁模板体积(m3)(Vm+VZ+Vjd):0.6754<L>*0.25<B>*0.4<H>+2.825<L>*0.25<B>*0.4<H>+5.4986<L>*0.3<B>*0.65<H>+5.5014<L>*0.3<B>*0.65<H>+7<L>*0.3<B>*0.65<H>+6.5<L>*0.3<B>*0.65<H>-1.0406<板厚体积>=4.0869

DLMH 单梁抹灰面积(m2)(IIF(PBH=0 AND BQ=0 AND JGLX<>'加腋梁',SDI+SL+SR+SQ+SZ+SD+SCZ,0)):6*0=0.00

Vg 梁柱（墙）节点高强砼体积(m3)(Vjd):=0

属性工程量:

【多个构件一起核查时，因暂不能提供多构件同一属性的图形核查，故以下空白】:

图 8-12 选多个构件“计算式”界面

三、构件编辑

快捷菜单栏中的“编辑”功能用于修改构件的材料、截面尺寸等属性值。单击按钮后，激活该功能，弹出“构件编辑”对话框，如图 8-13 所示。在选择要编辑的构件之前，可以先在对话框中设置构件筛选条件。单击“过滤”选项下拉按钮，在下拉菜单中选择构件类型，如图 8-14 所示。

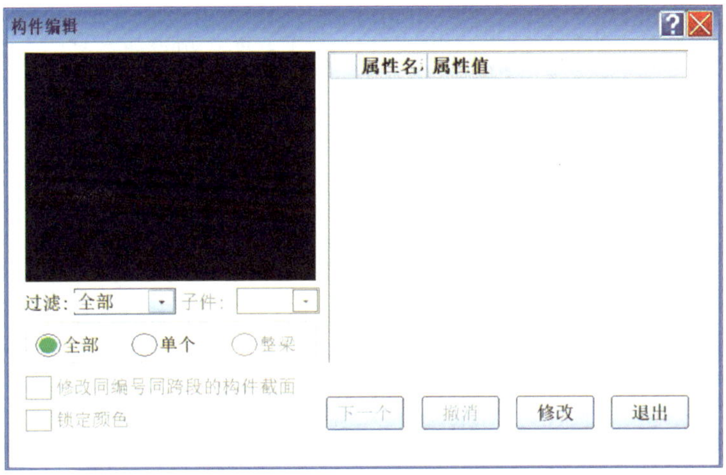

图 8-13　“构件编辑”对话框

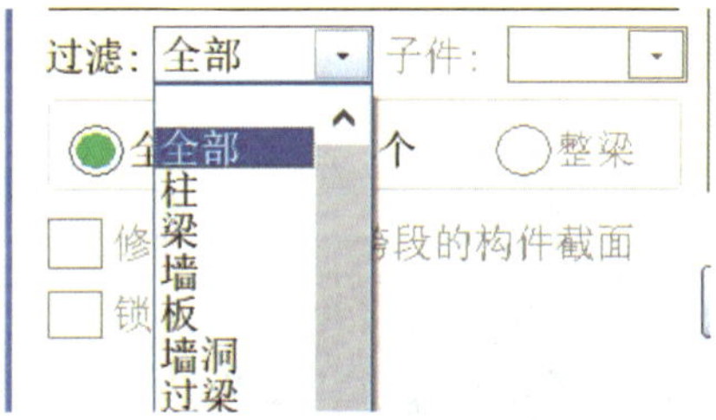

图 8-14　构件筛选条件

例如选择柱，则在图面上框选构件时，软件只选中框选范围内的柱构件，其他构件自动忽略。选择构件时，可以批量选择多个同类构件进行查询，单击鼠标右键确认，则对话框中显示出柱的属性名称和对应的属性值，如图 8-15 所示。

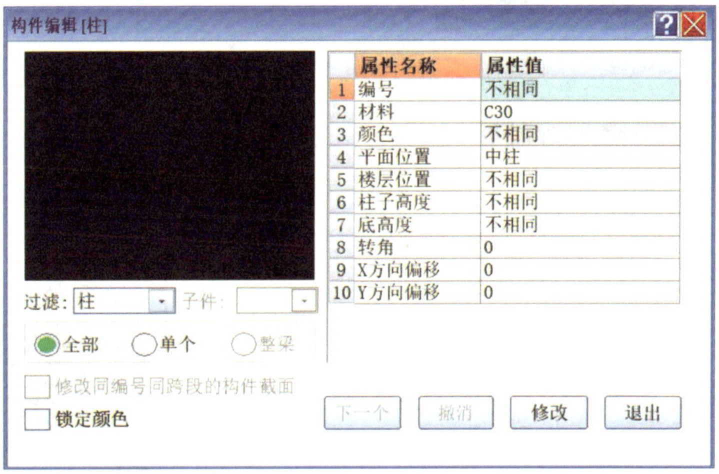

图 8-15　“构件编辑 [柱]”对话框

此时可以对显示的属性值进行修改，例如“编号”“材料”“平面位置”“楼层位置”“柱子高度”以及“颜色”等。利用“构件编辑”只能修改构件中的可改属性，如果在构件属性中有无法修改的属性（即只能在定义编号中修改的属性），将不会显示在“构件编辑”对话框中。批量选择构件时，如果在幻灯片下方的修改选项中选择“单个”，则可以逐个修改柱子，单击“下一个”按钮，便可以修改下一个柱子的属性。如果选择“全部”，则修改的属性会作用于所选择的所有柱子；在钢筋工程量计算中，为了计算第三层部分顶层柱的柱筋，需要修改三层部分柱子为边柱或角柱，其楼层位置要改为顶层，则可以用“构件编辑”功能选择要修改的柱子，在对话框中修改“平面位置”和“楼层位置”即可。这里还可以修改所选构件的颜色，用于突出显示修改过的或者具有某种特征的构件。修改属性后，必须单击“修改”按钮，修改才有效。

选择梁时，修改选项中的“整梁”会变成可选择状态，该选项用于一次性修改当前多跨连续梁的所有梁跨，如图 8-16 所示。“构件编辑”功能可以修改梁的截面形状和截面尺寸。在“截面尺寸描述”中可以看到梁的截面尺寸，单击单元格中的下拉按钮，可以调出尺寸，录入详细内容，如图 8-17

所示。录入新的截面尺寸后，双击对话框，新的尺寸就录入尺寸描述中了。如果同编号且同跨段的梁跨都有相同的修改，则勾选“修改同编号同跨段的构件截面”选项，再单击“修改”按钮即可。

温馨提示

用“构件编辑”功能批量选择构件时，如果构件的属性值不同，则对话框中相应的属性会显示“不相同”属性值；选择“全部”修改构件时，如果批量选择的构件截面形状或尺寸不同，幻灯片中不会显示出构件的截面形状；不同类型的构件，在构件编辑中可更改的属性也不同。“修改同编号同跨段的构件截面”选项可作用于梁与条基的修改，选择其他构件时该选项为灰色的不可选择状态。

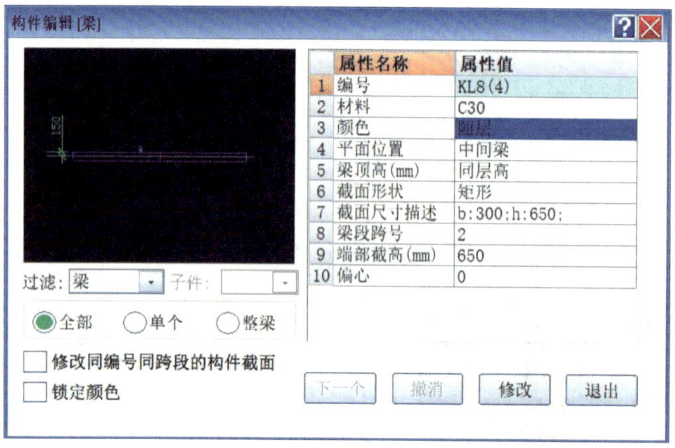

图 8-16 “构件编辑[梁]”对话框

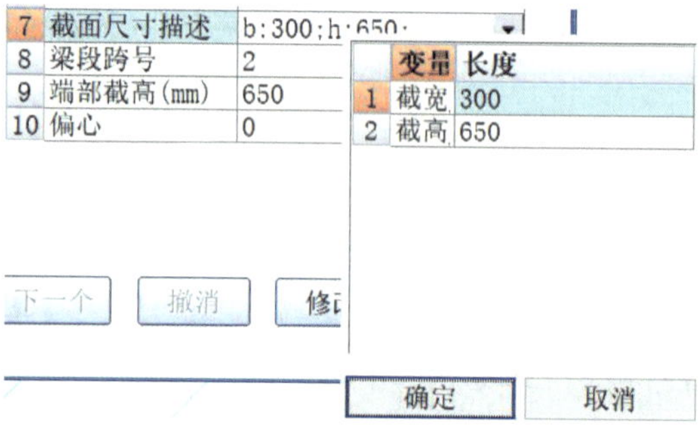

图 8-17 梁截面尺寸修改

如果用“构件编辑”功能修改带有子构件的构件，例如基础、侧壁等，则对话框中的“子件”选项框会变成可选择状态，从下拉列表中可以切换当前选择构件的子构件，如图 8-18 所示，以修改子构件的属性。

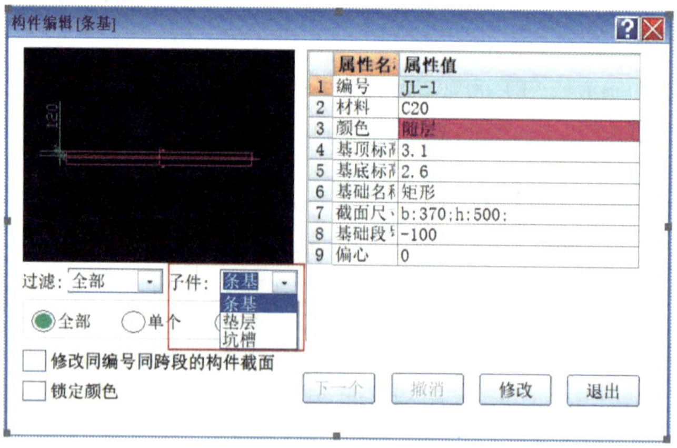

图 8-18 条基编辑

四、计算汇总和工程量分析

利用软件“计算汇总”功能，可对绘图区域中的构件模型依据工程量计算规则进行工程量分析计算，并依照清单计价规范要求，进行分类汇总，方便用户及时查看所需内容的汇总结果。

单击快捷菜单栏中的“计算汇总”按钮，弹出“计算汇总”对话框，如图 8-19 所示。对话框中“计算轴网位置”勾选与否表示是否计算轴位置。计算轴网位置，对校对构件工程量方便，但计算速度慢，报表打印量大；反之则计算快，报表量少。建议预算不要勾选“计算轴网位置”，结算时勾选该选项。“清

报表分析
视频讲解

除历史数据”勾选与否表示是否清空以前分析统计过的数据。选择“清除历史数据”时如果没有选择统计钢筋，则不会清除钢筋统计的历史数据。一般情况下最好选择清除历史数据。

软件计算汇总构件工程量是比较耗时的，计算的时间根据实例工程的大小和电脑配置有所不同。对于一些超大型工程，若不区分条件，计算汇总全部楼层中所有构件，所消耗的时间往往会达到数小时之久，但在实际工作中，用户却经常需要查看某个构件在其中某一层的汇总工程量。为解决这个问题，软件设置“分组”“楼层”和“构件”三个分组进行条件筛选，减少了软件的计算时长。还可以单击对话框中“选取图形”按钮，对需要检查的构件进行分析统计，数据结果就只显示选中的图形构件。

图 8-19 “计算汇总”对话框

本实例工程不是大工程，“分组”“楼层”和“构件”都全选，单击“确定”按钮，软件对工程量进行计算，并出现“进度显示”对话框，提示进度进展状况，如图 8-20 所示。

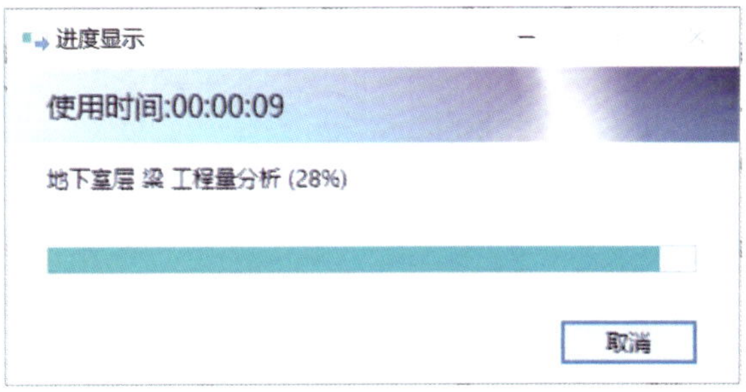

图 8-20 “进度显示”对话框

计算完毕，“进度显示”对话框消失，弹出“分析统计时间说明”对话框，如图 8-21 所示。在对话框中统计了此次计算的整体时间。如果统计过程中模型有误，则会弹出“钢筋检查报告”对话框，如图 8-22 所示，就是在统计过程中，显示钢筋有误情况：一层有柱未配筋，出屋顶层有 3 条梁实际跨数与编号定义跨数不匹配。此时，可以返回绘图区，检查相关有误项，重新进行计算汇总。

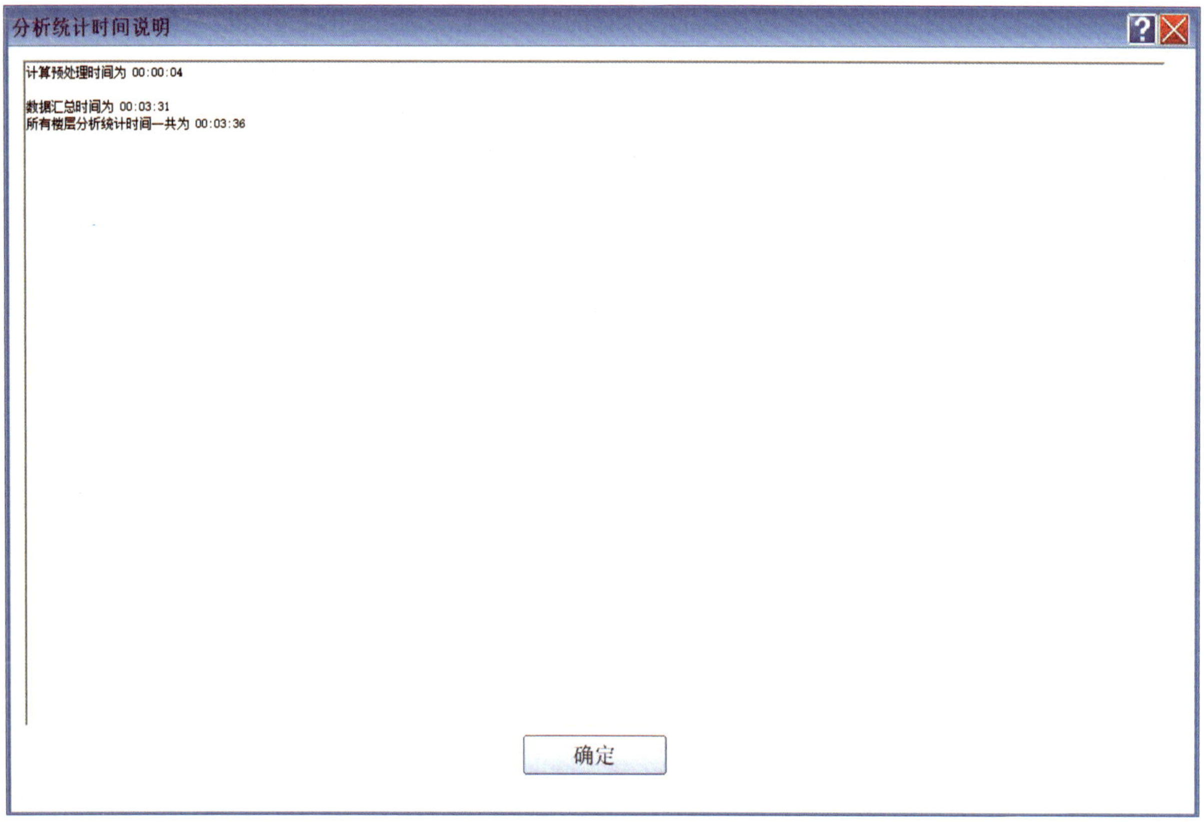

图 8-21 “分析统计时间说明”对话框

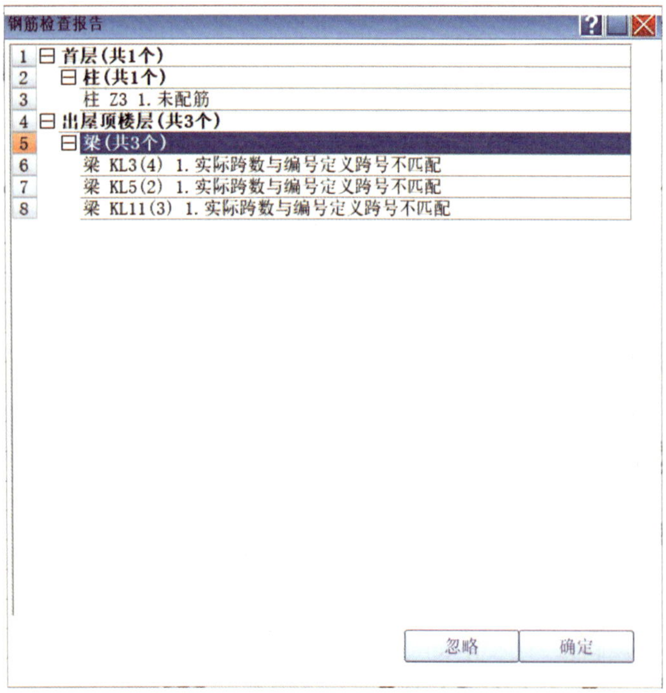

图 8-22 “钢筋检查报告”对话框

计算完成后，单击“计算汇总”右边的“预览”按钮，可以查看计算汇总结果，弹出“工程量分析统计”对话框，如图 8-23 所示。如果没有进行“计算汇总”，直接单击“预览”按钮，则出现的“工程量分析统计”内容为空，如图 8-24 所示。

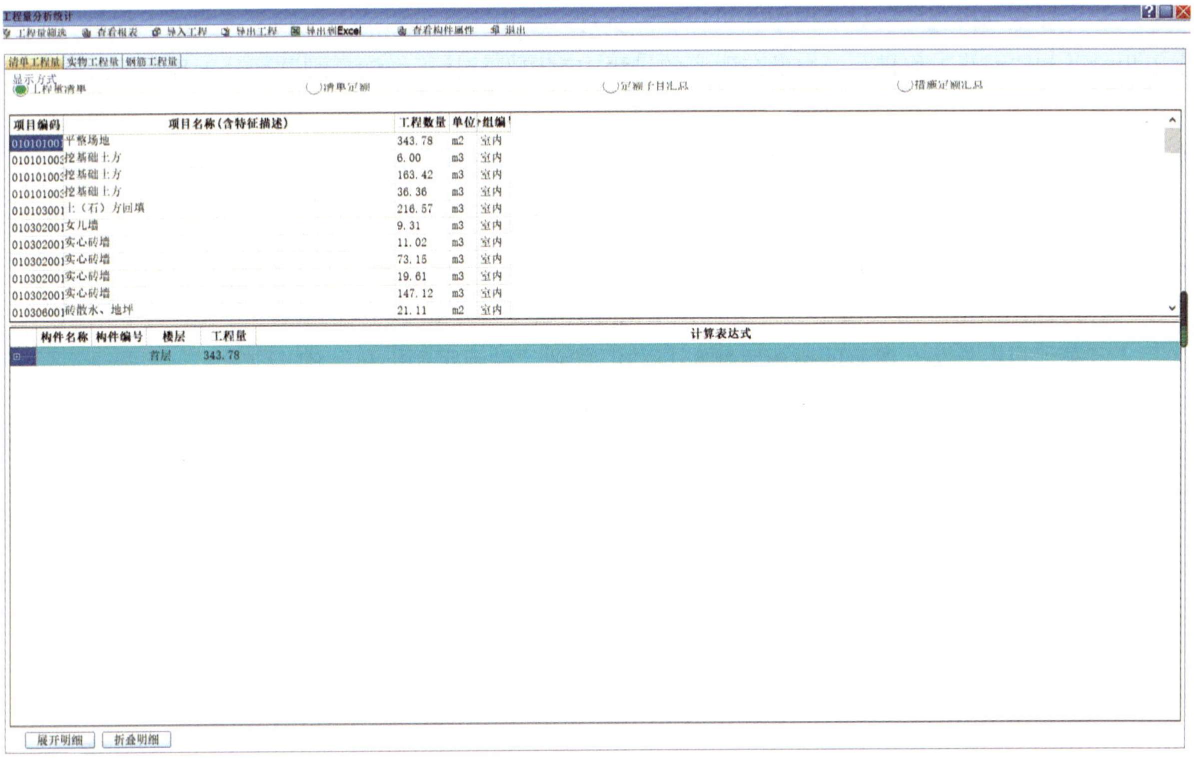

图 8-23 计算汇总后的“工程量分析统计”

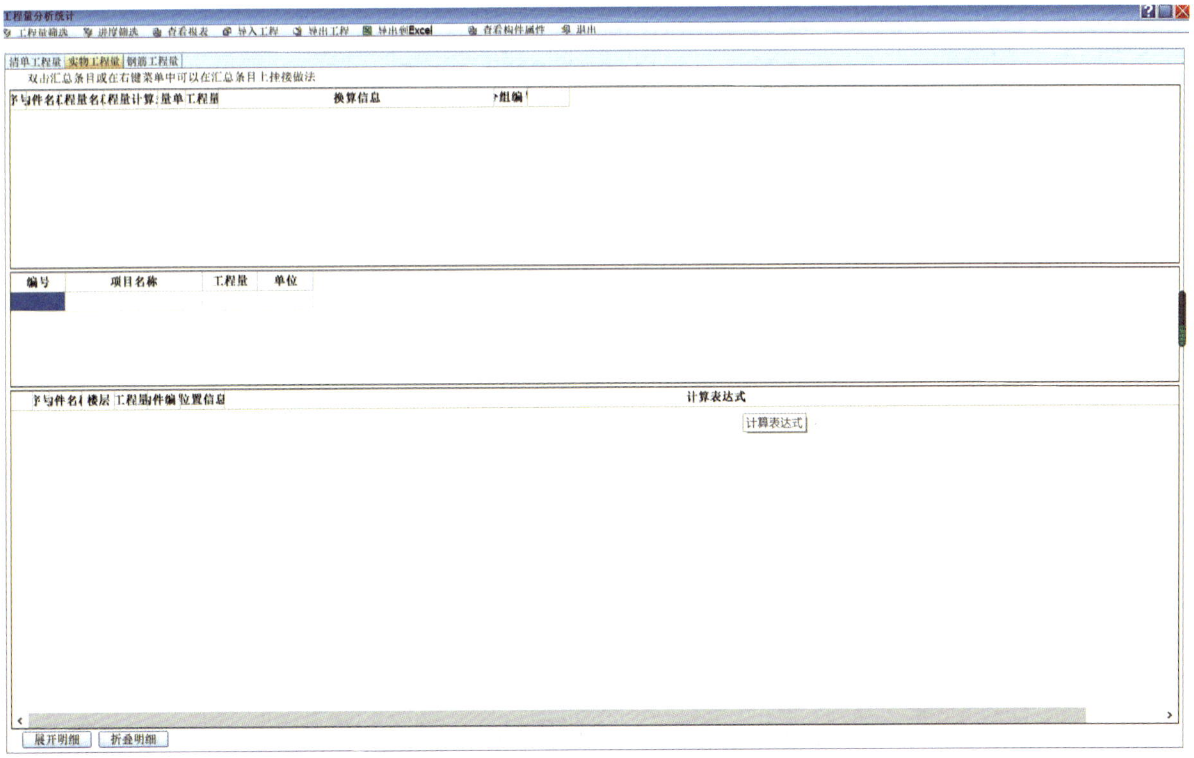

图 8-24 未经计算汇总的“工程量分析统计”空表

从“工程量分析统计”对话框中，可以看到统计结果由三部分组成，分别是“清单工程量”“实物工程量”和“钢筋工程量”。如果在建模的过程中对构件挂接了做法，则这部分工程量汇总在“清单工程量”页面中，没有挂接做法的构件的工程量汇总在“实物工程量”页面内，钢筋工程量汇总在“钢筋工程量”页面内。通过对模型中构件进行分析后，软件将自动生成每条清单项目的项目特征。清单编码的后三位序号也会自动生成。栏目下方是每一条汇总项目的构件明细，从中可以查看哪些构件挂接了这条清单项目，以及工程量计算式明细。双击某一条计算明细，可以返回图面核查这个计算式的构件图形。如果在清单项目下挂接了定额，还可以在显示方式中选择查看“清单定额”，或者“定额子目汇总”，所有的措施定额都自动汇总到“措施定额汇总”中。

单击对话框上方的“工程量筛选”，在弹出的对话框中可以对构件工程量按“楼层”“构件名称”，甚至可以按照“构件编号”进行深度筛选，如图 8-25 所示，得到用户要求的工程量数据结果。“工程量分析统计”对话框中的“导出到 Excel”按钮，可以方便用户将数据导出 Excel 数据格式文件。

图 8-25 “工程量筛选”对话框

软件提供了数据反查功能，实现数据反查定位构件。单击“工程量分析统计”对话框中的任意构件，例如“独基”，在下方绿色区域会显示出构件所在的位置，单击 会显示更加详细的明细内容，单击下方“展开明细”，则会一次性展现出所有明细，如图 8-26 所示。双击其中一个“J-1”独立基础任意一个单元格位置，则软件快速定位到该独基构件的所在位置，并在绘图区中弹出“工程量分析统计”浮窗，如图 8-27 所示。这样，可在数据显示内容中，反查定位对应的构件。在此状态下，无须关闭漂浮窗，可正常使用“查量”“查筋”等操作，核查构件的工程量数据等信息。单击“返回”按钮，就能返回到数据统计页面。

	序号	构件名称	楼层	工程量	构件编号	位置信息	计算表达式
⊟			基础层	65.56			
⊟			基础层	16.68	J-1		
	1	独基	基础层	5.56	J-1	1:E	14<L>*0.3<H>+6.8<L>*0.2<H>
	2	独基	基础层	5.56	J-1	2:B	14<L>*0.3<H>+6.8<L>*0.2<H>
	3	独基	基础层	5.56	J-1	2:C	14<L>*0.3<H>+6.8<L>*0.2<H>

图 8-26　定位构件明细

五、报表输出

在实际工作中，常常会要求以报表的形式进行提交软件计算得到的工程量数据。软件提供了相应的报表功能，用以实现报表的制作、设计、打印或按报表样式导出 Excel 格式的文件来满足这些实际工作的需要。

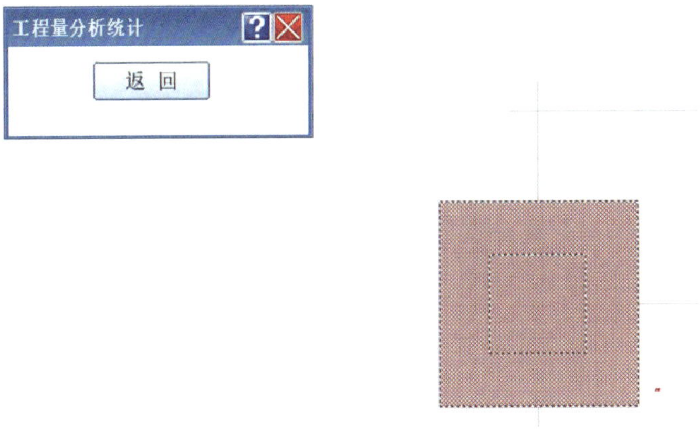

图 8-27　构件反查在绘图区显示

得到工程量统计结果后，便可以将结果输出到报表。直接单击“工程量分析统计”对话框中“查看报表”按钮，进入报表打印界面。也可以在统计完工程量后，单击快捷菜单栏的“查看报表”按钮进入。软件提供了“工程量”“钢筋”“进度报表”和“指标报表”四大类报表，在每个大类报表中又根据工程量特点进行了详细的区分。

进入报表打印界面后，从左边的报表目录树中选择要查看或打印的报表，在右边的预览窗口便可以查看到报表内容，如图 8-28 所示。

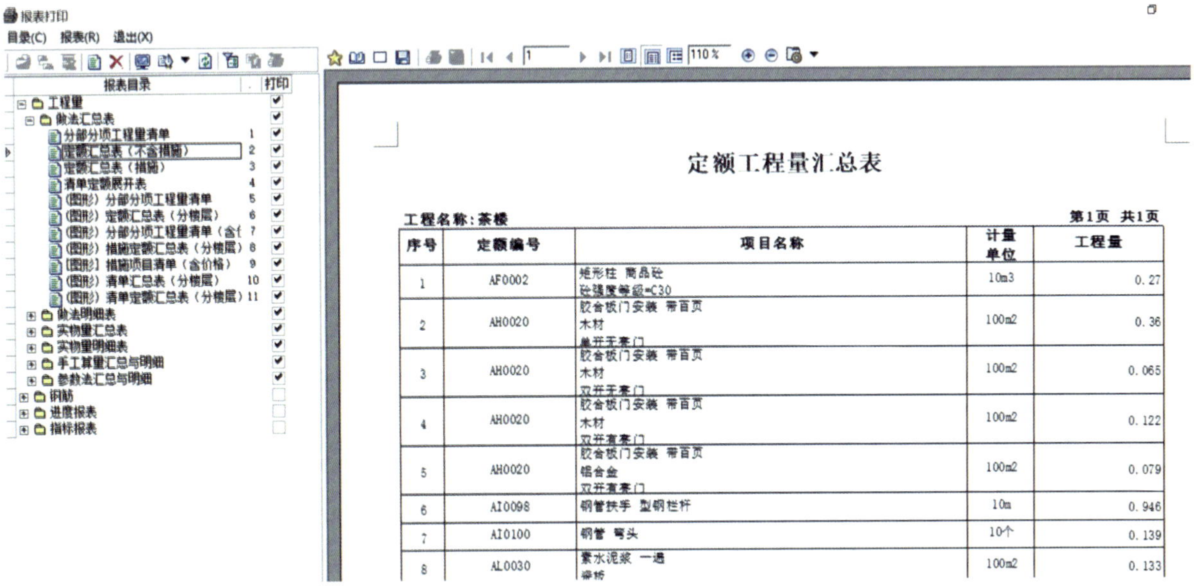

图 8-28　报表打印

例如在“分部分项工程量清单报表 [简表]”中，软件自动按照分部工程输出清单工程量。报表目录树中不是所有的报表都需要打印，当选择清单输出模式时，常用的清单报表有清单工程量明细表、综合工程量明细表、分部分项工程量清单等。其他一些特殊报表可以根据需要选择打印。对于需要打印的报表，选中后单击目录树右上方的“打印”即可。如果需要将报表另存为Excel文件，可选择“报表”菜单下的“另存为Excel”功能，在弹出的对话框中选择保存的路径，保存之后软件会自动打开Excel文件。

在报表预览区域上方，还设置了一些按钮，比如可以实现添加公司LOGO、打印设置、保存等功能。将鼠标移动至对应按钮位置，停顿几秒，在鼠标下方便会显示该按钮的文字解释。

> **温馨提示**
>
> 在报表目录树中，将报表名称上带有“+”号的项展开，可看到当前工程的楼层信息，单击某一楼层，可得到所选楼层的构件工程量。可以展开楼层明细的报表有“清单工程量明细表”“定额工程量明细表”“不挂做法工程量明细表”“钢筋计算表”等。

任务二 钢筋量统计

在分析统计钢筋量之前，建议先用软件提供的“核对钢筋”功能，核对钢筋的正确性，避免计算错误。也可以布置完某类构件的钢筋后接着核对钢筋。核对钢筋并不是对每个构件的钢筋都进行查看，可以只针对布置特殊的构件钢筋进行查询检查。

一、核对钢筋

核对钢筋有两种方式。一种是“核对钢筋”，单击软件上方菜单栏中“建模辅助”，在下拉菜单中选择“核对钢筋”，如图8-29所示。命令栏会显示“选择要核对钢筋的构件（墙）（<Enter>结束）”，该方式主要针对墙的钢筋核对。另一种是“核对单筋”，针对所有构件钢筋的核查，激活方式是单击快捷菜单中的“查筋”，根据命令栏提示“选择核查钢筋的构件或板（筏板）筋<退出>：”，选择需要查筋的构件，或者可以先选择查筋构件，单击鼠标右键，选择“核对单筋”，如图8-30所示。

图8-29 下拉菜单中的“核对钢筋”

图8-30 鼠标右键菜单中的“核对单筋”

以地下室混凝土墙为例，单击鼠标右键，选择“核对单筋”，弹出“墙核对单筋”对话框，如图 8-31 所示。对话框的标题栏中会显示当前查看柱子的钢筋总质量。栏中显示的是柱子中布置的各类钢筋，对于柱子中布置什么钢筋一目了然，有钢筋描述、钢筋名称以及单根钢筋的长度、计算的钢筋根数、质量。将光标置于某条钢筋内容，底部栏中会显示钢筋的长度、数量计算式。

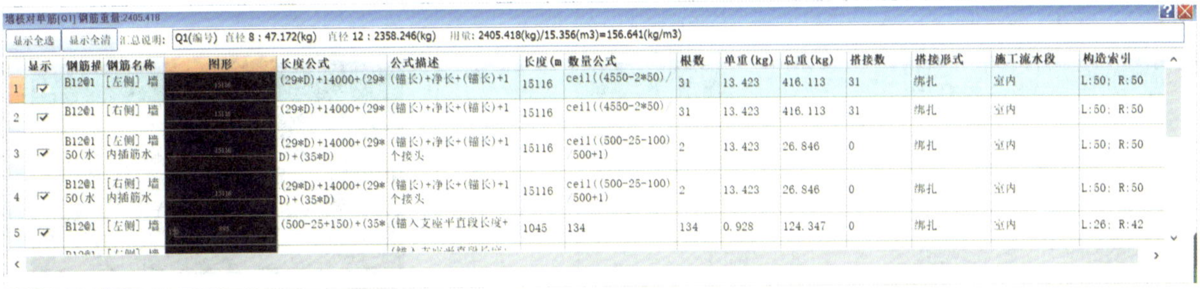

图 8-31　“墙核对单筋”对话框

单击“核对钢筋”，选择“砼墙”，弹出“墙筋核查”对话框，如图 8-32 所示。对话框标题栏也会显示当前查看柱子的钢筋总质量，同时可以从预览区中查看墙筋的布置详图，预览区下方可以查看钢筋明细，包括长度、质量等信息。

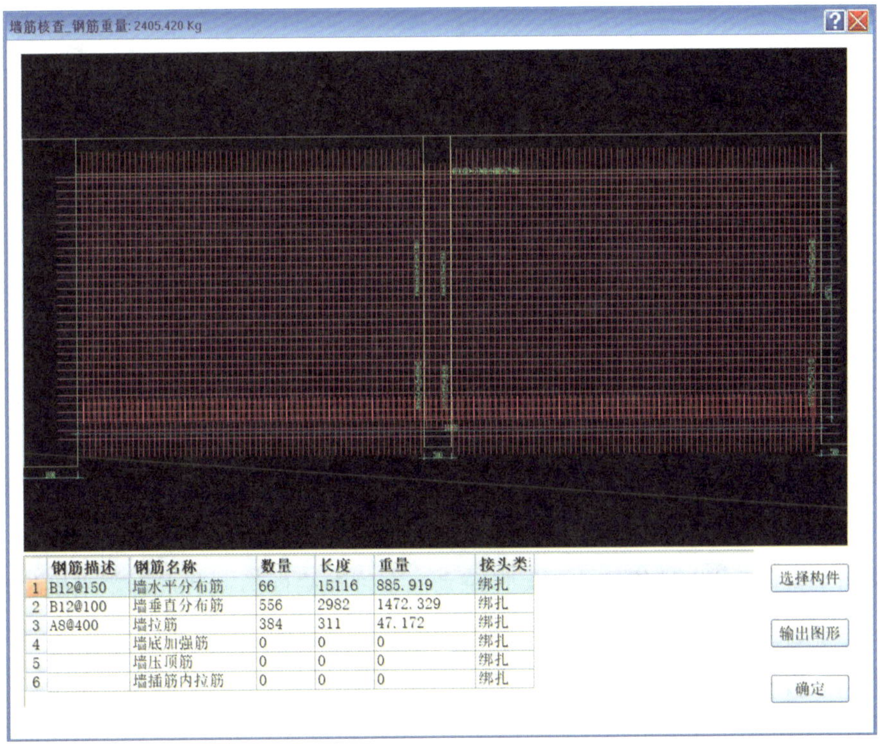

图 8-32　“墙筋核查”对话框

温馨提示

如果核对钢筋时发现错误，需要用相应的钢筋布置命令来修改钢筋并重新布置，在“核对钢筋”对话框中不能直接对钢筋进行修改。对于不能提供带有预览图的钢筋核查方式进行钢筋核查的构件，可以通过“钢筋三维”功能进行查看。

二、图形管理

在布置完所有的构件与钢筋后，可以用“图形管理”功能来查看图形构件的数量、截面特征以及钢筋信息等。单击快捷菜单栏中“图形管理”按钮，激活功能，弹出“图形管理”对话框，如图 8-33 所示。

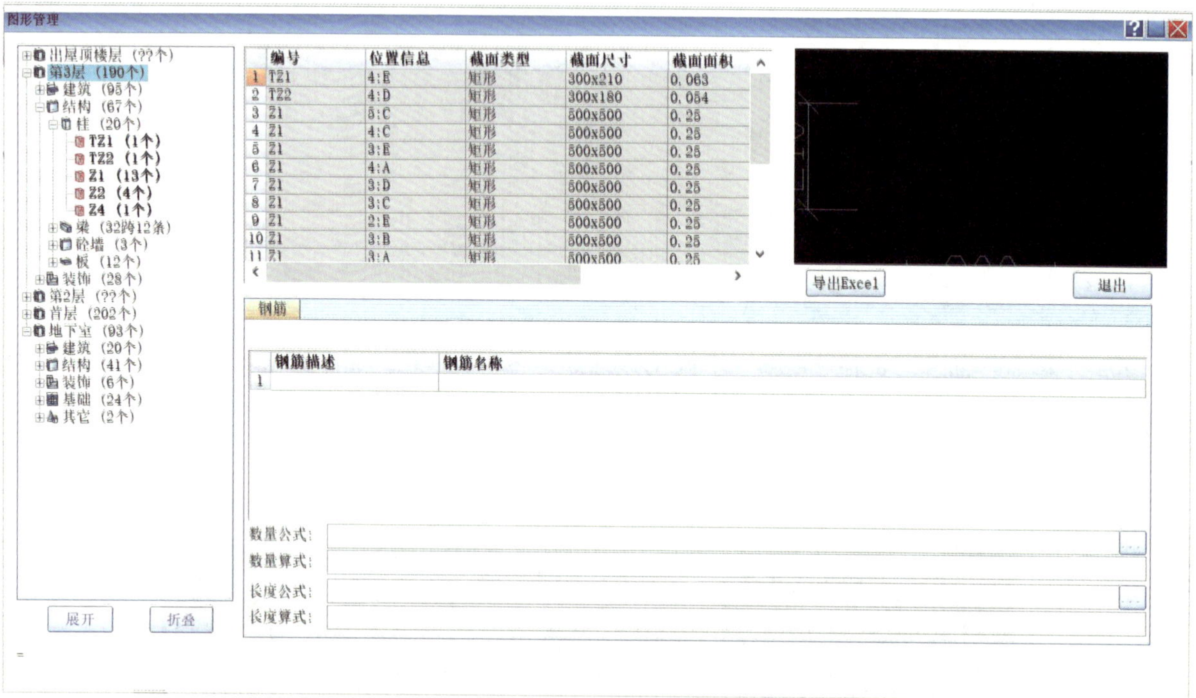

图 8-33 “图形管理”对话框

在左边的楼层构件列表栏中，可以查看楼层信息和构件信息。光标不单击的楼层的构件数量（括弧内显示的数据）显示的是问号，表示软件暂时没有计算统计该楼层的构件数。单击需要查看的楼层名称，软件会将该楼层的构件个数分析出来，并展开该楼层存在的构件类型和总数量。在构件类型节点下有两级节点，分别是构件名称和构件编号，每个节点上都会显示构件数量。可查看首层的结构节点下，梁有 40 跨 16 条，展开梁节点，可以查看每个编号的梁的数量。如果构件数量不对，则表明图形有问题，需要补画缺少的构件或删除多余的构件。

右上方的栏内显示的是构件信息，如果当前光标定位在构件类型节点上，则构件信息中会显示该构件类型下所有的构件明细，如图 8-33 所示单击的是第三层的“柱（20 个）”。如果光标定位在某个构件编号上，例如用鼠标单击第三层“梁”下的“KL7（4）”，则构件信息中只显示当前构件编号的明细内容，如图 8-34 所示。构件明细包含了“截面类型”“截面尺寸”“截面面积”“长 / 高”以及“材料”“跨号”等信息。除此之外，如果构件明细数据行显示为灰色，则表明该构件挂接了做法，显示为黄色则表示当前构件上没有挂接做法。

	编号	位置信息	截面类型	截面尺寸	截面面积	长/高	材料	跨号
1	KL7(4)	E:1~2	矩形	300x650	0.195	6499	C30	4[1]
2	KL7(4)	E:2~3	矩形	300x650	0.195	6999	C30	4[2]
3	KL7(4)	E:3~4	矩形	300x650	0.195	5501	C30	4[3]
4	KL7(4)	E:4~5	矩形	300x650	0.195	5748	C30	4[4]

图 8-34 KL7（4）构件明细

从图 8-34 中可以看出，所有的 KL7 数据行都显示为灰色，表明这个编号的所有梁跨都挂接了做法。通过查看并依次切换构件编号，如果发现没有挂接做法的构件明细，则可以通过双击构件明细返回图面，软件会自动定位到当前查看的构件，给构件挂接做法后再返回“图形管理”对话框。单击预览区下方的“导出 Excel”按钮，可以将构件信息导出到 Excel 表格中。

温馨提示

通过双击返回图面的方式，只针对当前楼层可执行，如果图不是当前楼层，则会出现提示，如图 8-35 所示。

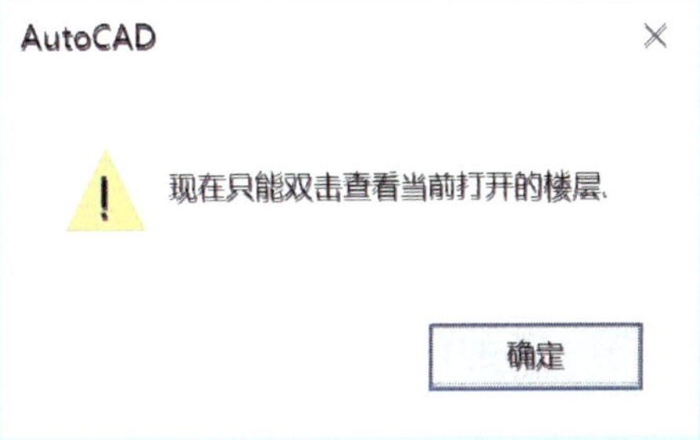

图 8-35　非当前楼层返回图形的提示框

在楼层构件列表栏中，每个编号节点都对应一个构件图标，从图标上可以看出该编号的构件是否布置了钢筋。如果图标显示为红色并可以看到钢筋示意线条，则表明当前构件编号上已布置钢筋，且当前编号文字会加粗显示；反之则表明构件没有布置钢筋。例如 KL7 的图标显示为红色，且编号文字加粗，如图 8-36 所示，表明这个编号的梁上已经布置了钢筋。

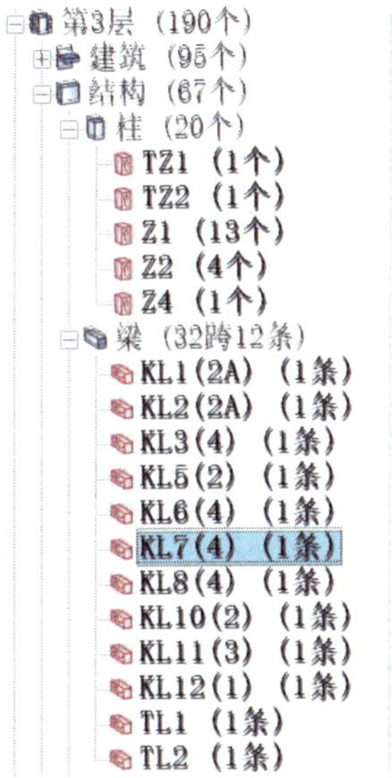

图 8-36　构件数图标变色

在楼层构件列表栏中选中一条构件编号，右边中部的钢筋信息栏内显示当前编号构件的钢筋明细，如图 8-37 所示。但是用柱筋平法布置的柱钢筋，在本栏目内不能显示计算明细信息，梁、条基钢筋只能显示明细而不能修改布置。由于板是图形布筋，其数据没有与板构件直接关联，也是查看不到明细的。

图 8-37　钢筋明细

如果发现没有布置钢筋的构件编号，且该编号的构件钢筋与其他同类构件的钢筋相同，可以在已经布置了钢筋的编号上单击鼠标右键，选择“复制钢筋”，如图 8-38 所示，再到未布置构件编号上，单击鼠标右键，选择“粘贴钢筋”，这样其他构件编号上的钢筋信息就复制到本编号构件上，并在钢筋信息栏中显示。还可以对拷贝过来的钢筋信息编辑修改之后布置到构件上。

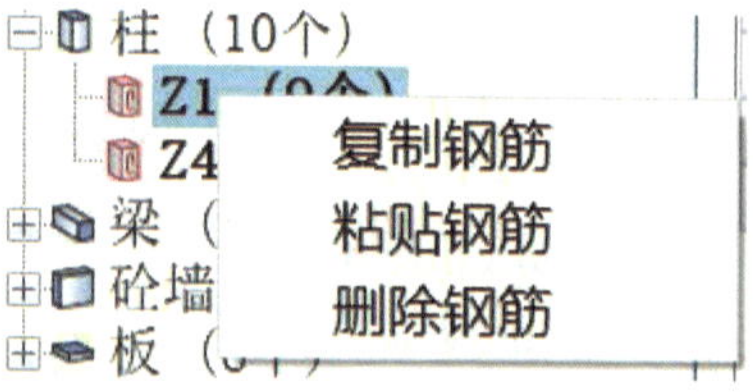

图 8-38　构件右键菜单

对于没有可复制的构件又没有布置钢筋的构件，可以直接在钢筋明细栏中录入钢筋数据后将钢筋布置构件上。单击鼠标右键，同样可以删除当前选中构件的钢筋。

三、修改钢筋公式

当软件默认钢筋公式不能正确反映设计意图时，有两种调整方法。第一种是在布置钢筋的同时，在对话框中下部展开的钢筋明细栏中进行修改，然后单击“布置”按钮修改钢筋。这种方式修改的钢筋只对单独选中的构件生效。第二种方法是进入“钢筋维护”中修改公式，修改的钢筋公式能够被整个工程调用，且可以和别的工程共享公式。

选择绘图区上部菜单栏中“数据维护”下的“钢筋维护”，如图 8-39 所示，弹出“钢筋公式维护”对话框，如图 8-40 所示。

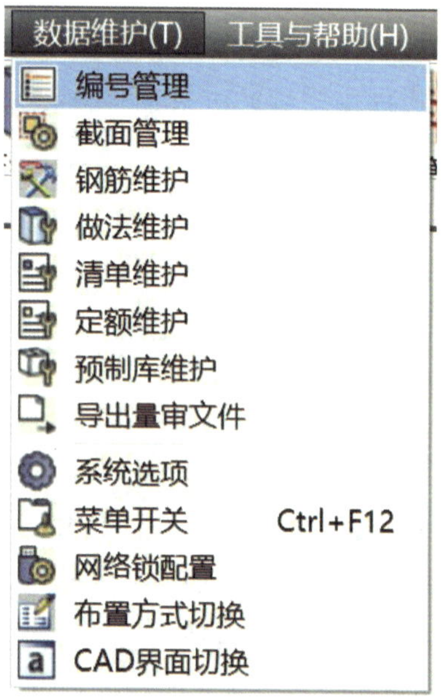

图 8-39　“钢筋维护”菜单

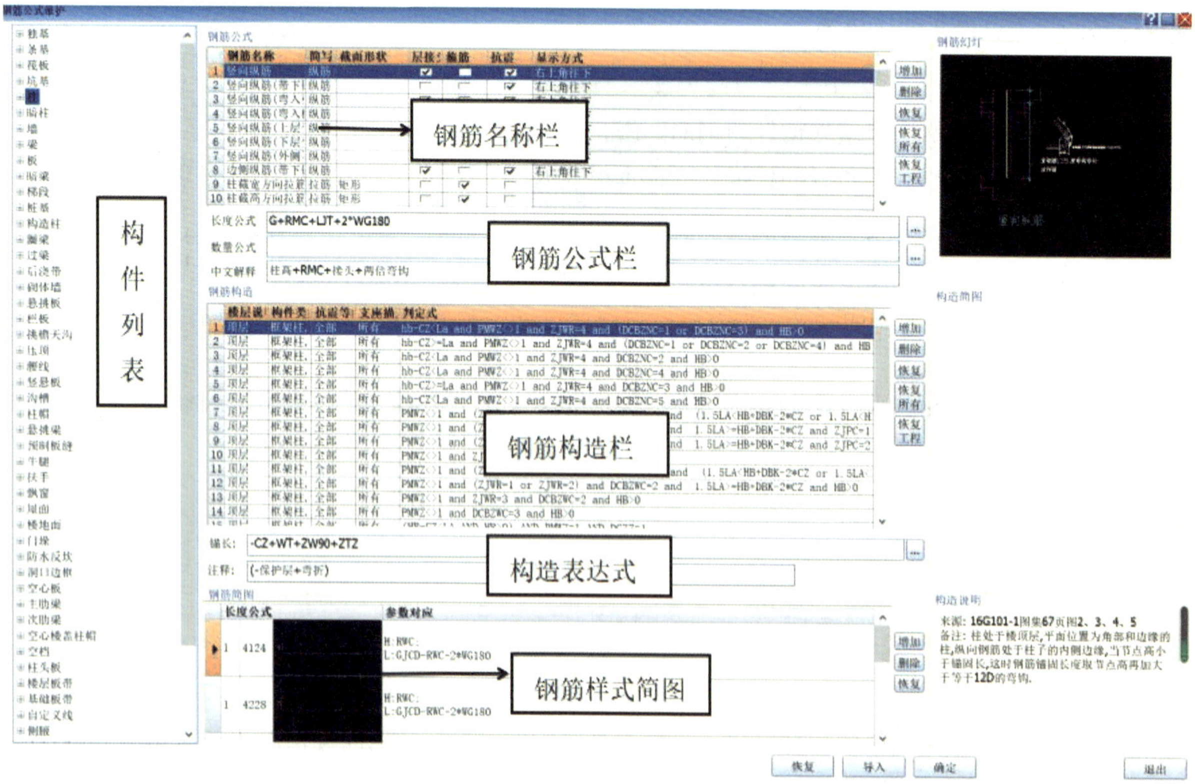

图 8-40　“钢筋公式维护”对话框

“钢筋公式维护”对话框中包含有很多栏目，具体如下。

（1）“构件列表”

栏目中列出软件内所有需要布置钢筋的构件，单击构件会展开“钢筋类型”选项。单击某条钢筋类型，在其他栏目中会显示对应的内容。

（2）“钢筋名称”

在“构件列表”栏选中一个构件的钢筋类型后，本表内对应显示出这个钢筋类型的钢筋名称。

（3）“钢筋公式”

单击“钢筋名称”栏中某条钢筋名称，栏目内对应显示出这个钢筋名称的钢筋计算公式，钢筋描述带分间距的，“数量公式”栏内会显示数量公式。本栏目分“长度公式”“数量公式”“中文注释”三部分。

（4）“钢筋构造”

单击“钢筋名称”中某条钢筋名称，栏目内会显示出这个钢筋名称的钢筋构造。软件依据构件的支座类型、楼层位置、钢筋在构件内的位置等内容进行钢筋构造的判定。

（5）“构造表达式”

单击“钢筋构造”栏中某条内容，栏目内对应显示出这个钢筋构造的钢筋构造计算式。栏目分“锚长”“平直段”“弯段长”“注释”四部分。

（6）“钢筋简图”

本栏中显示对应“钢筋名称”的钢筋样式简图，出图时将按此图打印钢筋简图。本图严格按钢筋公式匹配，一但用户修改了钢筋公式，则图形不会打印。

（7）“钢筋幻灯”

本栏中显示的是对应“钢筋名称”的钢筋幻灯图。在布置钢筋时，用户可以不看钢筋名称，直接选钢筋图，也可以将需要的钢筋布置到构件上。

（8）“构造简图”

本栏中显示的是对应“钢筋构造”的构造简图。说明此处的钢筋是按图形构造的，基本上也按此方式施工。

（9）“构造说明”

本栏中显示的是对应“钢筋构造”的说明，说明钢筋构造方式和来源。

在“钢筋公式”和“钢筋构造”栏旁边的“增加”“删除”“恢复”等按钮，都是用于对钢筋公式或构造进行增加、删除、恢复到默认状态的功能实现。钢筋公式栏内有两个选项，分别是“层接头”和“箍筋”，表示对应本条钢筋是不是箍筋，是不是要计算层接头，在“□”内“√”，表示是“层接头”或“箍筋”，计算钢筋时软件将按设置进行“层接头”或“箍筋”的计算方式进行计算。

单击展开左边构件名称树选择要修改的钢筋类型，根据钢筋类型在“钢筋公式”表中找到要修改的“钢筋名称”，然后对下方钢筋公式栏中的“长度公式”“数量公式”以及“层接头”等内容进行修改。如果此钢筋有钢筋构造，则在左下的“钢筋构造”栏中会显示当前钢筋对应的“构造类型”，可对钢筋的“锚长”“抗震等级”“支座描述”以及“判定式”等进行修改。

四、分析统计钢筋量

确认钢筋布置完并且正确后，就可以进行钢筋工程量的统计了。在统计之前，可以单击快捷菜单栏中“钢筋选项”，弹出“钢筋选项”对话框，如图 8-41 所示，在对话框中“计算设置”下的通用设置页面中设置好钢筋的统计条件。

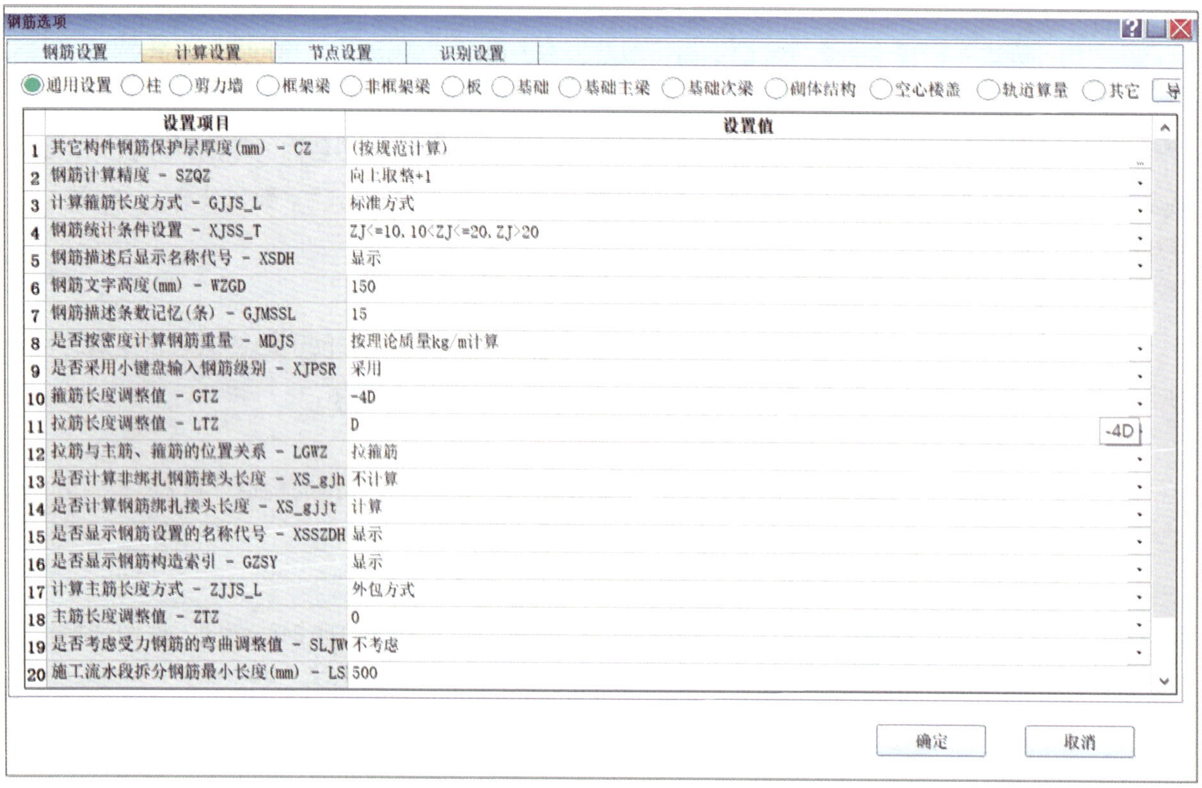

图 8-41 “钢筋选项”对话框

设置好后，按照统计工程量计算步骤进行钢筋量的分析和统计。对于钢筋设置，可以在统计工程量之前就设置完毕，这样“计算汇总”时就可以按照设置好的规则，一次性地统计出清单工程量、实物工程量和钢筋工程量。钢筋工程量的分析统计结果如图 8-42 所示。

对话框上部栏显示的是以“钢筋级别”与“直径”为条件统计的钢筋汇总质量，下部栏显示的是每一类钢筋统计结果对应的钢筋明细，包括构件信息、钢筋名称与钢筋计算明细等，通过双击计算明细，可以返回图面查看构件。

单击“查看报表”按钮，进入“报表打印”界面，在常用报表目录下，可以查看“钢筋汇总表”和“钢筋明细表”等报表。在“汇总表”节点上，可以展开所统计的各个楼层的钢筋统计信息；“钢筋明细表”输出的是钢筋计算明细，如图 8-43 所示。选择适用的钢筋报表，进行打印即可，也可将报表数据导出到 Excel 中。

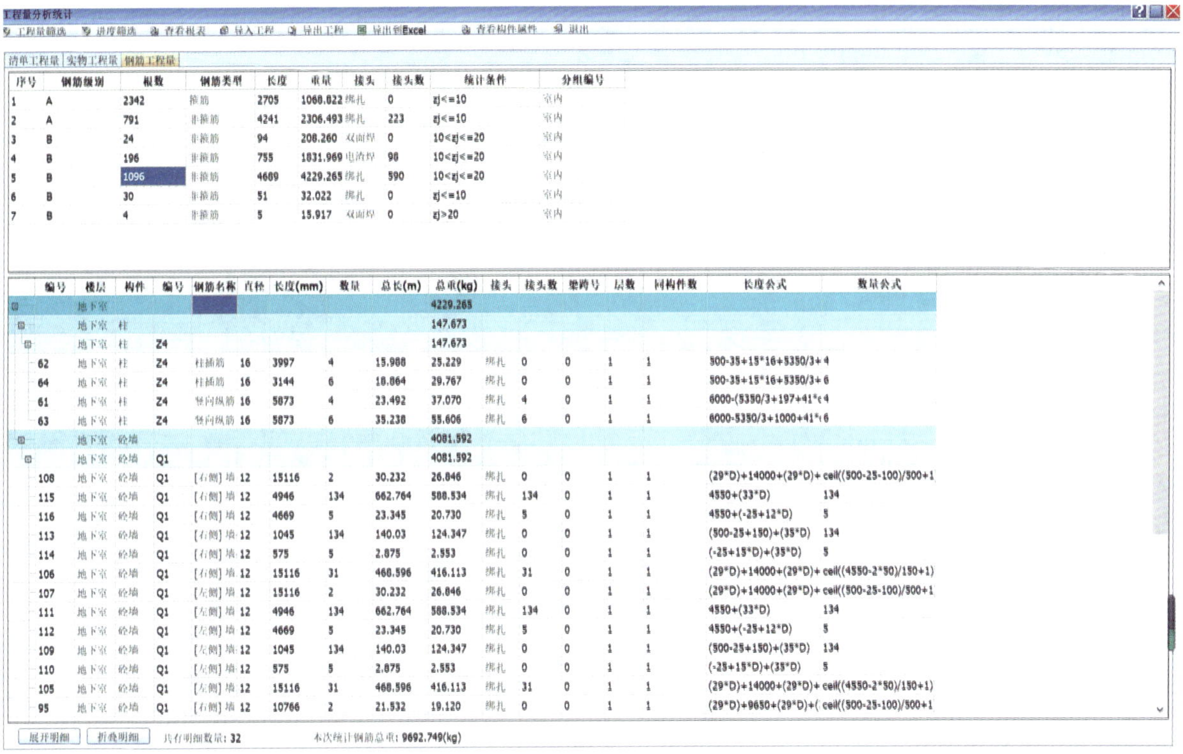

图 8-42 钢筋工程的工程量分析统计结果

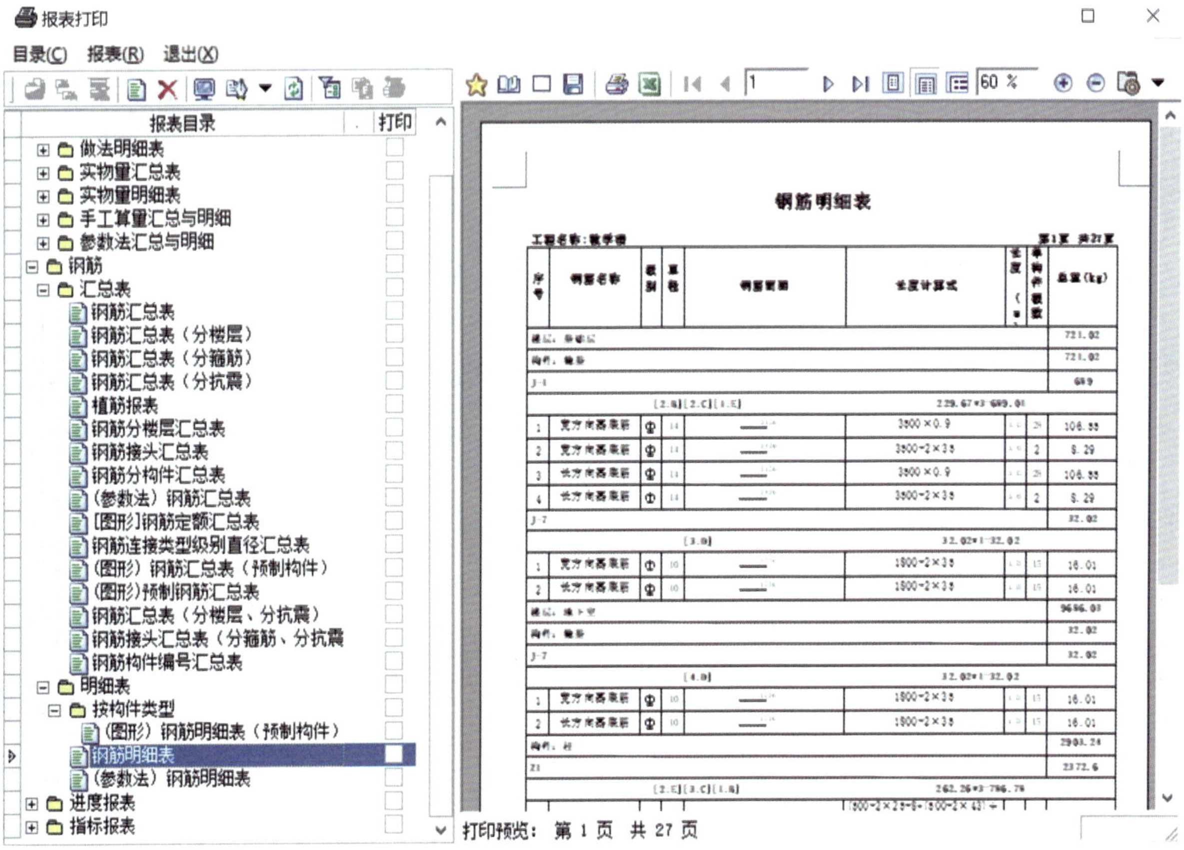

图 8-43 钢筋明细表

项目九 识别操作

XIANGMUJIU SHIBIE CAOZUO

当一个工程有电子施工图时，软件提供了识别图纸的功能。将电子施工图导入绘图区，对图纸中的构件和钢筋进行识别，可以提高工作效率。但识别功能对电子图的要求比较高，存在识别完整和正确率的问题。图纸越规范，识别率就越高。对于识别错误或不完整的构件，需要进行手工调整。通过本项目的学习，学生能够灵活运用手工操作和识别操作之间的切换，培养对问题的探究能力，激发创新能力。

一个工程越大，从识别出来的构件中找出有问题的构件的难度越大。所以在运用识别操作的过程中，手工建模是最重要的基础和常用功能，同学们要灵活掌握手工操作和识别操作之间的切换。但并非所有的构件都可以通过识别的方式来完成建模。目前，软件能够识别的构件有轴网、基础、柱、梁、墙与门窗构件及柱、梁、板钢筋，其余构件仍然需要以手工建模的方式来完成。识别建模的工作流程与手工建模相似，其流程为新建工程项目→工程设置→识别建模→手工建模→挂接做法→校核、调整图纸与计算规则→分析统计→输出→打印报表。

其中识别建模的工作步骤：导入图纸→对齐图纸→识别图纸→清空图纸。

按照基础、柱、梁、门窗表、墙的顺序来完成电子识别图。因为识别的工作效率明显提高，同学们往往忽视构件布置过程中楼层的切换，所以在识别工作进行之前，要切换楼层到目标楼层，再继续工作，避免在同一楼层识别了其他楼层的模型，为后面的修改工作带来麻烦。

任务一 图纸操作

按照流程新建一个项目“教学楼”，并完成相应的“工程设置”。

CAD 的图纸导入软件绘图区域中的方法主要有两种：一种是使用软件“导入图纸”命令分楼层分别导入；另一种是在 CAD 软件打开电子图纸的情况下，复制粘贴到斯维尔 BIM 三维算量软件中的绘图区域。

一、导入图纸

（一）“导入图纸”功能

在任意一层，单击功能菜单栏中的“导入图纸”按钮，如图 9-1 所示，弹出“选择插入的电子文档”对话框，如图 9-2 所示。通过对话框中的“查找范围”下拉选项框，在软件存储盘的位置找到图纸，并在文件夹各图纸文件中双击需要导入的图纸。

图 9-1 单击“导入图纸”按钮

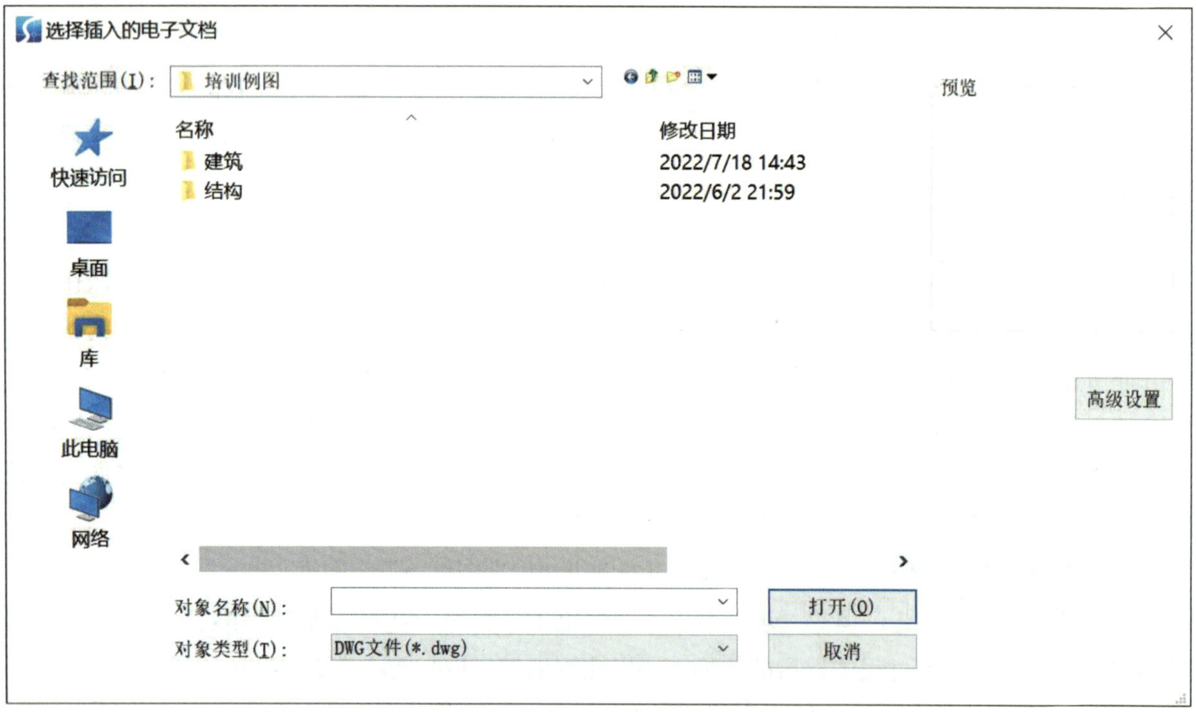

图 9-2 “选择插入的电子文档”对话框

图纸导入后，同学们会发现图形是一个完整的块，没有办法对其进行编辑，如图 9-3 所示。这时需要对图纸进行分解。单击功能菜单栏中的“导入图纸”按钮右侧的下拉按钮，在展开的选项中单击“分解图纸”，如图 9-4 所示，命令栏提示“选择对象”，单击左键选择已导入图纸中的任意部位，则整个图纸就被选中，单击鼠标右键或按 <Enter> 键，软件就完成了图纸的分解操作，进而可以完成下一步的处理。同学们可以通过再次选择图纸中的任意部位，发现选中的是单独的线或构件，而不是整体时，图纸已分解完成，如图 9-5 所示。

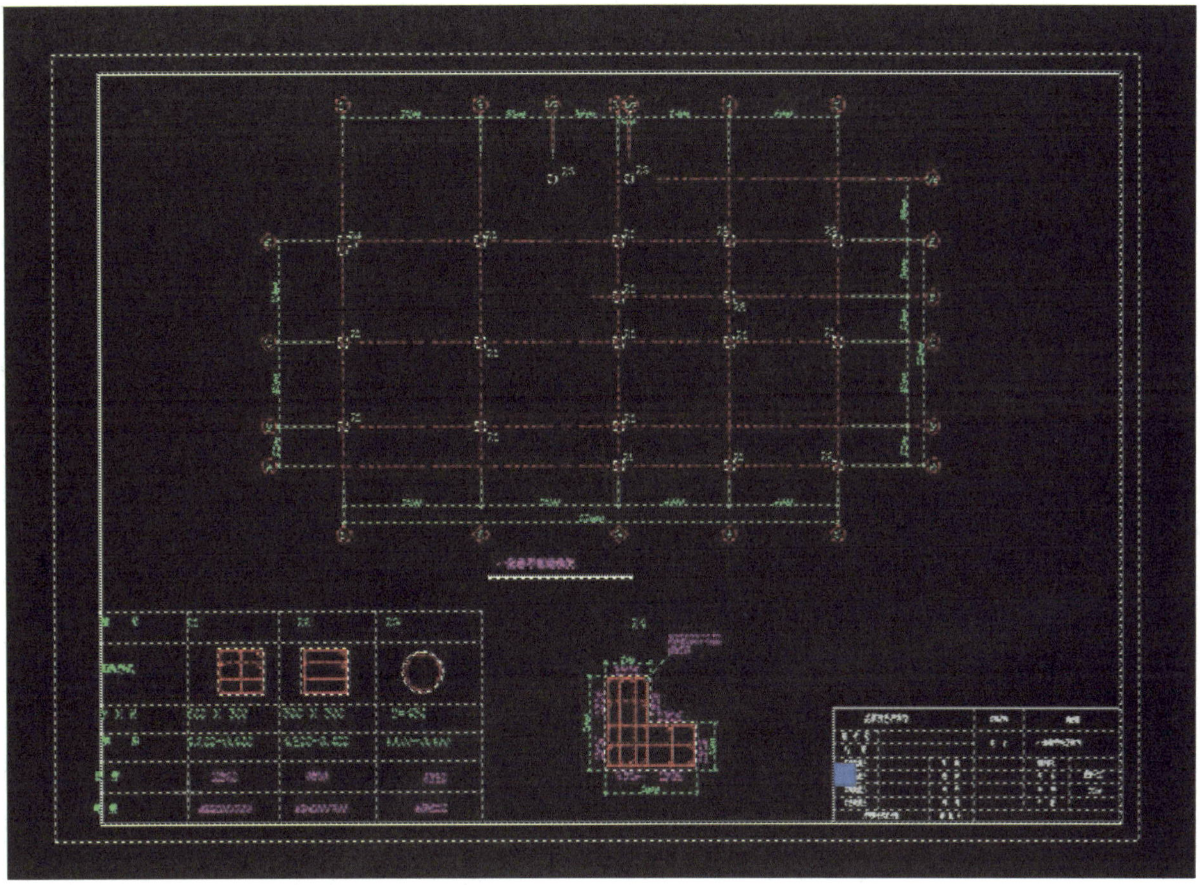

图 9-3 导入图纸是一个完整的块

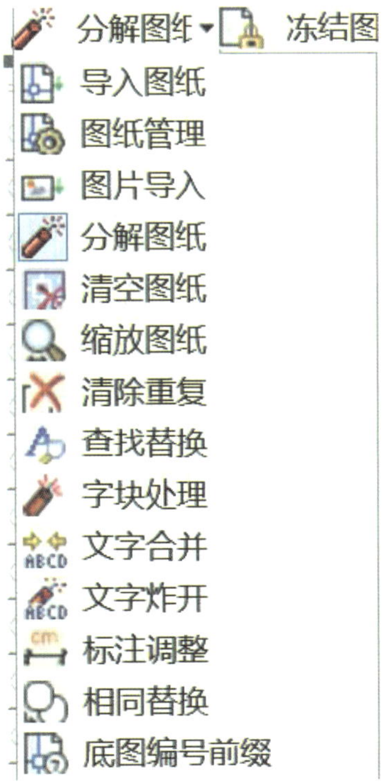

图 9-4 单击“分解图纸”选项

温馨提示

在操作过程中，一定记得分解图纸，很多同学在学习过程中往往忘记这一步，影响后面的操作。但是也不能为了确保图纸已被分解，多次操作“分解图纸”步骤，否则会把图中基础、梁等本是完整的块进行分解，影响构件的识别。

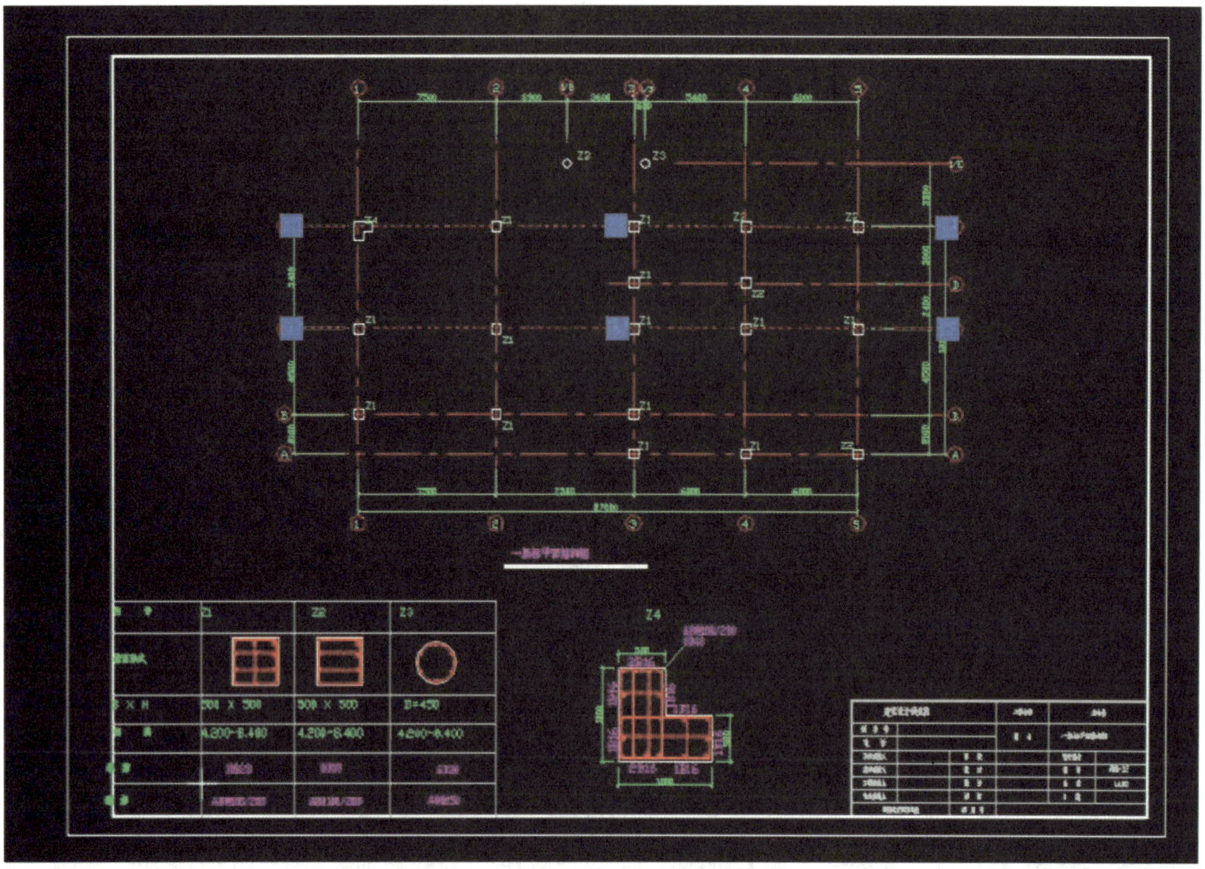

图 9-5 图纸已经分解

（二）复制粘贴图纸

对于一些大型工程，会将所有的图纸只存放于一个 CAD 文件，直接使用“导入图纸”命令进行图纸的导入，软件处理的时间会很漫长，甚至会出现程序长时间无响应而卡死的情况。在使用“导入图纸”命令时，还需寻找 CAD 图文件存放的文件夹，这也是一个较为耗时的过程。此外，后续操作中必须使用“分解图纸”命令分解导入的图纸，对于一些大型工程的处理，这也将非常耗时。因此使用“导入图纸”命令导入图纸，只适合在一个 CAD 文件中仅有一张图纸的情况，有一定的局限性。

在图纸存放的位置，复制粘贴 CAD 图纸。使用框选方式选中需要导入的图纸，使用一次键盘组合键 <Ctrl+C> 复制快捷按钮进行复制。切换至斯维尔 BIM 三维算量软件绘图区域中，使用一次键盘组合键 <Ctrl+V> 粘贴快捷按钮进行粘贴。这时，光标处出现待粘贴图纸的虚框图线。确定好需要放置的位置，单击鼠标左键，则该图纸出现在光标单击的位置。

通过复制粘贴的方式将图纸导入绘图区域中，一般情况下无须使用“分解图纸”命令处理图纸，即可进入下一步的操作。但也会存在部分图线因为设计的原因，将某些图线合并成图块，导致无法进行后续的处理，这时就需要启用“分解图纸”命令来分解这些图线，才可完成后续的操作。

二、对齐图纸

同一楼层布置构件，为了保证构件位置统一，需要将不同的施工图纸定位在同一位置。对于不同楼层之间的建模，需要通过“多层组合”的方式，检查楼层之间模型的问题。楼层间的构件在进行底高设置时也需要找到下层模型中的构件位置，这就需要每个楼层的构件能够位置一致。图纸是软件建模定位的重要依据，需要对图纸进行对齐处理，才能保证构件位置的统一。对齐图纸一般通过 CAD 的“移动（M）”操作，将图纸以统一的轴线交点定位到指定的坐标位置。

在命令栏位置使用键盘手动输入“M”，或单击工具栏中的 ，或在菜单栏“CAD 操作”的下拉功能中单击“移动”按钮，激活“移动”命令，如图 9-6 所示。

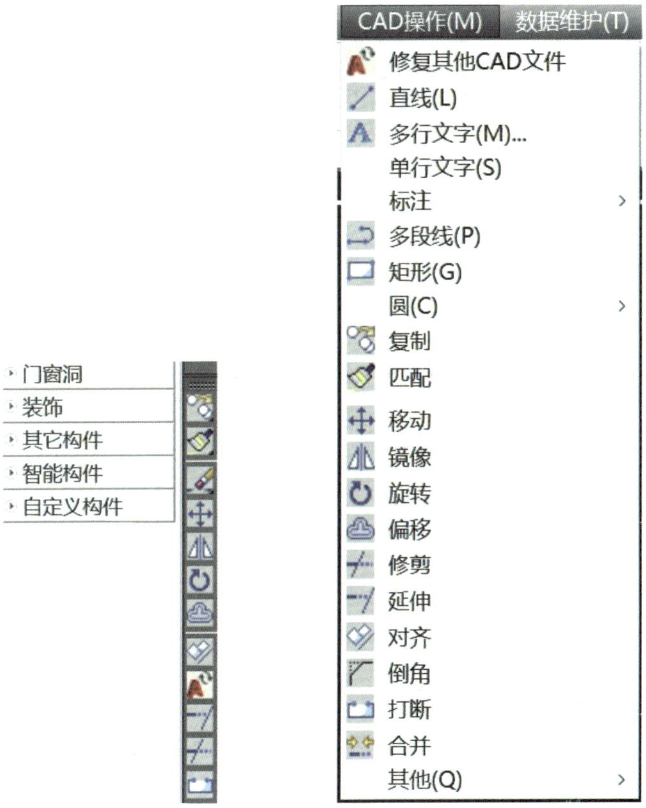

（a）工具栏　　（b）菜单栏

图 9-6　“移动”按钮

根据命令栏提示，框选需要移动进行对齐的图纸，单击鼠标右键确认。命令栏中出现提示文字“指定基点”，确保“对象捕捉”状态开，并且“交点”处于被激活的状态，如图 9-7 和图 9-8 所示。选择①轴与 B 轴的交点，命令栏中出现提示文字“指定第二个点”，在命令栏位置手动输入“0，0”，按 <Enter> 键确认。这样，图纸就被移动到对应的坐标位置，从而完成图纸的移动对齐操作。用同样的方式，将每一层的图纸都按照相同的交点移动到指定的坐标位置，就可以保证各楼层构件的对齐。

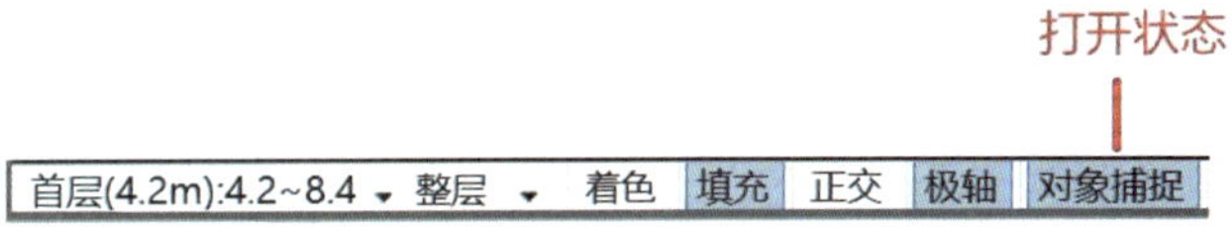

如 9-7　“对象捕捉”状态开

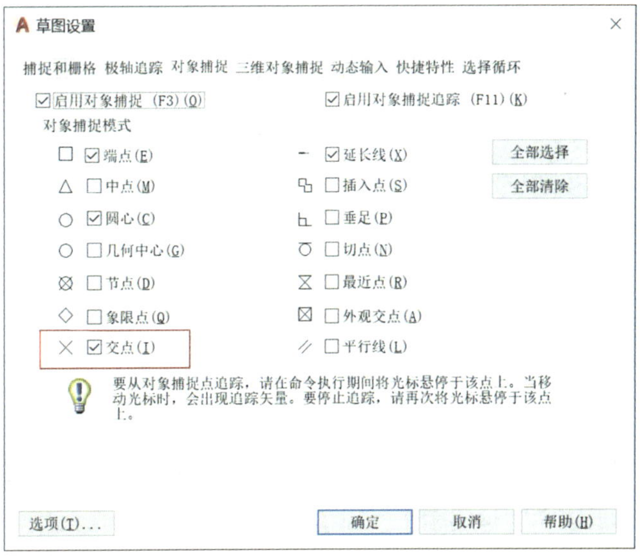

图 9-8　“交点”处于激活状态

在操作过程中，可以通过查询点的坐标，对图纸对齐的情况进行检查。在命令栏输入“ID”，按 <Enter> 键确认。命令栏提示“请拾取待查询的点”，单击任意点，则在文字说明的地方显示出该点的坐标，如图 9-9 所示。

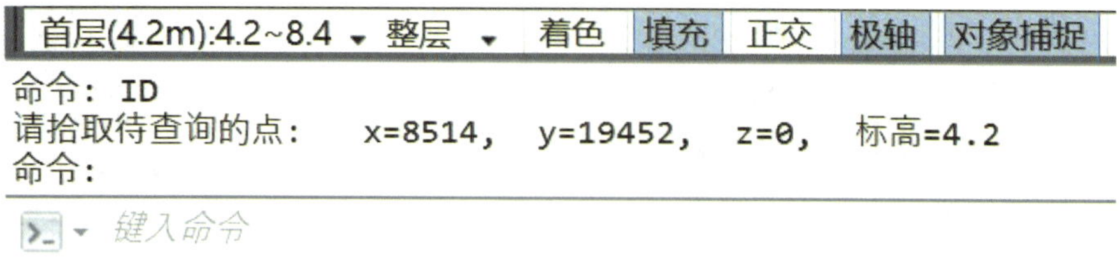

图 9-9 文字说明的坐标点查询结果

> **温馨提示**
>
> 对齐图纸时，对轴线交点和移动定位点的选择并不是固定的，同学们可以观察各楼层图纸，选择自己认为容易操作的轴线交点或任意位置，定位到自己容易记住的点坐标，只要保证各楼层定位一致即可。

三、清空图纸

导入的图纸不再需要时，就需要进行删除，可以通过显示功能，隐藏所有已布置的构件，只留图纸在绘图区，框选图纸，按 <Delete> 键进行删除。软件也提供了“清空图纸”功能，在不需要隐藏构件的情况下，清空楼层图纸。

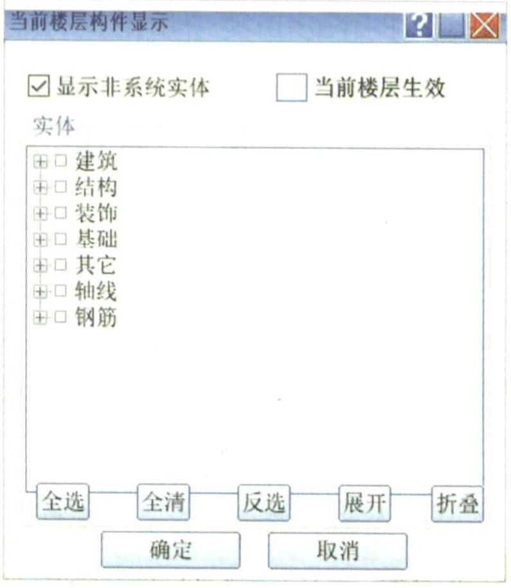

图 9-10 “隐藏”所有实体构件

（一）隐藏构件清空图纸

单击快捷菜单栏中的“显示”按钮，弹出“当前楼层构件显示”对话框，如图 9-10 所示。单击“全清”按钮，清除所有实体构件的勾选状态，并保证对话框上部“显示非系统实体”左侧始终处于被勾选的状态，单击“确定”按钮，则在绘图区域中只显示之前导入的图纸的图线。框选该楼层中所有的底图进行删除即可。

导入的图纸图线与在手动建模时介绍的辅助线相同，都属于非实体构件，在绘图区域中显示，必须勾选对应的选项。

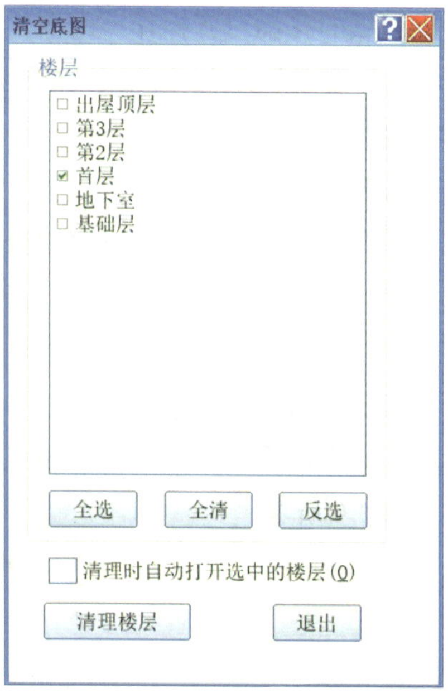

图 9-11 “清空底图”对话框

（二）“清空图纸”功能

单击功能菜单栏中的“导入图纸”按钮右侧的展开按钮，在展开的选项中单击“清空图纸”，激活该功能。软件弹出“清空底图”对话框，如图 9-11 所示，根据所处楼层，在“楼层”列表中进行对应勾选，再单击下方“清理楼层”按钮，软件将快速清除勾选楼层中的图纸。

使用“清空图纸”命令非常适合多楼层同时清空图纸的操作。

在实际工作中，某些图纸的图线采用图层设置方式并不特别规范，导致使用“清空图纸”命令后，这些图层的图线仍然保留，这时就需要单独选中，按 <Delete> 键进行删除。

选中再按 <Delete> 键删除的方式，无法做到同时删除多个楼层的图纸，因此在实际工作中应根据情况灵活使用上述两种方法来完成。

任务二 识别轴网

一、轴网识别

将楼层切换至基础层。单击功能菜单栏中的“导入图纸”，弹出“选择插入的电子文档”对话框，在文件存储的位置，找到“培训例图”，打开“结构”文件夹，在对话框中选择“G-02 基础平面布置图”，如图 9-12 所示。双击鼠标左键，或单击“打开”按钮，完成基础图的导入。

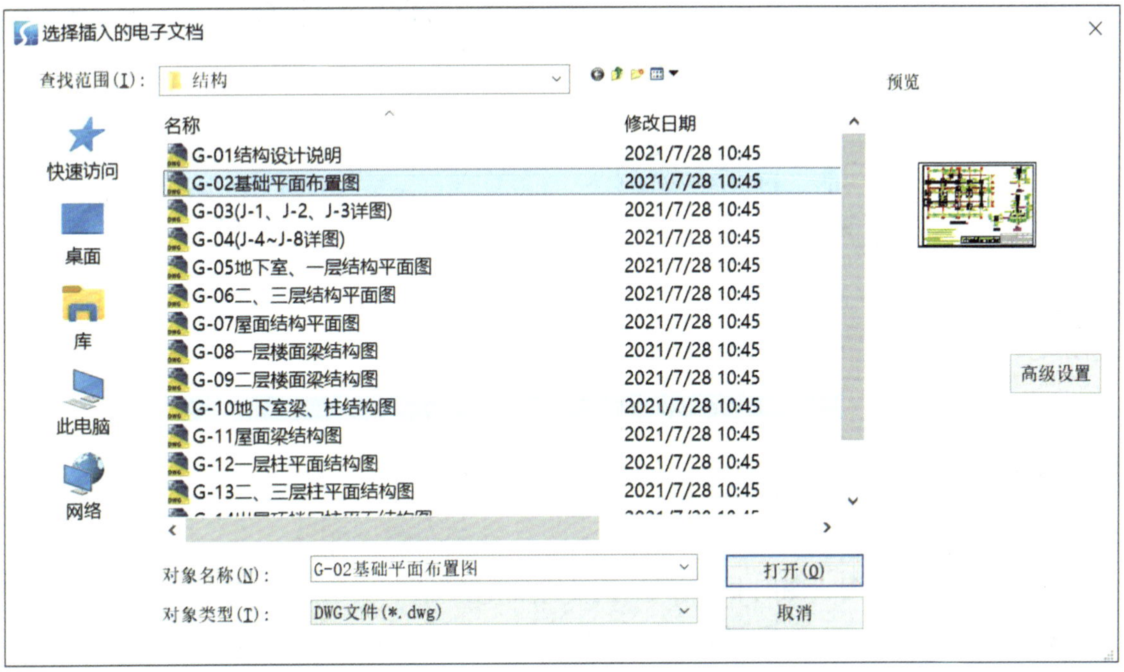

图 9-12 基础平面布置图所在位置

选中导入的图纸，单击“分解图纸”，对图纸进行分解后，通过移动命令，在命令栏输入“M”，选择 1 轴与 A 轴的交点为基点，将图纸移动到（0，0）的位置处，如图 9-13 所示。

> **温馨提示**
>
> 命令栏输入坐标时直接输入“0，0”，不需要括号，同时注意“，”须在半角状态下，否则在文字提示框中会提示输入点无效。

图纸整理好后，开始轴网的识别。单击屏幕菜单栏中的“CAD识别”按钮，在展开的选项中选择“识别轴网”，如图9-14所示。弹出“轴网识别”对话框，如图9-15所示。此时观察命令栏提示“选择轴网线或编号 < 退出 > 或[自动识别（Z）/单选识别（D）/补画（I）/隐藏（B）/显示（S）/编号（FR）/设置（ST）]：”，即软件默认的方式就是对话框中“提取轴线”方式。另一种激活“提取轴线”功能的方式是，在功能菜单中单击“提取轴线”按钮，如图9-16所示。

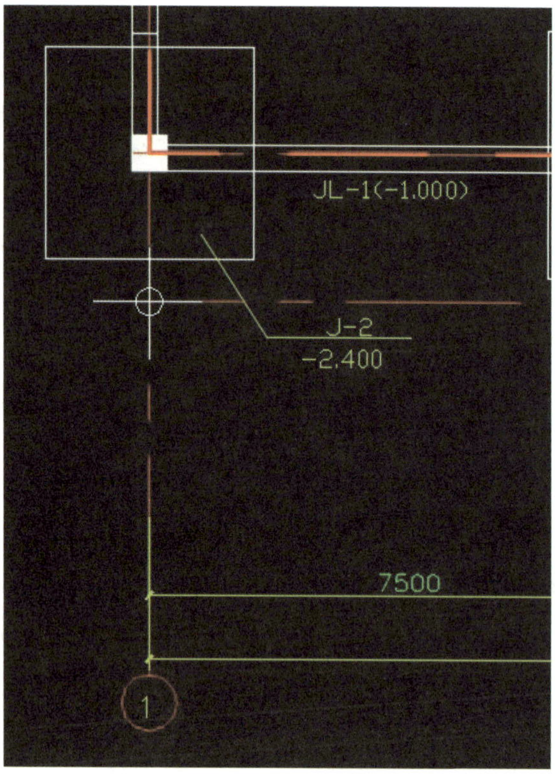

图9-13 1轴与A轴交点移动到（0，0）位置

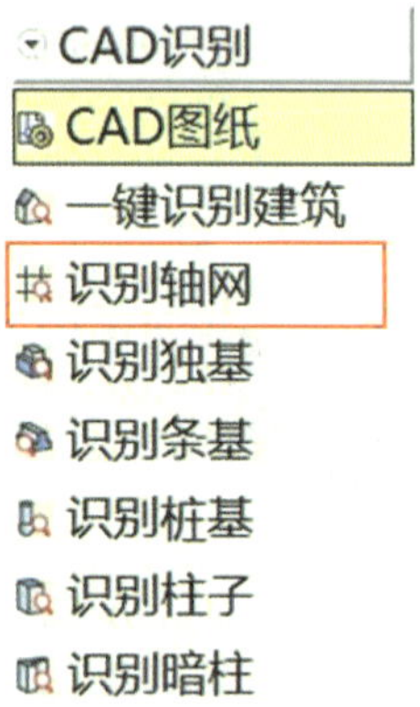

图9-14 “识别轴网”按钮

图9-15 “轴网识别”对话框

图9-16 “识别轴网”下的功能菜单栏

根据文字提示，单击导入图纸中的轴线，则轴线图层被隐藏，表示已被提取到软件中，如图9-17所示。确认在绘图区域中不再有需要被提取的轴线图线，右击完成确认，这时图纸中的其他图线被隐藏，只显示被提取轴线图层的图线，并且轴网图层的名称会显示在对话框中，如图9-18所示，图层名称前打了钩，表示当前图层也被选中状态，如果将选项钩去掉，软件将不识别该图层上的图元，该图层也会重新显示到图面上。

单击功能菜单栏中的“提取轴号”，在命令栏的提示下，选择轴网标注和轴号①，单击鼠标右键确定，然后单击对话框中的“自动识别”按钮，完成轴网的识别。最终识别结果如图9-19所示。

识别后的轴网显示为灰色，表明识别成功，或者利用“轴网开关”，将轴网试着隐藏一下，如果轴网能被隐藏，说明轴网已经识别成功。

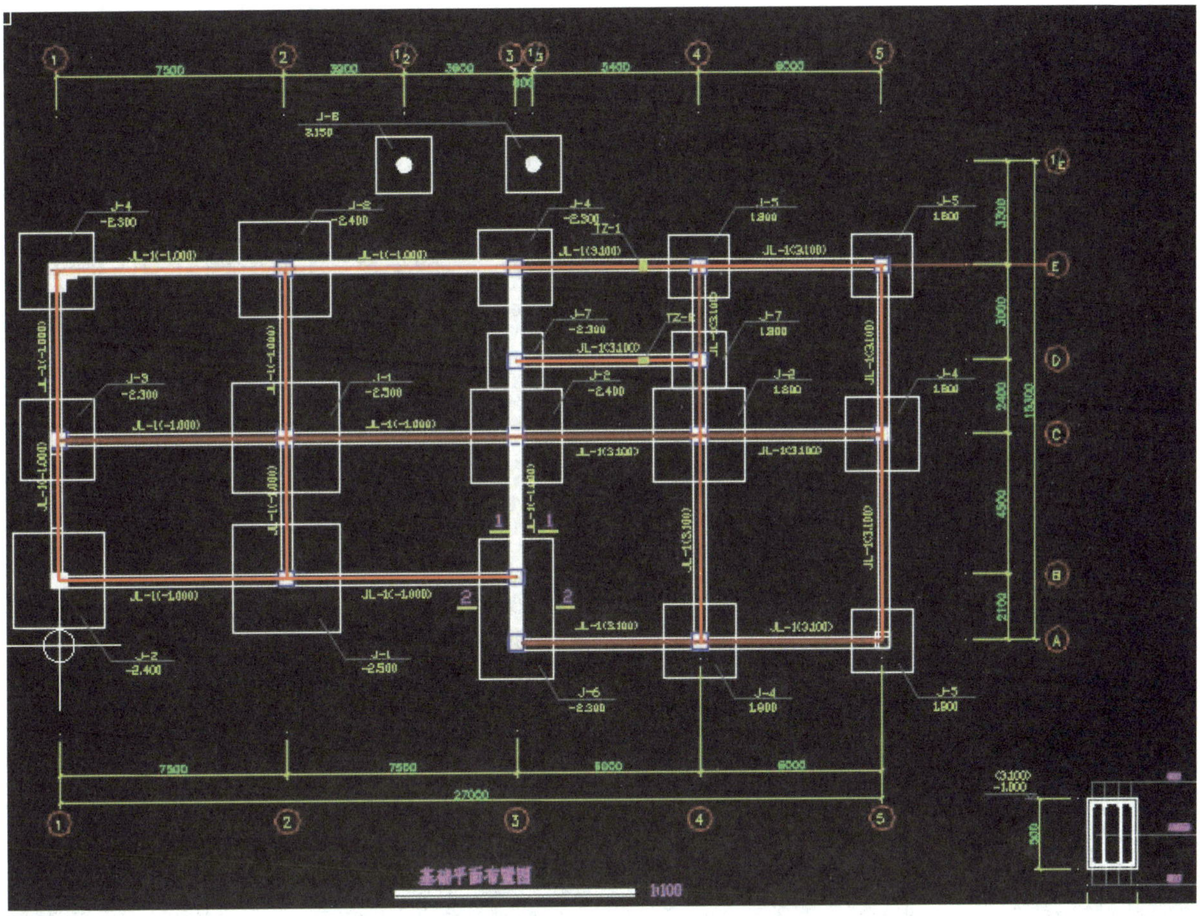

图 9-17　轴线提取后被隐藏

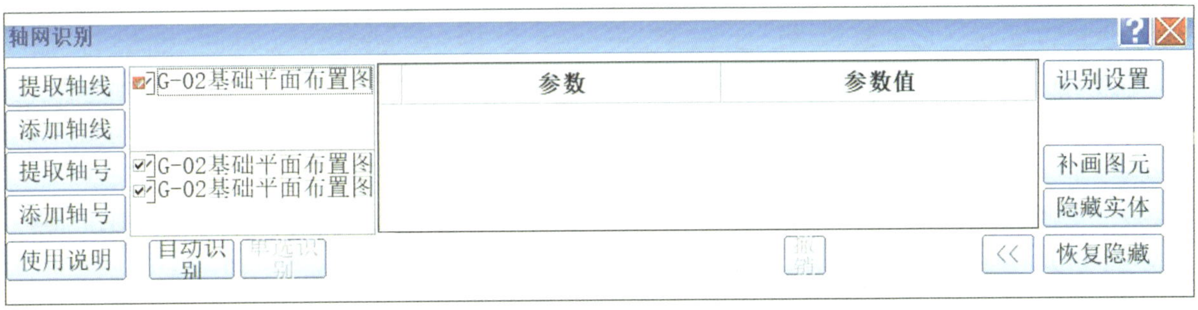

图 9-18　识别后的对话框

温馨提示

受限于图纸绘制的规范性，有时提取图层完毕的轴线和轴号效果并不理想，可能会显示一些多余图线，这时可单击命令栏中的“隐藏（B）”按钮，如图 9-20 所示。激活该命令，单击需要隐藏的多余的图线，再使用“自动识别”功能完成轴网的识别操作，或将多余线条选中直接删除，所以还是建议手动建轴网。

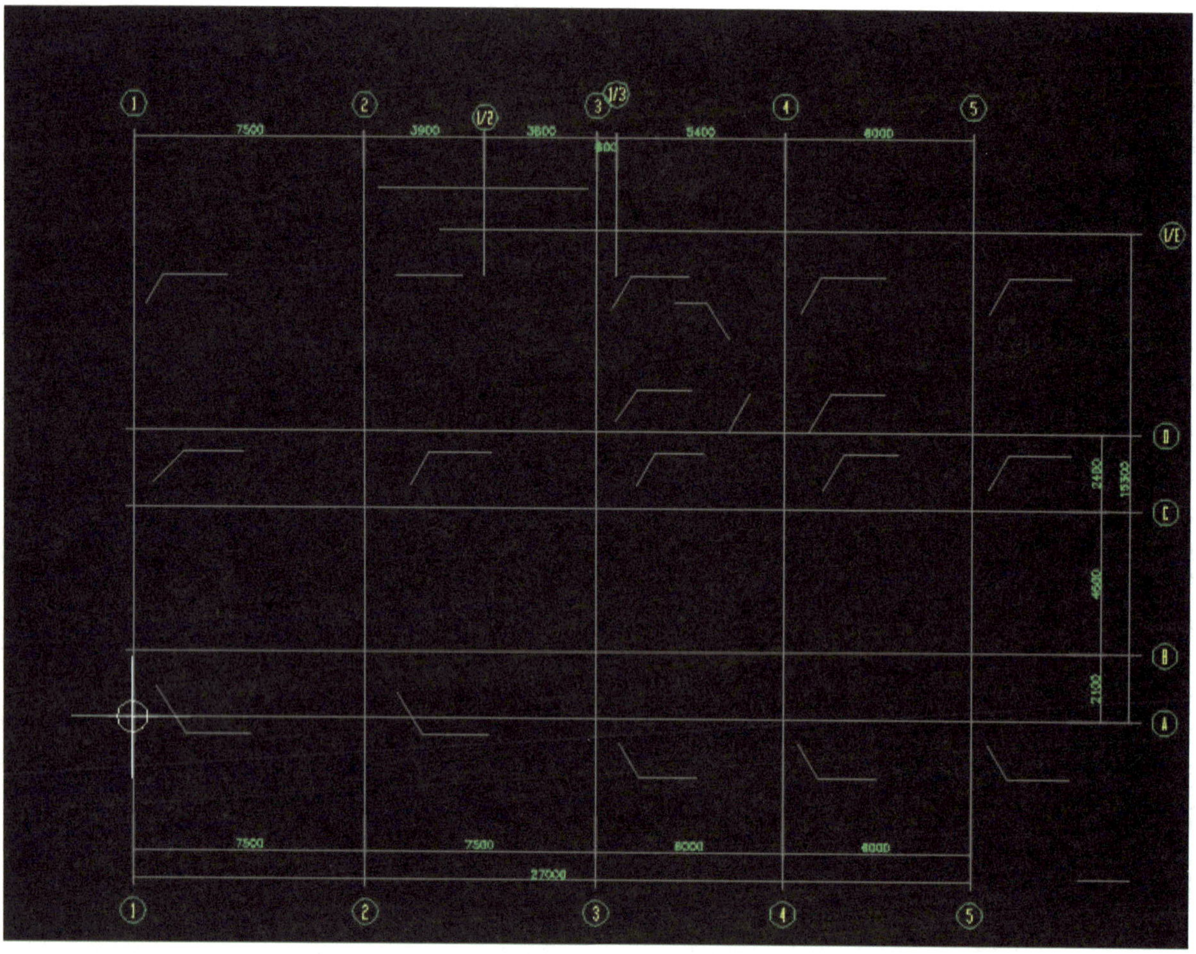

图 9-19 轴网识别结果

图 9-20 命令栏中的按钮

二、底图开关

完成轴网识别后，由于导入的图纸还需使用，暂不能清除，因此形成了识别完毕的轴网和导入的图纸其他图线共存的效果，这样非常不利于观察完成识别的轴网效果。

单击状态开关栏中“底图开关”按钮，使之处于白色的关闭状态，这样导入的图纸图线就会被隐藏，只保留识别完成的轴网效果。

此外，还可单击快捷菜单栏中的“显示”按钮，弹出“当前楼层构件显示”对话框。在对话框上部取消“显示非系统实体”勾选，如图 9-21 所示，再单击“确定”按钮，这样也可得到只有识别完成的构件的效果。

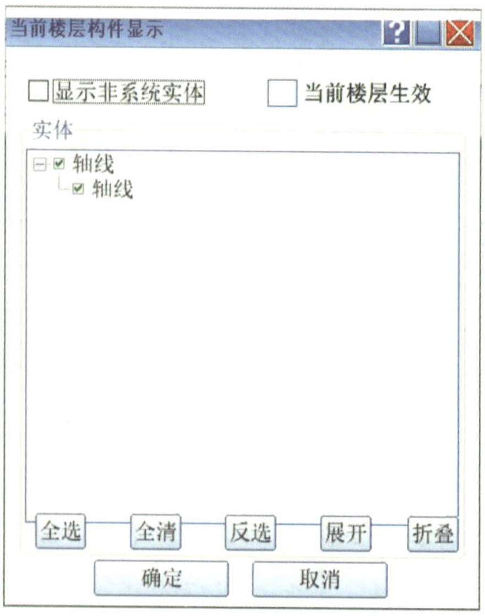

图 9-21 取消“显示非系统实体”勾选

温馨提示

在导图识别建模的操作中，经常需要隐藏底图显示，最快捷的方式就是直接单击状态开关栏中的“底图开关”按钮。但有时，因为设计图在图层设置时并不十分规范，某些图线在关闭“底图开关”后仍然会显示，所以还需要考虑在“当前楼层构件显示”窗口中取消“显示非系统实体”勾选，这样才可实现预期的效果。

任务三　识别独立基础

单击屏幕菜单栏中的“CAD识别”按钮，在展开的选项中选择“识别独基”，弹出“独基识别”对话框，如图9-22所示。

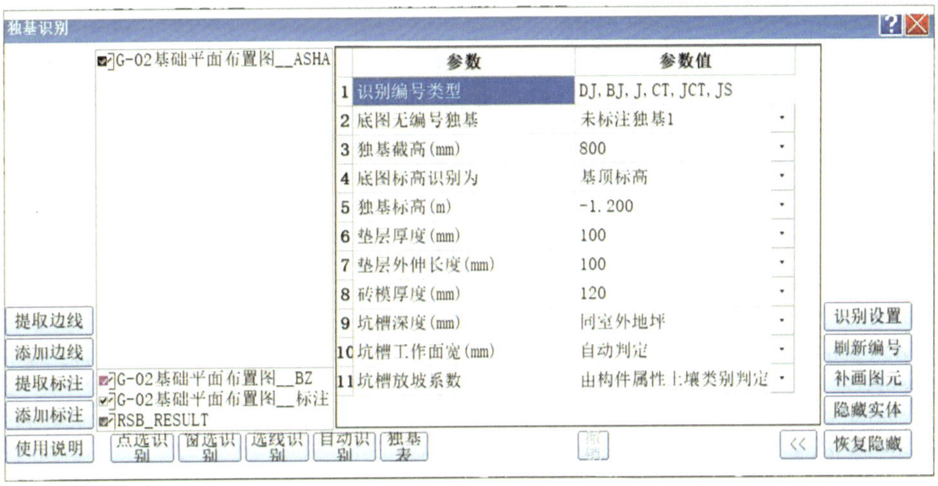

图9-22　“独基识别”对话框

单击对话框中的“提取边线”按钮，按照命令栏提示选择任意一个基础线形，选中的独基轮廓线会暂时隐藏，单击鼠标右键确认。再单击“提取标注”按钮，按照提示框选择“J-4”等文字标注信息，标注信息隐藏，单击鼠标右键确认。在对话框左侧看到对话框中的平面布置图和标注图都已提取。同时对话框右侧会出现独立基础的参数和参数值，这里可以根据图纸要求更改需要布置独立基础的各项参数值。

其中，“识别编号类型”栏是系统可以识别的以这一栏信息作为开头字母的基础构件。例如大家通过图纸可以看到，独立基础“J-1”～“J-8”都是“J”开头的编号，如果在这一栏中缺省“J”，则软件无法识别该图纸中的任何独立基础。此时，可以通过单击对应单元格，在弹出的“识别设置”对话框进行手动输入添加，如图9-23所示，也可以单击对话框右侧的“识别设置”按钮，在弹出的对话框中进行更详细的设置，如图9-24所示。

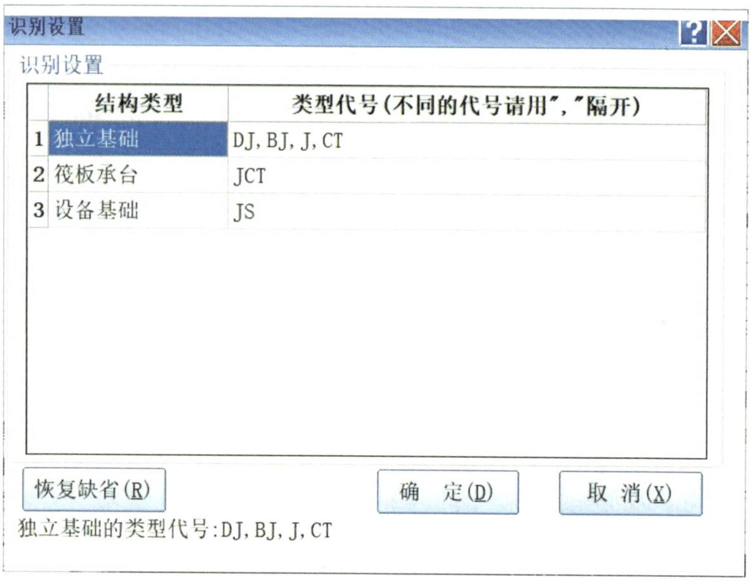

图 9-23　单击单元格弹出的对话框

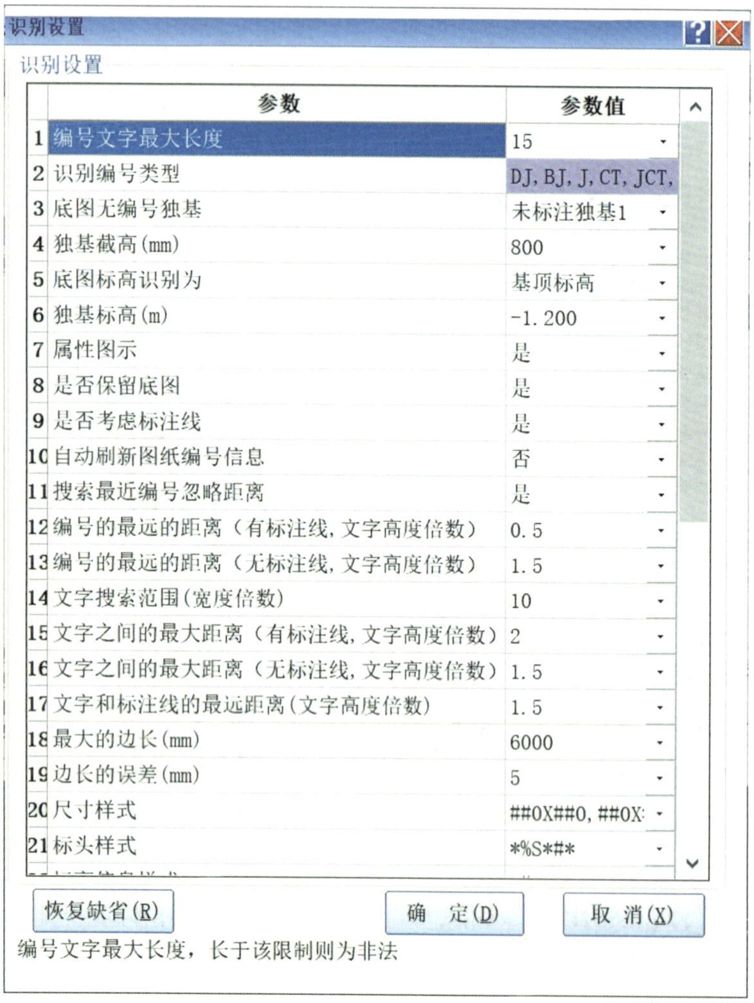

图 9-24　"识别设置"按钮的对话框

独立基础的识别方式有四种，分别是"独基识别"对话框最下方的"点选识别""窗选识别""选线识别"和"自动识别"四个按钮。在施工图规范、基础的各项参数又一致的情况下，独立基础的识别布置可以选用后三种方式，在识别时注意修改对话框右边的相应参数。但是图纸中的基础标高不同，可以通过"点选识别"的方式，根据独立基础的标高等信息，逐一修改右侧的参数值，按照命令栏的提示，点选构件内部，完成识别。

独基是一个在立面上有变化的立方体，如阶形、坡度等，但是软件只能识别它的平面形状尺寸以及编号，具体的形状和尺寸需要进入"定义编号"对话框内详细设置。

温馨提示

独基用识别的方式并没有提高布置的效率，建议手动布置独基。

任务四　识别柱子

将楼层切换至地下室层，导入“G-10 地下梁、柱结构图”，分解图纸后，将柱结构图通过移动的方位定位①轴与 A 轴交点到“0，0”坐标，完成图纸的对齐。

单击屏幕菜单栏中的“CAD 识别”按钮，在展开的选项中选择“识别柱子”，弹出“柱和暗柱识别”对话框，如图 9-25 所示。

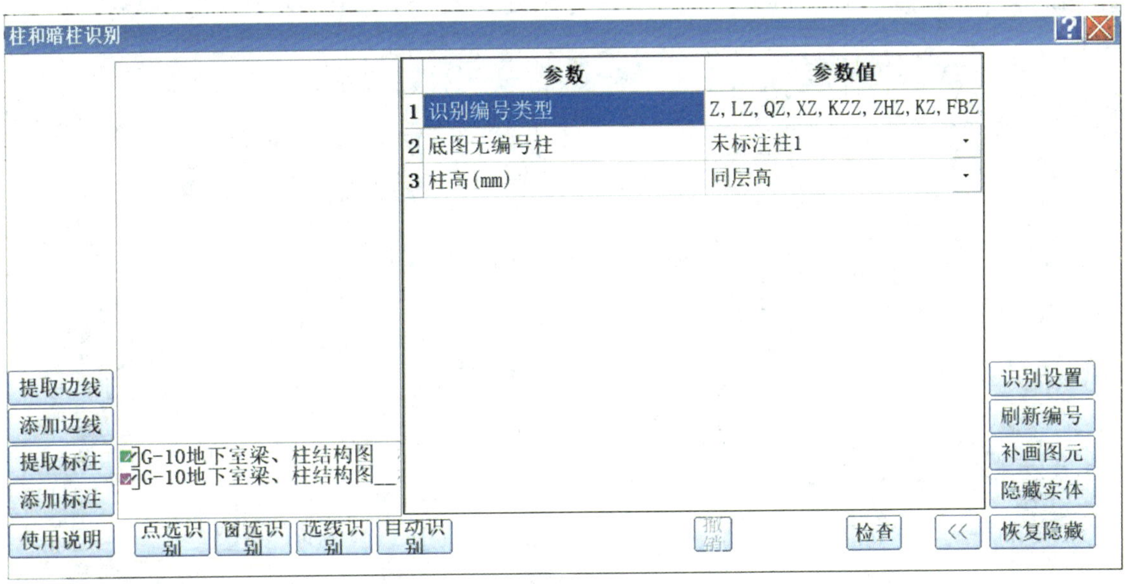

图 9-25　“柱和暗柱识别”对话框

根据文字提示“请选择柱边线”，单击导入的图纸中的柱边线，则柱边线图层即被隐藏，表示已被提取到软件中。确认在绘图区域中不再有需要被提取的柱边线图线，右击完成确认。这时，图纸中的其他图线被隐藏，只显示被提取的柱边线图层图线，且软件会自动将柱与柱编号标注的图层信息显示到对话框中。

单击对话框或绘图区域上方的功能菜单中的“提取标注”按钮，这时导入图纸的其他图线重新显示出来。根据文字提示“单击导入图纸中柱子标注线”，即柱编号和标注索引线，则选中的图层即被隐藏，表示已被提取到软件中。同样确认在绘图区域中不再有需要提取的柱子标注线，右击完成确认。

检查“柱和暗柱识别”对话框右侧的参数及参数值，是否符合要求，然后单击“自动识别”按钮，则绘图区域中的柱子便会被识别成对应的柱构件。

当然柱子的识别除了“自动识别”外，也有“点选识别”“窗选识别”“选线识别”三种方式，但还是“自动识别”最为便利，这种方式也非常依赖图纸绘制的规范程度。“选线识别”是准确率最高的识别方式，能适用于其他识别方式无法识别的情况。

采用“自动识别”识别无误的柱构件，其导入图纸的柱编号字体颜色变为灰色，如图 9-26 所示；而采用其他识别方式识别出的柱构件，以及当导入图纸的柱编号与该位置识别出的柱构件编号不一致时，导入图纸的柱编号图线颜色则会保持原有颜色。两种颜色区分十分明显，利用这个特性，便可以快速找出这些错误所在。若发现错误，可单击命令栏提示出现的“撤销”按钮，如图 9-27 所示。回到之前的提取图层完毕的状态，再利用其他识别方法单独处理这些自动识别无法准确识别的柱构件，最后使用“自动识别”完成剩余的柱子构件的识别。若无问题，则按 <Esc> 键或再次右击，退出识别柱子状态。这样柱构件的识别操作就完成了。

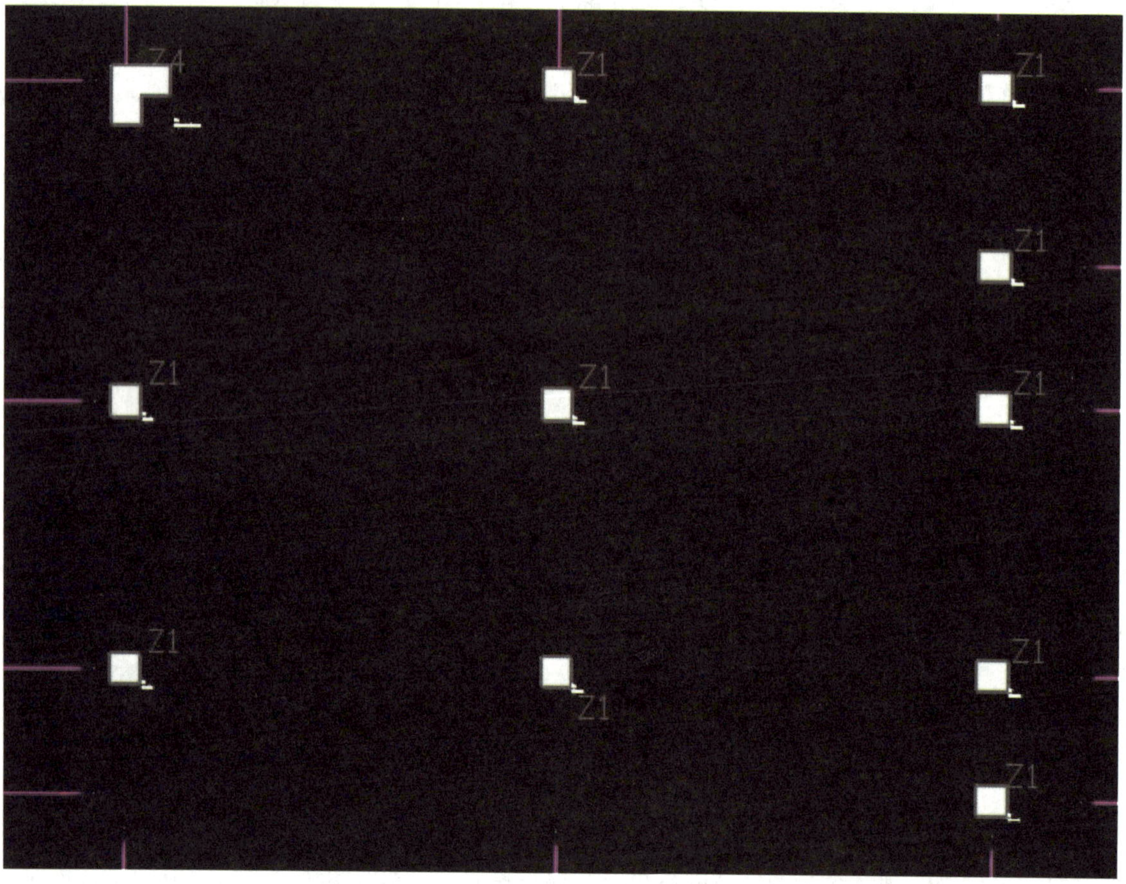

图 9-26　识别后的柱子显示效果

请选择柱内部点:<退出>或[柱层(Y) 标注线(J) 自动识别(Z) 窗选识别(X) 选线识别(V) 补画(I) 隐藏(B) 显示(S) 编号(FR) 设置(ST) 撤销(H)]:

图 9-27　柱识别命令栏中功能键

温馨提示

识别完成的柱子底高会按默认属性“同层底”或“0”来设置，该层为地下室层，柱子的“底高”理应为“同基础顶”，需要进行修改，且识别功能不能完成做法的挂接。修改的方式：单击“建模辅助”菜单下的“定义编号”，如图 9-28 所示，按照命令栏的提示选择构件；或通过选择构件，单击鼠标右键的“构件查询”，调出“定义编号”对话框，在对话框中对详细的属性值进行定义和修改。

利用“G-10 地下梁、柱结构图”识别布置完柱子后，为后面电子图的识别做好准备，如果不计算钢筋工程量，应进行图面清理工作。如果图是其他工程，应该选择“清空图纸”功能，将该层图纸进行清理。但是由于梁和柱结构图在一张图纸上，这里可以用“显示”功能隐藏已经布置的构件，然后框选柱结构的图纸，按 <Delete> 键，将所选图纸删除。

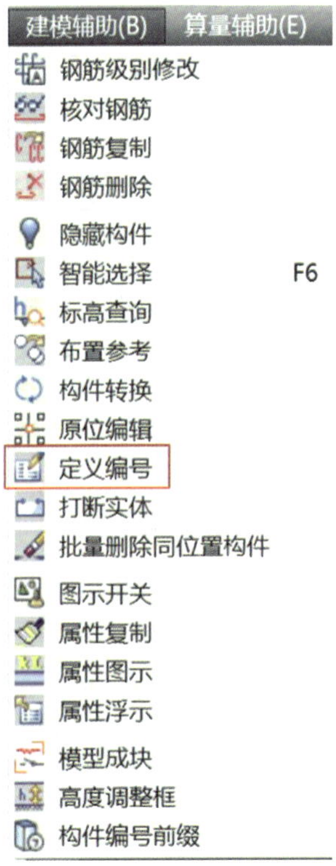

图 9-28　“建模辅助”菜单下的“定义编号”

任务五　识别楼层梁

用“移动”的方式，将地下室梁结构图，轴线①与 A 轴线的交点移动到坐标“0，0”位置。

单击屏幕菜单栏中的“CAD 识别”按钮，在展开的选项中选择“识别梁体”，弹出“梁识别”对话框，如图 9-29 所示。单击对话框右下方 [>>] 按钮，显示出设置按钮，如图 9-30 所示。单击“识别设置”按钮，可以对“梁截高”“梁顶高”等属性进行定义修改。由于梁的尺寸不同，这里可以先保持所有属性的默认值，后面通过“构件查询”对话框，对不同属性的梁分别修改。

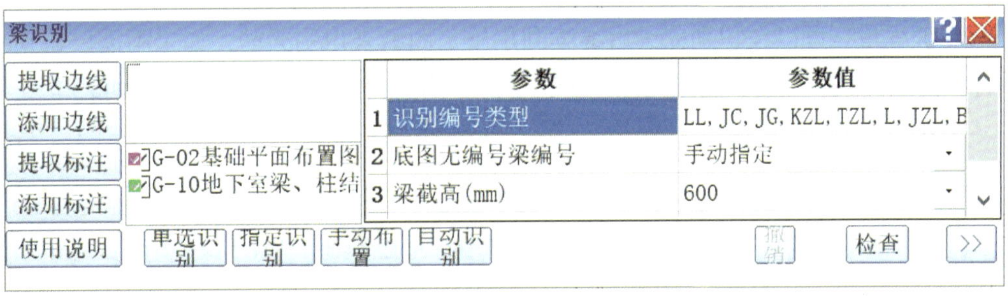

图 9-29　“梁识别”对话框

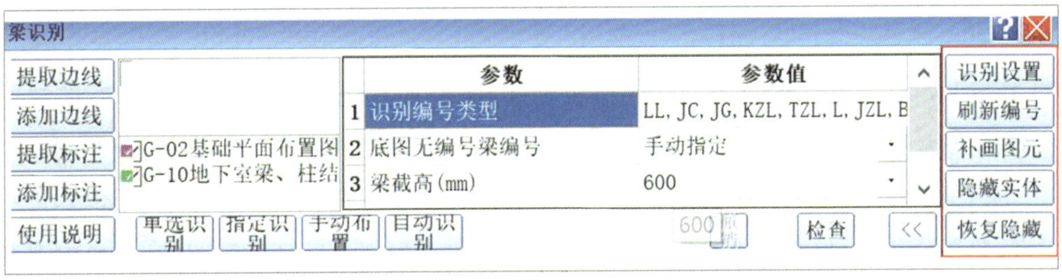

图 9-30　“梁识别”对话框设置按钮

按照命令栏提示选择梁边线，当所有的梁从图面上消失后单击鼠标右键确认，梁图层就选中了。单击对话框中“提取标注”按钮，根据文字提示，单击导入图纸中楼层梁的标注线，即楼层梁编号和尺寸标注，则选中的图层即被隐藏，表示已被提取到软件中。确认在绘图区域中不再有需要提取的标注线，右击完成确认。这时，在绘图区域只显示被提取楼层梁的边线和标注线，其余图层全被隐藏。

软件提供了四种地基梁识别的方式，分别是“单选识别”“指定识别”“自动识别”和“手动布置”。其中“自动识别”虽然可快速完成识别操作，但对图纸的规范性要求比较高，识别出的构件往往错误较多，并且进行错误反查时，非常耗时，在实际工作中，很少会采用“自动识别”的识别方式来识别条形基础及梁体构件。系统默认的是“单选识别”，在提取边线和标注后，在命令栏会出现文字提示“请选择编号和条基线”，按照提示，选择任一条梁的编号或边线，单击鼠标右键，则一条梁识别布置完成。依次单击施工图纸上的梁体，完成该楼层梁体的识别布置。

并不是所有的楼层梁都适合使用“单选识别”完成，识别时，如果有些构件出现不能识别的情况，这时可以使用梁体识别的第二种方式“指定识别”。单击对话框中“指定识别”按钮，命令栏提示“请选择编号和该编号所有梁线：”，按照提示将梁的编号和所有的梁边线全部选中，再单击鼠标右键，才可完成该梁体的识别操作。

温馨提示

在选择“指定识别”的时候，只选中梁体某一条边线或者边线选择不全，不能完成识别。

如果识别出来的梁显示为粉红色，就表明这条梁识别出来的梁跨数与编号中的跨数不符合，有错误。假设识别梁 KL1（8）时只识别出 7 跨，这条梁就会显示成粉红色，需要手动调整梁跨或修改编号。如果识别出来的梁显示为深红色，就表明这条梁的截面信息没有识别正确，软件没有读取到截面信息，宽度取图形梁线之间的宽度，高度取“800”。

计算钢筋工程量，可以在识别完梁后继续利用施工图纸来识别梁筋，如果不需要识别梁筋，此时可以执行“清空图纸”命令，将该层图纸进行清理，为后面的施工图识别做好准备。

任务六 识别地基梁

由于地基梁与柱子交接的节点处与柱子位置关联，因此地基梁也布置在地下室层。楼层仍然是“地下室层”，导入结构施工图“G-02 基础平面布置图”。使用移动功能，将导入图纸的轴线①与 A 轴线的交点移动到坐标“0，0”位置，这样导入图纸的轴线就与之前识别完毕的轴网对齐了。

单击屏幕菜单栏中的“CAD 识别”按钮，在展开的选项中选择“识别条基”，弹出“条基识别”对话框，如图 9-31 所示。根据文字提示“请选择编号和条基线：”，单击图纸中的基础梁，则对应的边线图层即被隐藏，表示已被提取到软件中。确认在绘图区域中不再有需要被提取的地下框架梁或地下普通梁边线图线后，右击完成确认。这时，图纸中的其他图线被隐藏，只显示被提取的图层图线。单击“提取标注”按钮，导入图纸的其他图线重新显示出来。根据文字提示，单击导入图纸中地梁的标注线，即地梁编号和尺寸标注，则选中的图层被隐藏，表示已被提取到软件中。确认在绘图区域中不再有需要提取的标注线后，右击完成确认。

观察对话框中识别编号是否有“JL”，如果没有则通过编辑输入，如果有可以进行下一步骤。

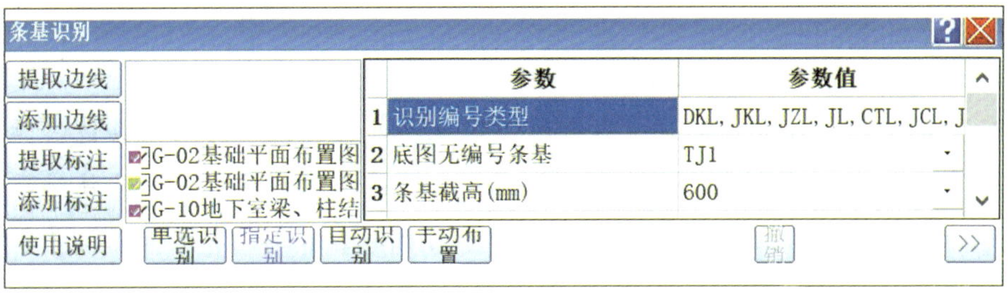

图 9-31　“条基识别”对话框

软件与楼层梁一样提供了四种地基梁识别的方式，分别是“单选识别”“指定识别”“自动识别”和“手动布置”。系统默认的是“单选识别”，在提取边线和标注后，在命令栏会出现文字提示“请选择编号和条基线”，此时先不着急去选需要布置的地基梁。

在前面的项目中学习手动建模时，已得知基础梁的顶标高为 - 0.800 m，识别之前，还需修改识别设置项，否则软件将按默认设置该层的层底标高（- 1.000 m），识别完成对应的构件。在处于识别基础梁激活状态时，单击命令栏中出现的相关按钮“设置（ST）”，如图 9-32 所示，或在命令栏中手动输入“st”再按空格键，弹出“识别设置”对话框，如图 9-33 所示。将“识别设置”对话框中“条基标高（m）”一项手动修改为“ - 1.200”，将“自动生成有砖模”调整为“否”，其余保持默认即可，单击“确定”按钮。

图 9-32　识别地基梁命令栏的功能按钮

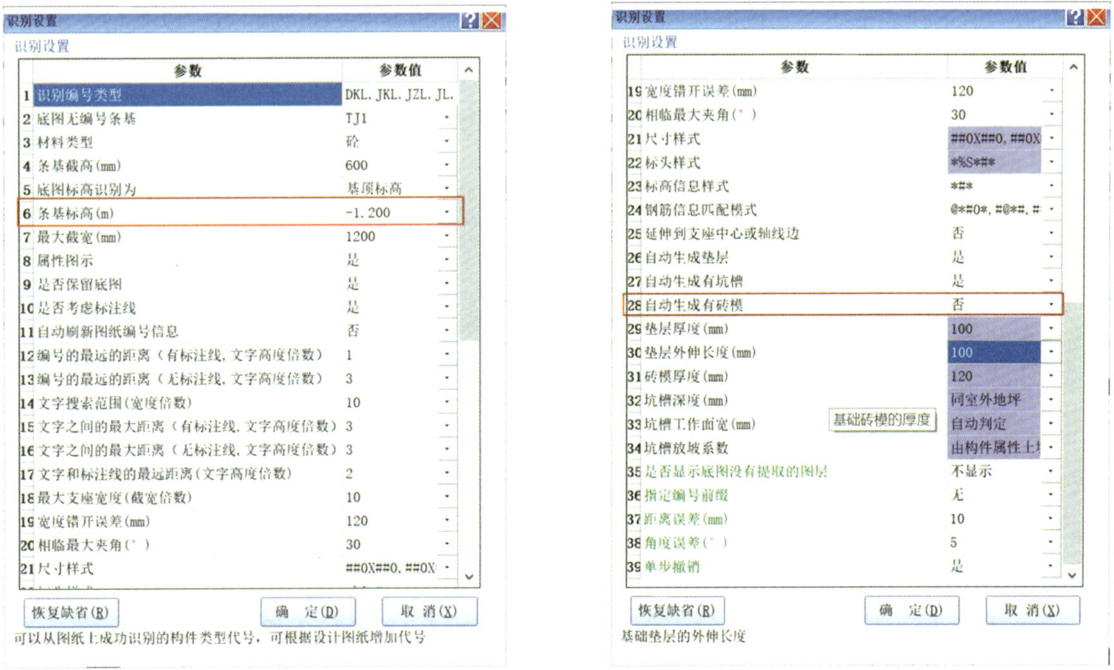

图 9-33　地基梁的“识别设置”对话框

设置完毕后，按照命令栏中的文字提示“请选择编号和条基线”，依次单击 JL-1 地下框架梁的编号和某一段平行的两条边线，选中后右击，这样 JL-1 就完成识别了。与手动建模相同，按照地梁编号的顺序完成识别即可。

> **温馨提示**
>
> 使用“单选识别”方式识别时，只需选中该地梁的某一段平行的两条边线，无须选中基础梁的全部边线，即可完成整段地梁的识别。此外，在识别地梁时，软件对无法选中提取图层后的配筋信息内容进行设置，因此这里可利用框选方式，快速选中编号和边线，提高识别效率。

任务七 识别门窗表

在识别墙和门窗之前，应先识别门窗表，通过门窗表生成门窗编号，软件才能以此为依据来识别门窗。导入建筑图纸“J-10 门窗详图及门窗表”，由于门窗表上没有识别的构件，不需要对齐图纸。但是如果导入的门窗表与之前识别的构件重叠，会影响识别效果。此时需要用“移动”命令，把图纸移动到绘图区空白处。

单击屏幕菜单栏中的“CAD 识别”按钮，在展开的选项中选择“识别门窗表”，光标变成选择状态，命令栏提示“请选择表格线”，按照提示以门窗表框外右下角的某一点为起点，以表格左上角某一点为终点框选整个门窗表，右击完成提取，软件弹出“识别门窗表”对话框，如图 9-34 所示。

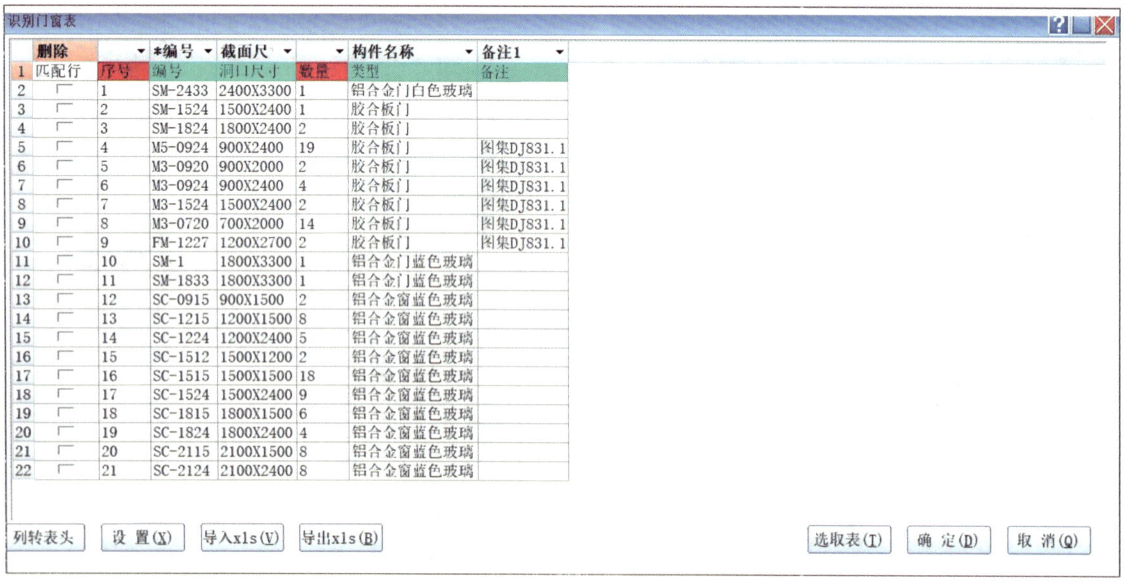

	删除		*编号	截面尺		构件名称	备注1
1	匹配行	序号	编号	洞口尺寸	数量	类型	备注
2		1	SM-2433	2400X3300	1	铝合金门白色玻璃	
3		2	SM-1524	1500X2400	1	胶合板门	
4		3	SM-1824	1800X2400	2	胶合板门	
5		4	M5-0924	900X2400	19	胶合板门	图集DJ831.1
6		5	M3-0920	900X2000	2	胶合板门	图集DJ831.1
7		6	M3-0924	900X2400	4	胶合板门	图集DJ831.1
8		7	M3-1524	1500X2400	2	胶合板门	图集DJ831.1
9		8	M3-0720	700X2000	14	胶合板门	图集DJ831.1
10		9	FM-1227	1200X2700	2	胶合板门	图集DJ831.1
11		10	SM-1	1800X3300	1	铝合金门蓝色玻璃	
12		11	SM-1833	1800X3300	1	铝合金门蓝色玻璃	
13		12	SC-0915	900X1500	2	铝合金窗蓝色玻璃	
14		13	SC-1215	1200X1500	8	铝合金窗蓝色玻璃	
15		14	SC-1224	1200X2400	5	铝合金窗蓝色玻璃	
16		15	SC-1512	1500X1200	2	铝合金窗蓝色玻璃	
17		16	SC-1515	1500X1500	18	铝合金窗蓝色玻璃	
18		17	SC-1524	1500X2400	9	铝合金窗蓝色玻璃	
19		18	SC-1815	1800X1500	6	铝合金窗蓝色玻璃	
20		19	SC-1824	1800X2400	4	铝合金窗蓝色玻璃	
21		20	SC-2115	2100X1500	8	铝合金窗蓝色玻璃	
22		21	SC-2124	2100X2400	8	铝合金窗蓝色玻璃	

图 9-34 “识别门窗表”对话框

在“识别门窗表”对话框中，第一行为软件识别的标题栏，软件会将该列下方各信息按照标题栏的内容匹配到新建的构件属性内容中，其中绿色对应的列为软件可识别转换的内容，而红色为不可识别转换的标题栏的内容。软件是根据门窗表中的信息自动匹配的，但有时也会无法匹配一些关键内容，需要一一检查，若出现匹配错误或没有匹配，还需手动修改。选择需要修改的单元格，单击后面的下拉按钮，在下拉菜单中选择所需要的表头，如单击“编号”的下拉按钮，可以更换的表头，如图 9-35 所示。

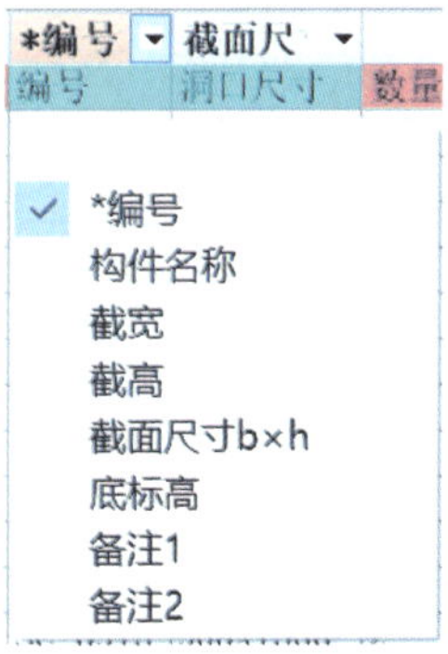

图 9-35　“编号”下拉菜单中的表头

如果门窗表识别的内容有误，可以通过手动输入的方式，将有误的单元格内容进行修改。也可以单击单元格右侧的下拉按钮，则光标变成选择状态，在图纸中重新识别单元格内容。

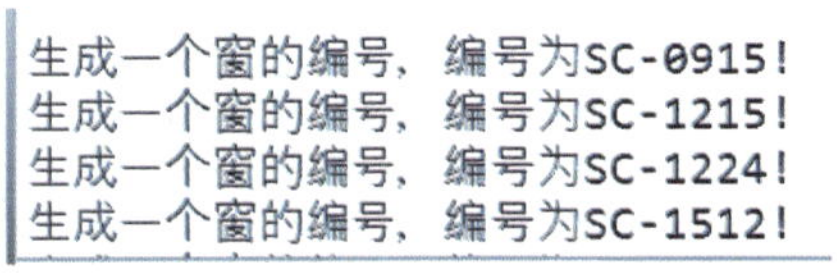

图 9-36　“门窗表”识别后文字框提示

检查门窗表中不再有需要调整的内容，单击“确定”按钮，完成识别，退出对话框，同时文字说明栏提示，如图 9-36 所示。进入门窗的“定义编号”对话框，可以看到在门和窗节点下已经生成了门窗编号，并且其对应的参数都已经识别到属性中，如图 9-37 所示。

> **温馨提示**
>
> 选择门窗表时，既不可少选表格直线，也不可多选表格直线，否则软件将不作识别。

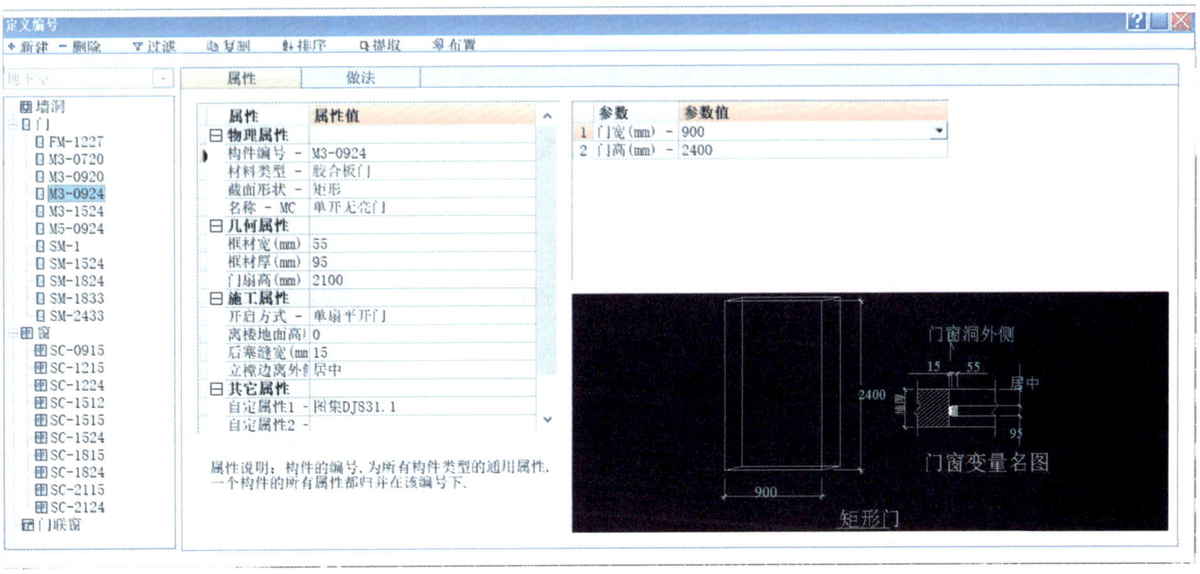

图 9-37　门窗识别后的“定义编号”检查

识别完门窗表，执行“清空图纸”命令，将无用的门窗图清空，进入下一个图纸的识别。

任务八 识别墙与门窗

导入建筑图纸“J-06 建筑地下室平面图、1-1 剖面图”，分解图纸。由于该层图纸没有 A 轴，则在 B 轴的基础上，画一个 A 轴的辅助线，再将图纸通过“移动”命令定位①轴与辅轴 A 轴交点到“0，0”坐标，完成图纸的对齐。

在软件中，墙和门窗可以同步识别。地下室层墙体有砌体墙和混凝土墙两种，下面分别介绍。

一、砌体墙识别

单击屏幕菜单栏中的“CAD 识别”按钮，在展开的选项中选择“识别砌体墙”，弹出“砌体墙识别”对话框，如图 9-38 所示。

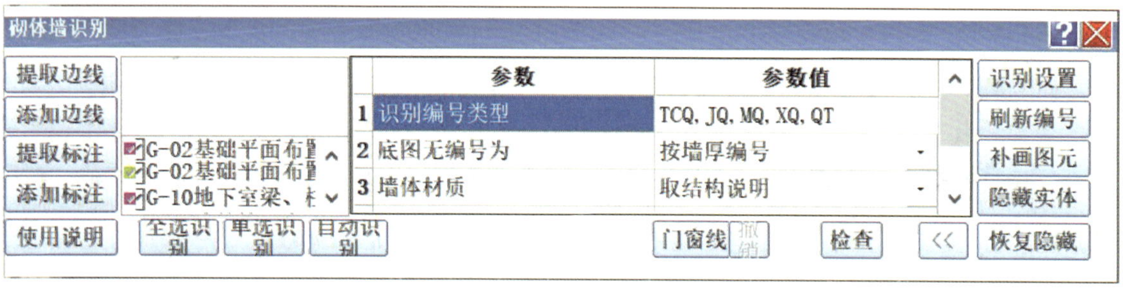

图 9-38 “砌体墙识别”对话框

提取边线，根据文字提示，单击导入图纸中的墙边线及墙体填充边线，则选中的图层被隐藏，表示已被提取到软件中。确认在绘图区域中不再有需要被提取的图线后，右击完成确认，这时图纸中的其他图线被隐藏，只显示被提取的图层图线。墙体没有编号，可不用提取标注。

如果需要对墙体上的门窗同时进行识别，则应选择图纸上的门窗部分，单击对话框上“门窗线”按钮，命令栏提示“请选择门窗线和文字”，按照提示选择门窗边线和门窗编号，则选中的内容被隐藏，表示已被提取到软件中。确定所有的门窗编号和门窗都从界面消失后，单击鼠标右键确认，回到“砌体墙识别”对话框。

为了更准确地布置墙体和门窗，可以在“识别设置”中修改设置。软件提供了“全选识别”“单选识别”和“自动识别”三种识别方式。选择“自动识别”之后单击鼠标右键，软件会自动识别图上的所有墙段；选择“全选识别”，则选到所有墙线的墙体才会被识别；选择“单选识别”，光标只需要选择待识别墙体的某条边线，单击鼠标右键确认，软件便会自动识别出该墙体所在轴线上的所有墙段。

这里选择“全选识别”方式，根据命令栏提示“请选择编号和该编号所有墙线”，选中该层所有的砌体墙部分，单击鼠标右键确认，完成墙体的识别。

温馨提示

识别砌体墙和门窗的效果和质量，受限于图纸的设计要求和规范程度，且无法识别飘窗、老虎窗等窗户构件，对于缺少墙线的大尺寸窗户和门联窗的识别质量也往往较差。在这些构件出现的位置都可能会出现识别错误或者无法识别的情况，甚至出现一些本不该存在的墙洞构件，因此这些位置都需要单独处理。

二、混凝土墙的识别

单击屏幕菜单栏中的“CAD 识别”按钮，在展开的选项中选择“识别砼墙”，弹出“砼墙识别”对话框，如图 9-39 所示。

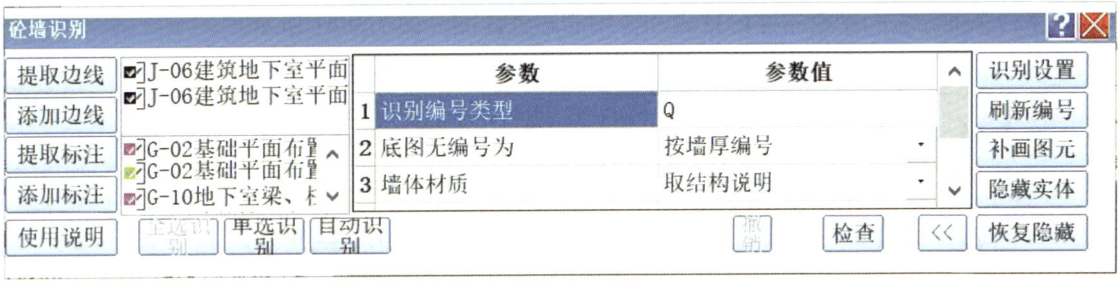

图 9-39　“砼墙识别”对话框

按照命令栏提示，单击导入图纸中的所有混凝土墙，则选中的图层被隐藏，表示已被提取到软件中。确认在绘图区域中不再有需要被提取的图线后，右击完成确认，这时图纸中的其他图线被隐藏，只显示被提取的图层图线。

选择“全选识别”方式，按照命令栏提示，选择所有混凝土墙的边线，单击鼠标右键确认，完成识别，如图 9-40 所示。

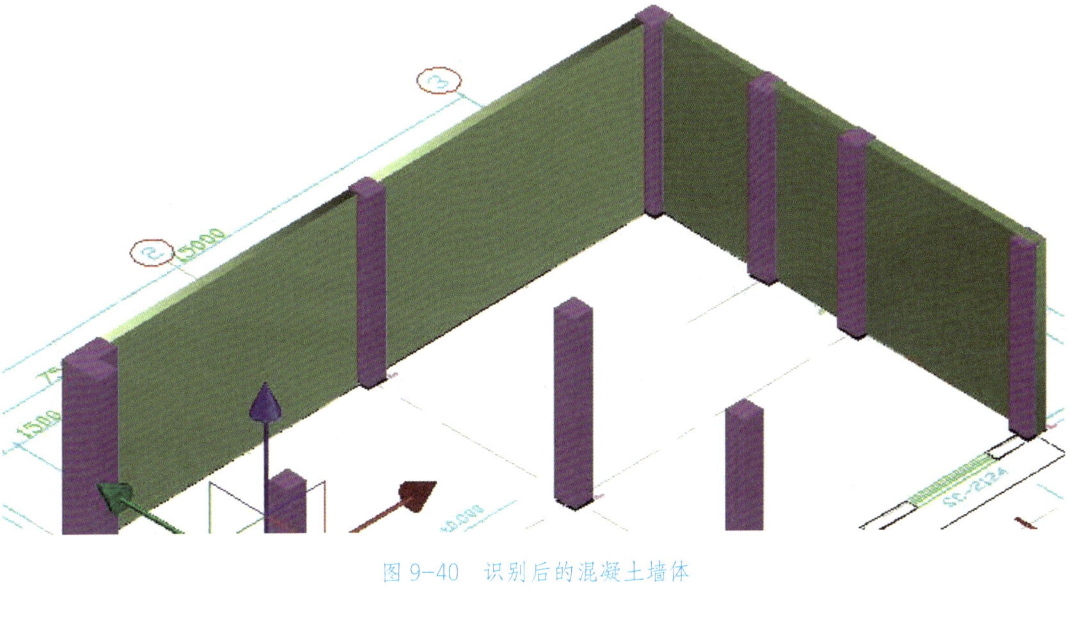

图 9-40　识别后的混凝土墙体

对于其他楼层的构件识别，为了让楼层组合不错位，各层的轴网必须对齐，这样各楼层在组合时才能不错位，因此在切换到其他楼层进行识别时，可以不用再识别轴网，直接用“拷贝楼层”命令，将首层的轴网拷贝到其他楼层即可。这样在其他楼层导入电子施工图时，只要与拷贝过来的轴网对齐，识别出来的构件就能与首层搭接起来。结合识别建模与手工建模，便可快速完成各个楼层的模型建立。

任务九　识别柱筋

地下室柱平面结构图中有本层的柱表和柱钢筋布置详图，如图 9-41 所示。

柱号	Z1
截面形式	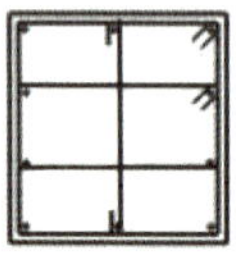
b X h	500 X 500
标高	0.00~4.200
纵筋	10Φ20
箍筋	Φ8@100/200

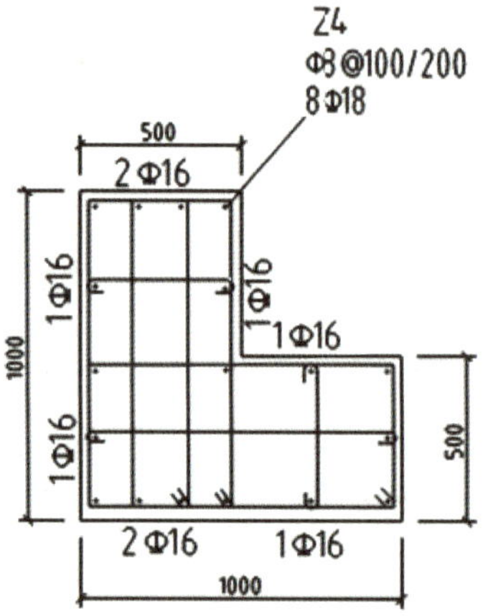

图 9-41　地下室柱钢筋布置图

一、描述转换

有些钢筋信息会因为 CAD 软件字体库不全的影响，显示问号，遇到这种情况，软件是没有办法进行识别的，可以通过“描述转换”的方式转换成软件能够识别的样式，具体操作如下。

单击屏幕菜单栏中的“识别钢筋”按钮，在展开的选项中选择“钢筋描述转换”，弹出“描述转换”对话框，如图 9-42 所示。同时命令栏提示“选择钢筋文字或梁集中标注线”，根据提示选择一个待转换的钢筋描述，选中之后，钢筋描述文字被提取到对话框中。将“钢筋级别特征码”内的符号对应在“表示的钢筋级别”单元格中，如“A”对应“（普通 I 级钢筋）”。如果软件给的钢筋级别不对，可以在“表示的钢筋级别”右侧的下拉菜单中选择正确的钢筋级别，如图 9-43 所示。确认无误后，单击对话框中的“转换”按钮，绘图区中所有具有同样特征码的钢筋描述就被转换成了软件能够识别的钢筋描述。

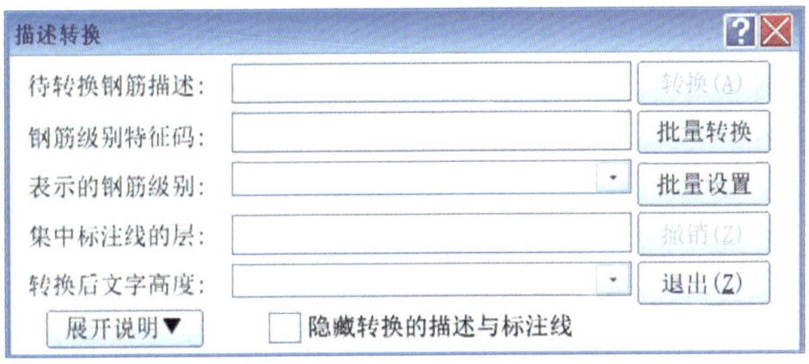

图 9-42　“描述转换”对话框

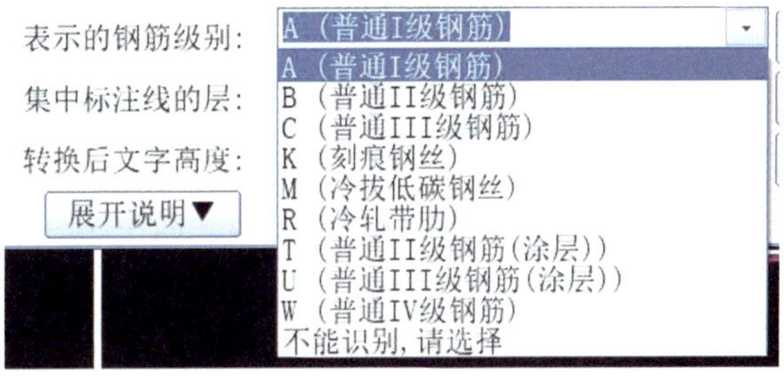

图 9-43　“表示的钢筋级别”下拉选项

二、钢筋识别

（一）大样识别

对于柱子钢筋没有柱表，只有钢筋大样图时，可以通过“识别大样”图的方式进行钢筋的识别。

识别柱大样，首先要将电子图比例转换成 1∶1 的格式，如地下室层的 Z4。在软件功能栏中选择“缩放图纸”，如图 9-44 所示。命令栏提示：“选择待缩放对象（若包含标注或标注文字则‘自动计算比例’，包含轴网则‘自动计算基点’，若无或不选对象则进入‘手动模式’）：”根据提示，框选需要缩放的 Z4 所有图形，单击鼠标右键确定，文字栏信息提示：“缩放比率为 0.20，正在进行缩放……”栏内的缩放比率 0.2 是软件根据选择的标注文字与标注线长计算出来的。命令栏又提示：“请指定基点”这时光标变为“十字形”，根据提示以光标的十字中心为指定点，在界面中单击，大样图就实现了比例缩放到 1∶1 的效果。之后再对大样钢筋进行识别。

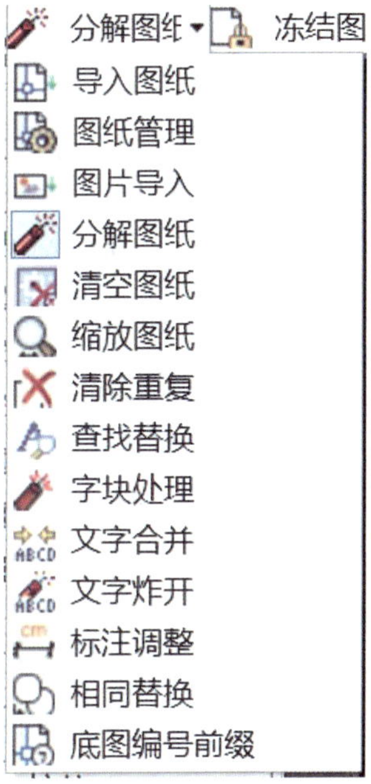

图 9-44　“缩放图纸”所在位置

准备工作做好后，单击屏幕菜单栏中的“识别钢筋”按钮，在展开的选项中选择“识别大样”，会弹出“柱、暗柱大样钢筋识别”对话框，如图 9-45 所示。

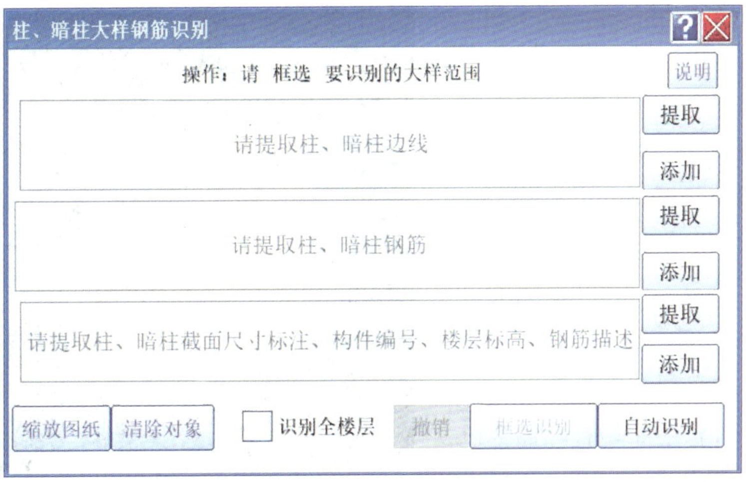

图 9-45　“柱、暗柱大样钢筋识别”对话框

从对话框中可以看出，识别柱筋要提取的内容有三大部分，分别是柱构件边线，构件钢筋，柱构件的截面尺寸标注、构件编号、楼层标高、钢筋描述等所有文字描述。在对话框中，勾选“识别全楼层”可以对全楼层进行识别，不勾选仅识别当前层。

分别提取柱钢筋的三大信息。

（1）提取柱构件边线

单击“请提取柱、暗柱边线”右侧的“提取”按钮，命令栏提示“请添加柱、暗柱边线图层或 [退出（Q）/ 说明（N）/ 撤销（H）/ 框选识别（K）/ 自动识别（A）]”，根据提示单击柱边线，选中的图层被隐藏，表示已被提取到软件中。确认在绘图区域中不再有需要被提取的图线后，右击完成确认。同时提取的图层显示在对话框中。

（2）提取构件钢筋

单击“请提取柱、暗柱边线”右侧的“提取”按钮，命令栏提示“请添加柱、暗柱钢筋线图层或 [退出（Q）/ 说明（N）/ 撤销（H）/ 框选识别（K）/ 自动识别（A）]”，根据提示单击大样图中的箍筋线条和纵筋，则钢筋图层被隐藏，表示已被提取到软件中。确认在绘图区域中不再有需要被提取的钢筋后，右击完成确认。

（3）提取标注信息

单击“请提取柱、暗柱截面尺寸标注、构件编号、楼层标高、钢筋描述”右侧的“提取”按钮，命令栏提示“请提取柱、暗柱标注图层或 [退出（Q）/ 说明（N）/ 撤销（H）/ 框选识别（K）/ 自动识别（A）]：”，按照提示单击大样图中的尺寸信息和钢筋描述信息，则选中的图层被隐藏，表示已被提取到软件中。确认在绘图区域中不再有需要被提取的标记后，右击完成确认。

此时所有的图层都已提取完成，并在对话框中表述，如图 9-46 所示。

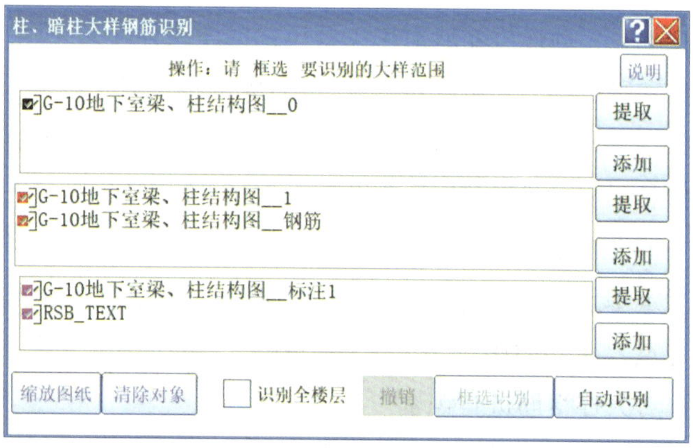

图 9-46 提取柱筋大样图信息后的对话框

软件提供了“框选识别”和“自动识别”两种识别柱筋的方式。系统默认“框选识别”，命令栏提示“框选要识别的柱截面线条，钢筋线条，描述，标高等信息”，框选要识别的柱，单击鼠标右键确定，则钢筋已经布置在柱子上了，同时框选的柱子会显示柱子的集中标注，如图 9-47 所示。框选的钢筋根据同编号原则，只需要选择一个柱子进行布置，其余同编号柱筋都已布置，按照这样的方式，依次完成柱子的钢筋识别。

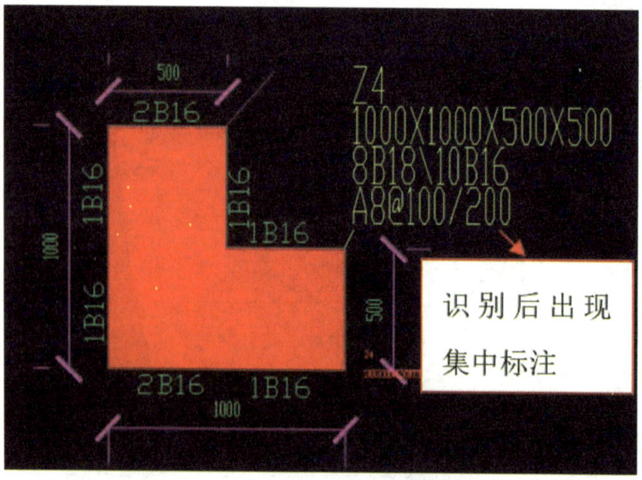

图 9-47 钢筋识别后的效果图

（二）柱表钢筋

有些柱子的钢筋是通过柱表来表示的，比如地下室楼层的柱构件 Z1。其布置方式同样是单击屏幕菜单栏中的“识别钢筋”按钮，在展开的选项中选择“识别大样”，忽略弹出的对话框，直接单击绘图区上方功能菜单栏中的“表格钢筋”按钮，如图 9-48 所示，弹出“柱表钢筋”对话框，如图 9-49 所示。

> **温馨提示**
>
> 如果未完成钢筋文字描述的转换，一定要先完成该项操作，否则提取的柱配筋表将缺少钢筋级别符号，进而无法完成柱体钢筋的布置。

图 9-48　功能菜单栏中的“表格钢筋”按钮

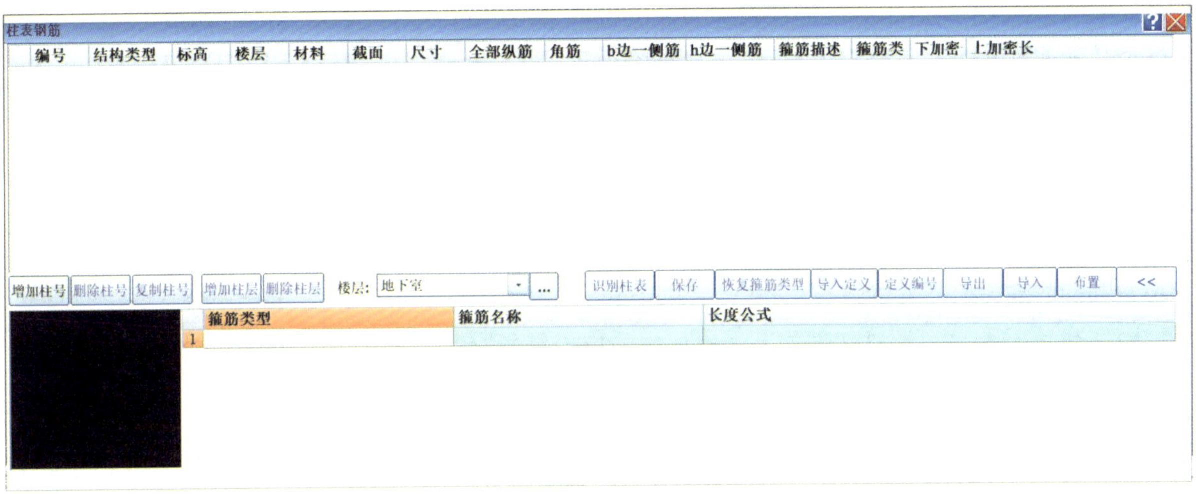

图 9-49　“柱表钢筋”对话框

单击“柱表钢筋”对话框下方的“识别柱表”按钮，根据命令栏中的文字提示“请选择表格线”，从右向左框选柱配筋表的左边表格，再单击鼠标右键。弹出“识别柱表”对话框，如图 9-50 所示。有时因为选线不当，导致提取效果不佳，可单击“识别柱表”对话框中的“选取表”按钮，重新进行提取。

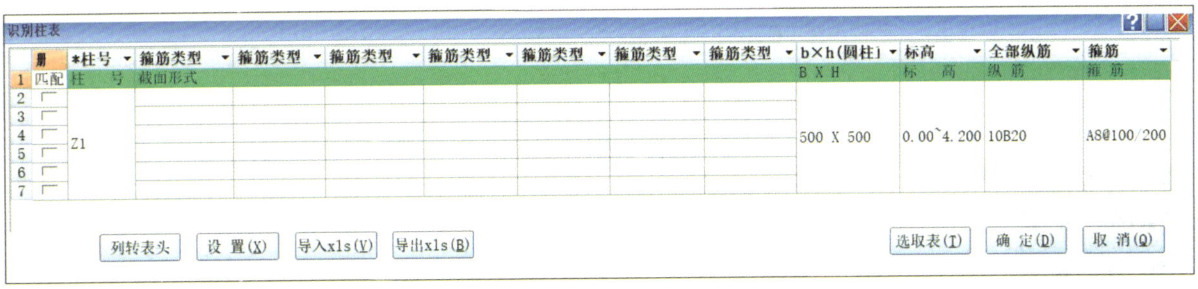

图 9-50　“识别柱表”对话框

在表头对应栏中指定识别出的表头与软件提供的标准表头之间的对应关系，可以通过下拉菜单选择需要的表头，如图 9-51 所示。这里如果有重复表头，就需要进行更改。对话框中有重复内容时，在第一列打钩，表示该行内容删除，然后核对一下原始的表中的数据，如果发现有数据错误，则可直接在对应的栏目中修改。确认数据无误后，单击“确定”按钮，返回“柱表钢筋”对话框，如图 9-52 所示，对话框内已经将柱配筋表的配筋信息进行了匹配。在对话框中，“增加柱层”和“删除柱层”可以增减一个柱编号的层数。“增加柱号”和“删除柱号”可以增减一个柱编号，“删除柱号”指该编号中的所有数据都会删除。

接下来为箍筋指定“箍筋类型”和“箍筋名称”，每种箍筋类型都可以对应一个或若干个箍筋名称，用于布置组合箍筋。箍筋类型实际上只是对柱箍筋的一种编号，柱箍筋类型不同，需要指定不同的箍筋类型。例如，指定 Z1 的箍筋类型为“1”，如果遇到其他编号的柱箍筋与 Z1 相同，就可以直接录入箍筋类型“1”，软件会自动给该编号指定与 Z1 相同的箍筋名称。若有多种类型的箍筋，则应编定多个箍筋类型代号。

单击箍筋类型，在展开的柱箍筋类型对应单元格中按 ... 按钮，在弹出的菜单中，双击柱箍筋列表中“1.（3*4）”，完成箍筋的匹配。

输入箍筋类型后，在对话框下方的表格中，单击箍筋名称中的下拉按钮，弹出“钢筋名称”选择菜单，如图 9-53 所示。在对话框中最上方的类型中选择“柱箍筋”，然后在下方钢筋名称中双击“矩形箍（4*3）”，箍筋名称就显示到表格中，并自动生成相应的钢筋长度公式，如图 9-54 所示。

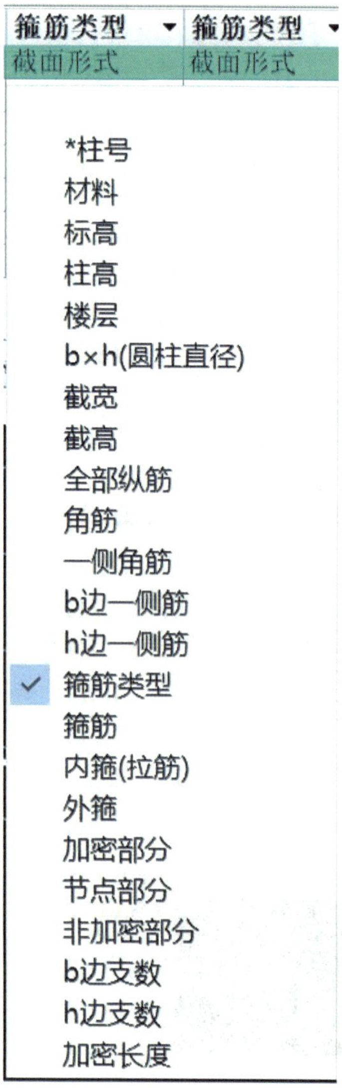

图 9-51 “识别柱表”对话框表头下拉菜单

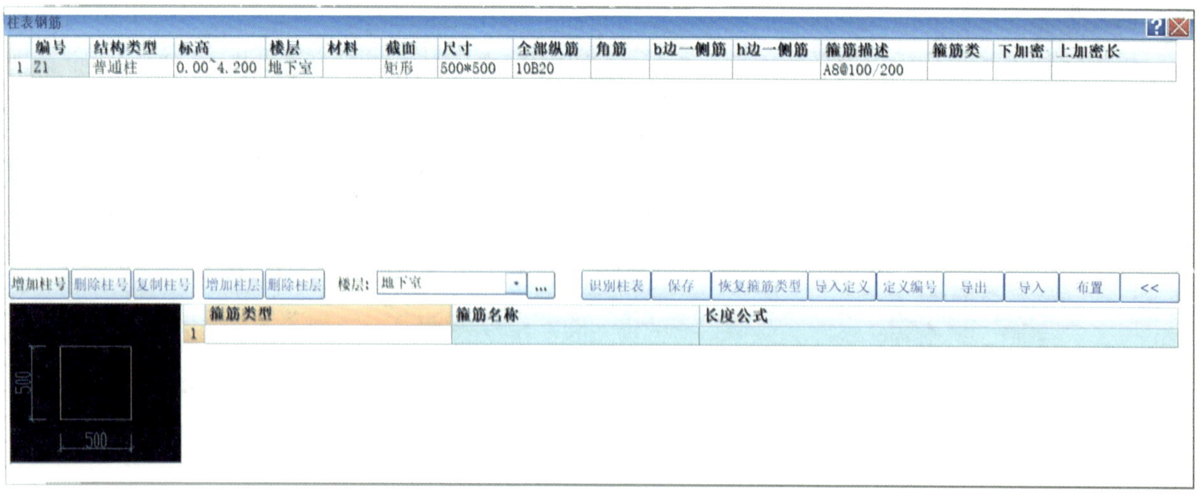

图 9-52 识别后的“柱表钢筋”对话框

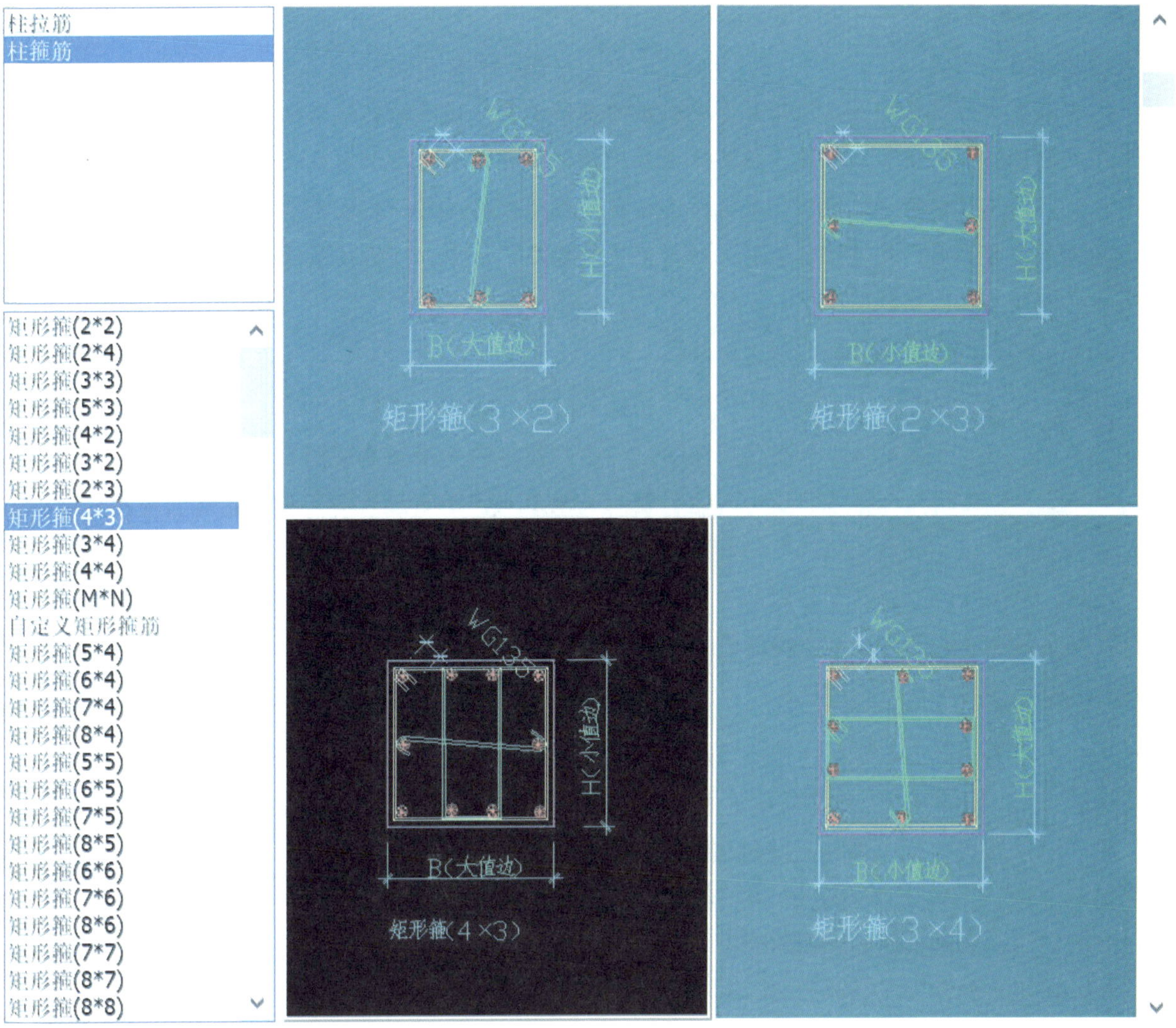

图 9-53　钢筋名称选择

图 9-54　箍筋名称与公式

按照此方法，依次给每个编号的柱指定箍筋名称，然后单击“保存”按钮，将柱表数据保存到工程的数据库中，下次可以直接调用柱表来查看柱筋信息。柱表中灰色单元格内的是不可更改的数据项，要将修改了的结果匹配到编号中时，单击“定义编号”按钮即可。加密区长度如果按照规范计算，则不用输入。单击“布置”按钮，柱表中的钢筋就布置到柱子上了。

如果未完成箍筋类型的匹配，软件是无法进行钢筋布置工作的，命令栏中将出现“请设置好箍筋类型对应的箍筋！”提示。

此外，柱体的箍筋只能选择软件列表提供的类型，软件对于没有的箍筋类型没法正确布置，仍需单独进行修改处理。

温馨提示

用本节讲的“柱表”只能布置当前楼层的柱筋，其他楼层的柱筋需切换到目标楼层后，再用“表格钢筋”的柱表来布置。在其他楼层中软件是直接调用已识别柱表的数据，无须再重复录入。实例工程中的柱配筋表，是将所有楼层的柱体配筋信息一并表示，在完成所有楼层柱体混凝土构件布置后，在“柱表钢筋”对话框中“楼层”栏中，可将楼层改为全选状态，一次性完成所有楼层柱体钢筋的布置。

任务十 识别梁筋

识别完梁构件后，可以直接继续对梁筋进行识别布置。首先单击屏幕菜单栏中的“识别钢筋”按钮，在展开的选项中选择“钢筋描述转换”，对图纸中不能识别的钢筋标识进行转换。如果梁的集中标注线属于不能识别的线型，则应对梁集中标注线进行转换。集中标注线转换的具体操作如下。

在“描述转换”对话框弹出后，命令栏提示“选择钢筋文字或梁集中标注线 <退出>：”，根据提示选择集中标注线，则集中标注线图层显示在对话框中，如图 9-55 所示。单击“转换”按钮，则绘图区梁的集中标注线变色，表示已经完成转换。完成所需转换的文字描述后，就可单击“退出”按钮，关闭对话框。

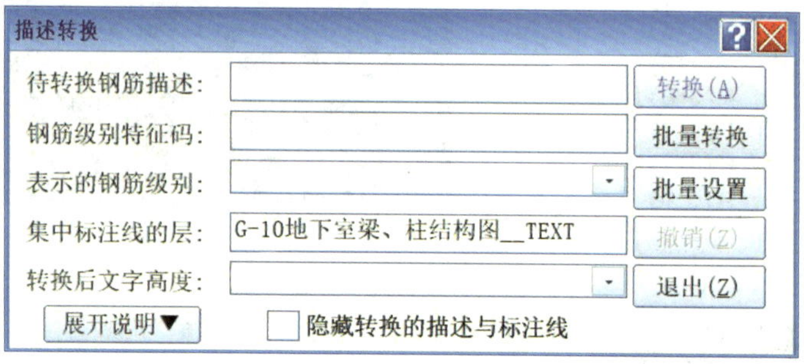

图 9-55 梁集中标注线转换

单击屏幕菜单栏中的“识别钢筋”按钮，在展开的选项中选择“识别梁和梁筋”，弹出“梁（条基）筋布置”对话框，如图 9-56 所示。

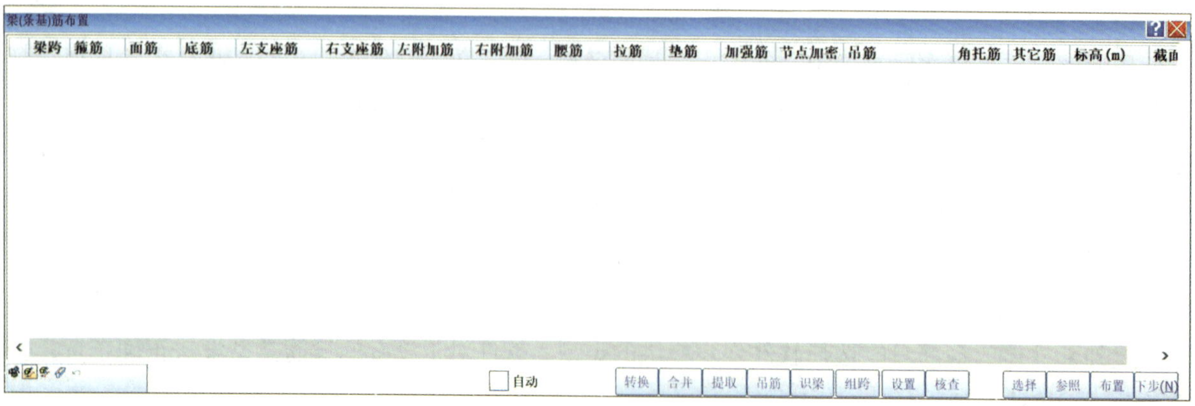

图 9-56 “梁（条基）筋布置”对话框

单击对话框中的“选梁识别”按钮，根据命令栏中的文字提示选中需要布置钢筋的梁体，再右击，则软件将选中梁体的集中标注和原位标注提取到“梁筋布置”对话框中，如果单击框架梁 KL5（2），再右击，标注信息就会被提取到对话框中，如图 9-57 所示。

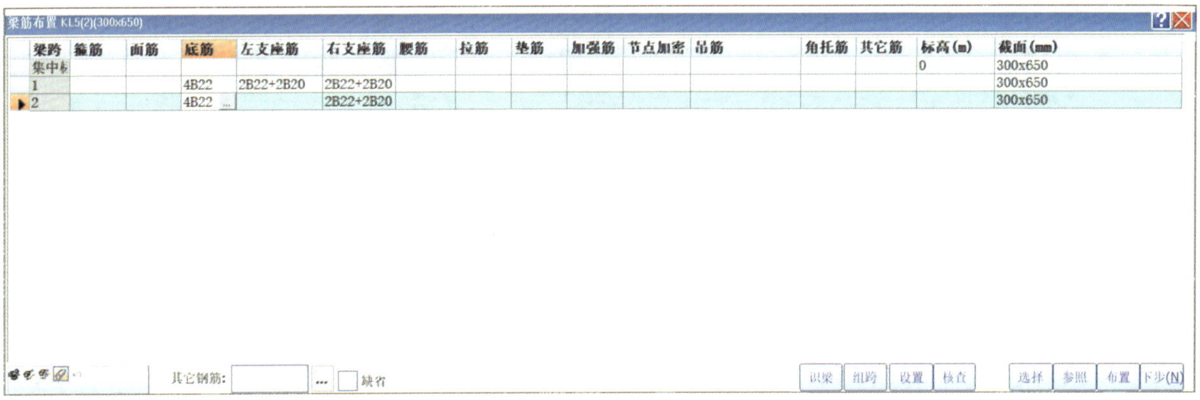

图 9-57　KL5（2）识别信息

将对话框的标注信息与导入图纸的梁体配筋信息进行比对核查，这里当单击原位标注的位置时，软件会将对应的跨用红色标出，如图 9-58 所示，提示当前的梁跨位置。此外，提取的集中标注和原位标注处于被选中状态，方便用户核对是否出错。确认无误后，单击对话框中的“布置”按钮，完成钢筋的布置。

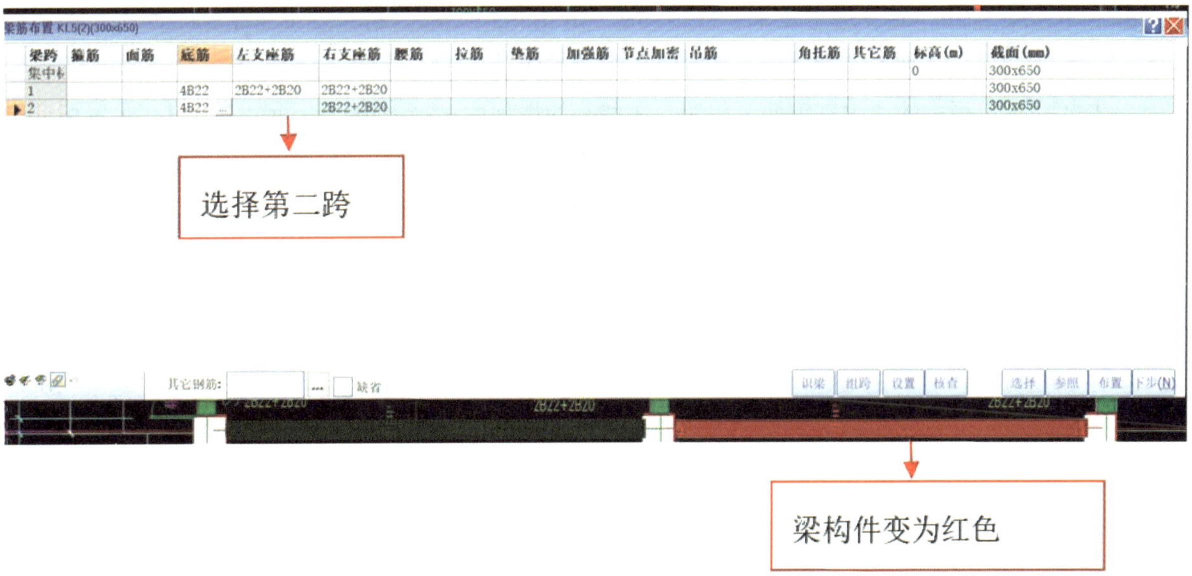

图 9-58　选择梁第二跨时，对应梁构件颜色变化

此外，梁筋识别还有“自动识别”和“选梁和文字识别”两种，与识别梁体相同，识别梁筋也不建议使用“自动识别”方式来处理。而“选梁和文字识别”需要将该梁所有的集中标注和原位标注以及梁体全部单击选中，再右击才可完成，是一种准确度非常高的识别方法，但缺点是识别速率较低，一般是在梁体标注特别密集，使用“选梁识别”无法准确识别的时候，才考虑使用。

温馨提示

识别梁筋时，对电子图的要求比较严格，要求集中标注线必须与梁线垂直；加强筋描述中最好带有加强筋代号，例如吊筋描述前应有“V”标识，构造腰筋有“G”标识，抗扭腰筋有“N”标识，节点加密箍有“J”标识等。

如果标注不符合以上要求，识别梁筋时会出错。应先修改好电子图，再进行识别。对于加强筋，可以在对话框中修改钢筋描述，不一定要在图上修改。

梁筋识别后，为后面电子图的识别做好准备，应进行图面清理工作。

任务十一 识别板筋

导入结构施工图“G-10 地下室梁、柱结构图”，分解图纸后，将“地下室结构平面图”通过移动的方式定位①轴与 A 轴交点到“0，0”坐标，完成图纸的对齐。

单击屏幕菜单栏中的“识别钢筋”按钮，在展开的选项中选择“识别板筋”，弹出“布置板筋”对话框，如图 9-59 所示。在进行识别之前，要先对图纸中不能识别的钢筋描述进行转换。

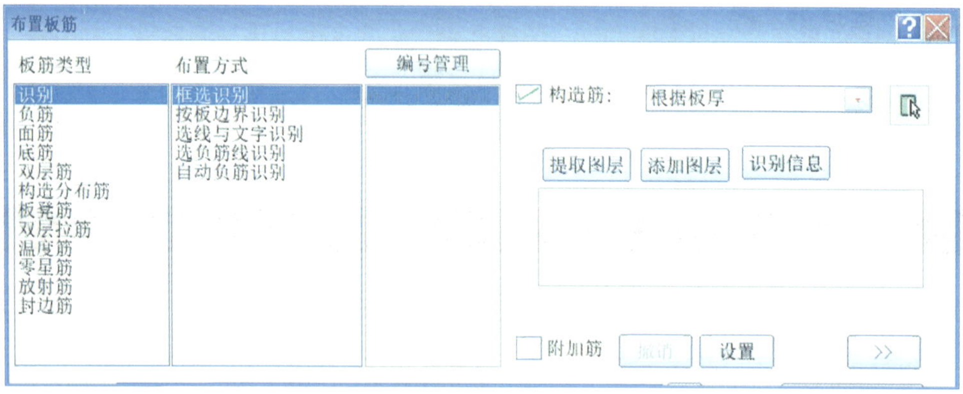

图 9-59 “布置板筋”对话框

识别板筋与布置板筋共用一个对话框，进入对话框后，软件默认“框选识别”板筋功能。软件识别板筋的判定方式是根据板筋线条的弯钩类型来进行的，板钢筋线端头有 180° 弯钩的识别成底筋，90° 弯钩的识别成面筋，因此识别板筋时不需要设置板筋类型。

在弹出对话框的同时，命令栏提示“请选择要识别的板筋线 <退出>：”，根据提示要求，首先选择任意板的底筋，单击鼠标右键确认；命令栏提示“点取分布范围的起点 <退出>”，在板筋分布区域取一点，单击鼠标右键确认；命令栏提示“点取终点”，在板筋分布区域边沿点取分布范围的终点，单击鼠标右键确认，即完成了一条板筋的识别布置。

板底筋的识别可采用“框选识别”“按板边界识别”以及“选线与文字识别”三种方式，其中应优先采用“框选识别”。操作时，只需依次单击或框选该板块内垂直相交的两根板底筋线，再右击，软件即可根据板底筋线的钢筋标示和长度完成识别操作。而“选线与文字识别”适合于板筋配筋标注较集中，使用“框选识别”无法准确匹配对应配筋信息的情况，其操作方法较为简单，根据文字提示说明，不难完成，此处不再赘述。